地理空间数据建模与分析

张 敏　米 婕　戴志军　编著

中国建材工业出版社

北　京

图书在版编目（CIP）数据

地理空间数据建模与分析/张敏，米婕，戴志军编著．--北京：中国建材工业出版社，2024.5

ISBN 978-7-5160-3869-7

Ⅰ.①地… Ⅱ.①张… ②米… ③戴… Ⅲ.①地理信息系统－系统建模－数据处理 Ⅳ.①P208

中国国家版本馆 CIP 数据核字（2023）第 217129 号

内容简介

本书从基本概念到前沿技术，深入探讨了地理空间数据建模与分析的核心内容。全书涵盖了地理空间数据基础、地理空间数据库构建、地理空间数据预处理、地理空间数据分析技术、遥感数据分析与地理空间建模、地理空间数据可视化与表达，以及一系列实际案例，向读者展示了如何应用前述的地理空间数据分析技术和工具来解决真实世界的问题。

本书是作者在总结地理信息科学与技术领域的教学和研究成果的基础上，结合深刻的见解和丰富的实践经验编写而成。本书可作为高等院校的地理信息系统、地理空间科学、地理数据科学等相关专业的本科生和研究生教材，也可作为防灾减灾、风险管理、资源管理、环境科学和地理信息科技领域的研究者和从业者的参考书。

地理空间数据建模与分析

DILI KONGJIAN SHUJU JIANMO YU FENXI

张　敏　米　婕　戴志军　编著

出版发行：中国建材工业出版社

地　　址：北京市海淀区三里河路 11 号

邮　　编：100831

经　　销：全国各地新华书店

印　　刷：北京雁林吉兆印刷有限公司

开　　本：787mm×1092mm　1/16

印　　张：14.75

字　　数：350 千字

版　　次：2024 年 5 月第 1 版

印　　次：2024 年 5 月第 1 次

定　　价：69.80 元

本社网址：www.jccbs.com，微信公众号：zgjcgycbs

编　委　会

编　著： 张　敏　米　婕　戴志军

前　　言

在信息高速发展的今天，地理空间数据建模和空间分析已成为许多领域实际工作中不可或缺的工具。这项技术可以帮助政府和组织更好地管理自然资源，包括土地、水源和森林。通过分析这些资源的分布和变化趋势，能够帮助规划师和政府决策者更好地了解城市增长趋势，优化基础设施布局，并提高城市的可持续性。地理空间数据分析还可用于监测空气质量、水质、土壤污染和自然灾害风险，这有助于及早发现环境问题，并采取措施保护生态系统和人类健康。在自然灾害、流行病暴发或其他紧急情况下，地理空间数据和分析可以帮助协调救援行动、资源分配和风险评估，有助于相关部门及时采取行动，减轻灾害造成的影响。因此可以说，培养地理空间数据分析的专业人员对一个城市的高效运行起至关重要的作用。

地理空间数据建模和空间分析是我国科研和教学快速发展的一个领域，但目前仍然缺乏具有系统知识体系的教科书。本书以作者在该领域多年的教学和科研积累为基础，结合国内外最新的前沿理论和实践进行编写，以空间建模与分析理论结合国际开源软件 QGIS 的使用作为本书的主线和逻辑结构，进而把内容有机地联系在一起。

全书共有九章，第 1 章绪论；第 2 章地理空间数据基础；第 3 章到第 6 章为地理数据处理和空间分析内容，包括了地理空间数据库构建、地理空间数据预处理、地理空间数据分析技术、遥感数据分析与地理空间建模；第 7 章为地理空间数据可视化与表达，展现地理分析的魅力；第 8 章和第 9 章通过实际案例，展示了如何应用前述的地理空间数据分析技术和工具来解决现实问题。

全书由张敏、戴志军、吴文挺和燕亚菲负责策划、构思。张敏、米婕负责资料收集、内容编写、实验操作和统稿校稿。谢天一、赵永生、杨可欣、吴航星和陆迪文参与了部分实验操作和资料整理等工作。

本书的编写和出版得到了国家重点研发计划（2023YFE0121200）、国家自然科学基金（42171282）、上海市浦江人才计划（2021PJC096）、空间数据挖掘与信息共享教育部重点实验室开放基金（2023LSDMIS04）和上海师范大学高水平地方高校建设一流研究生教育项目的资助。在此一并表示衷心的感谢！

限于作者水平，书中难免存在不足之处，恳请读者批评、指正。

作　者

2023 年 10 月

目　录

1 绪　论

1.1 地理空间数据概述

地理空间数据是指与地球表面上的位置和地理特征有关的数据。这些数据可以用来描述、分析和可视化地球上的各种现象、特征和过程。地理空间数据的发展史可以追溯到古代文明时期，但现代地理信息系统（GIS）和遥感技术的发展为地理空间数据的采集、存储和分析带来了革命性的变革。

古代文明在地图制作和测量技术方面的努力为当时社会的繁荣和进步提供了重要的支持。例如，古埃及人在尼罗河流域建立了复杂的灌溉系统，为农业生产提供了水资源。他们使用了测量技术来维护和管理这些灌溉渠道，并记录土地所有权，确保土地的合理分配和管理。巴比伦文明使用了几何学原理来测量土地的边界，并制作了世界上最早的地图之一，以显示城市、运河和河流等地理特征。这些地图不仅在农业和土地管理中有用，还在商业和贸易中发挥了关键作用。中国古代文明使用卜筮和地理书籍来记录天文观测和地理信息。这些文献包括星座地理、地形地理和气象记录，有助于中国古代社会的农业、导航和日常生活。古希腊的地理学家如荷马、埃拉托斯特尼和克拉特斯，为地理学的早期发展做出了贡献。荷马的史诗《伊利亚特》和《奥德赛》中包含了地理描述，埃拉托斯特尼则是第一个提出为地球划分经纬度的人，克拉特斯特拉图斯则制作了一些世界上最早的地图。罗马帝国在其领土内进行了大规模的测绘工程，用于土地税收、城市规划和军事目的。这些测绘工程产生了详细的地图和测量数据，为罗马帝国的统治和发展提供了基础支持。这些古代文明的地理空间数据处理和记录方法虽然相对简单，但为土地管理、农业、贸易和文化传承等方面提供了重要的信息。

文艺复兴时期欧洲的地图制作和测量技术得到了突破性的改进。伽利略·伽利莱是这个时期最著名的地理学家之一，他使用望远镜来研究天体，这些观测结果不仅推动了天文学的发展，还用于改进地球测绘。伽利略的学生、包括约翰内斯·开普勒等，也为地理学的进步做出了贡献。

18 世纪，法国的卡西尼家族完成了一项令人印象深刻的测量工程，被称为“卡西尼测量”，旨在精确测量和绘制法国的地理特征。这一测量工程持续了几代人，许多卡西尼家族的成员投身其中，最终产生了高度精确的地图和测量数据，为法国的土地管理和规划提供了有力支持。

19 世纪是地理学和测绘学迅猛发展的时期。英国皇家地理学会（RGS）于 1830 年成立，推动了地理知识的传播、研究和地图制作。同时，测绘技术不断改进，包括更精确的测量仪器和三角测量法的应用，使地球的测绘精度有了显著提高。欧洲的殖民地探险和地图制作紧密相关。探险家和测绘师穿越未知的地区，记录地理信息，制作地图，从而帮助殖民国家管理其领土并扩张其势力范围。这些探险活动也为地理空间数据的积累和记录提供了大量资料。19 世纪的工业革命带来了地图印刷技术的重大改进，使得大规模地图的生产和传播变得更加容易。这促使了更广泛的地理知识传播和地图制作。这一时期的地理学、测绘学和地图制作为地理空间数据的收集和应用奠定了坚实基础，为后来的科学研究、城市规划、资源管理和决策支持提供了不可或缺的信息资源。这些成就为现代地理信息系统（GIS）和遥感技术的发展创造了有利条件，推动了地理空间数据处理和应用的革命。

20 世纪是地理空间数据领域发展的一个分水岭，见证了一系列技术革命，如电信、遥感和计算机技术的崛起，这些进步极大地改变了数据的采集、分析和应用方式。20 世纪初，电信技术的进步包括无线电通信和电子测量仪器的发展，显著提高了地球测绘和导航的精度。电子测量仪器如全站仪和全球定位系统（GPS）使测量工作更加精确和高效。这些技术的引入对建筑工程、土地测量和地理信息数据的收集产生了积极影响。航空摄影术成为一项重要的地理数据采集方法。飞机配备了相机，飞越地区进行航空摄影，从高空捕捉地表图像。这一技术使得大规模地图制作、土地利用规划和环境监测成为可能。20 世纪中期，遥感技术崭露头角，这一技术通过卫星和传感器从太空中获取地表信息。卫星遥感技术的崛起使得大范围、大尺度地球观测成为可能，包括气象、地质、农业、森林和环境等领域的数据收集。这一技术为全球监测、资源管理和环境保护提供了重要工具。20 世纪末和 21 世纪初，计算机技术的飞速发展和互联网的普及推动了地理信息系统（GIS）的发展。GIS 是一种强大的工具，允许地理空间数据的存储、管理、分析和可视化。它在城市规划、土地管理、环境保护、应急响应、交通规划和商业分析等众多领域发挥了关键性作用，促进了数据的普及和共享。

近年来，地理空间数据领域经历了许多令人振奋的发展，这些发展不仅加强了我们对地球的理解，还为各个领域的研究和应用提供了更强大的工具。随着卫星、航拍和地面传感器的技术不断升级，地理空间数据的分辨率和精度得到了显著提高。高分辨率卫星图像、激光雷达测量和多光谱传感器等新技术，使得我们能够更详细地观测和测量地球表面的特征，这对于城市规划、土地利用管理、环境监测和资源管理非常重要。越来越多的国家和机构采取了开放数据政策，将地理空间数据开放给公众和研究社区。这种政策促进了数据的共享和利用，鼓励了创新和协作。科研人员、政策制定者和企业能够更轻松地访问和使用地理数据，以解决社会、环境和经济挑战。云计算技术的普及和发展使得处理和存储大规模地理空间数据变得更加高效和可扩展。研究人员和机构可以借助云平台，更轻松地进行数据分析、模拟和可视化，而无需投资购买大量硬件和软件资源。这种云计算的模式为地理信息科学的研究提供了更多的灵活性和可访问性。地理空间数据的积累和大规模收集导致了地理大数据概念的兴起。结合人工智能和机器学习技术，可以从庞大的地理数据集中提取有用的信息和见解，用于预测、决策和规划。这为各个领域带来了更深刻的理解和智能化的解决方案。

总的来说，地理空间数据是关于地球表面上位置、地理特征和相关属性的数据集合。地理空间数据的关键特征包括以下几项。

（1）位置数据。地理坐标用来精确定位地球上的点、线和面。经度和纬度是最常见的地理坐标系统，经度表示东西方向的位置，纬度表示南北方向的位置。地理空间数据的核心是地球表面上的位置信息，通常使用经度和纬度坐标来表示。这些坐标使我们能够准确地定位和标识地球上的任何点。

(2) 地理特征。地理空间数据涵盖了各种地理特征，如山脉、河流、湖泊、城市、森林、道路、建筑物等。这些特征可以用矢量数据（点、线、多边形）或栅格数据（像素）来表示，以反映地球表面的多样性。

(3) 数据类型。地理空间数据通常分为两种主要类型，矢量数据和栅格数据。

(4) 属性信息。地理空间数据不仅提供了地理特征的位置，还包括了与这些特征相关的属性信息。这些属性可以包括名称、面积、海拔高度、人口数量、气候数据等，这些信息使得地理空间数据更具实际应用价值。

(5) 时间维度。许多地理空间数据集合还包括时间维度，允许我们跟踪地理特征和属性随时间的变化。这对于气象预测、生态系统监测、城市规划和历史地理研究非常重要。

(6) 多源数据。地理空间数据可以来自多种数据源，包括卫星观测、航拍、传感器网络、人工采集、历史记录等。整合这些多源数据可以提供更全面的地球表面信息。

(7) 地理信息系统（GIS）支持。GIS 是处理、管理和分析地理空间数据的关键工具。它允许用户在地图上叠加、查询、分析和可视化地理数据，从而更深入地理解地球表面的现象和相互关系。

(8) 空间分析技术。地理空间数据分析涵盖一系列技术和方法，包括空间查询、空间统计、地理模型和地理空间决策支持。这些分析可以帮助解决各种问题，如资源管理、城市规划、环境保护、灾害响应等。

1.2 地理空间数据的应用领域

地理空间数据在各个领域都有广泛的应用，其多样性和实用性使其成为现代社会的重要资源。

1.2.1 地图制作和导航

地理空间数据用于创建各种类型的地图，包括路线地图、地形图、天文图等。导航应用程序使用这些数据来为驾驶员和行人提供导航指引。地理空间数据在路线规划和交通管理中发挥了关键作用。导航应用程序使用实时交通数据，帮助驾驶员避开拥堵路段，节省时间和燃料。交通管理部门利用地理数据来改进道路规划、信号控制和公共交通系统，提高城市交通效率。城市规划师使用地理空间数据创建城市地图，包括土地用途、建筑物分布、绿地和交通网络。这些地图用于确定新建筑物的位置、城市更新项目的规划和改善交通流的设计。地理数据为户外爱好者和旅游者提供了有关山脉、湖泊、森林、自然公园和登山路线的信息。这些数据帮助人们计划徒步、露营、登山和其他户外活动。智能手机应用程序如 Google 地图、Apple 地图等使用地理数据来提供实时导航、位置共享、商店和餐厅搜索等功能。这些应用使人们更容易找到所需的信息和服务。物流公司使用地理数据来规划货物运输路线，选择最有效的交通方式，并优化送货计划。这有助于提高物流效率和降低成本。地图制图公司使用卫星图像和地理数据来不断更新地图，以反映新的建筑物、道路和地理特征。卫星导航系统如 GPS 和 GLO-

NASS 则使用地理数据来提供全球定位和导航服务。

1.2.2 城市规划和土地利用

城市规划和土地利用是地理空间数据在城市发展和可持续城市设计中的关键应用领域，它们对于塑造现代城市的形态、提高居民生活质量以及解决城市挑战至关重要。城市规划师使用地理数据来确定城市中不同地区的土地用途，包括商业、住宅、工业、公共设施、绿地等。这有助于确保城市资源的有效分配，支持各种功能和活动。地理数据可以帮助城市规划师了解人口分布和密度，预测未来的人口增长趋势，以确定住房需求、交通需求和基础设施改进的方向。城市基础设施如供水、供电、污水处理和垃圾处理需要合理规划，以满足不断增长的城市人口需求。地理数据用于确定最佳设施位置、管道布局和资源分配。城市规划也考虑了绿地和自然生态系统的保护。地理数据用于识别和保护公园、湿地、自然保护区和生态走廊，以维护城市的生态平衡。地理数据支持可持续城市设计，包括能源效率、废物管理、低碳交通和绿色建筑。规划师可以利用这些数据来优化城市的可持续性和环保性。城市规划师还使用历史地理数据来了解城市的演变历史，研究城市的文化遗产和历史建筑，以指导保护和修复工作。地理数据可用于创建可视化模型和地理信息系统，以便公众和决策者更好地理解城市规划方案。这有助于提高公众参与程度，促进合作和共识。

1.2.3 环境监测和管理

环境监测和管理是地理空间数据应用领域中重要的一部分，它们对于保护和维护地球的自然环境、生态系统和生物多样性至关重要。地理数据用于监测大气中的污染物含量，包括颗粒物、有害气体、臭氧和空气质量指数。这有助于政府和环保组织评估空气质量，采取措施改善城市空气质量，减少空气污染的健康风险。地理数据用于监测河流、湖泊、水库和海洋的水质。这包括监测水中的化学物质浓度、水温、溶解氧、藻类水华和污染物排放，以确保水资源的可持续利用和生态系统的保护。地理数据有助于监测土壤质量、含水量、土壤侵蚀和土壤污染。这对于农业、土地管理和土壤保护至关重要，以确保土地的可持续利用和农作物的生产。地理数据用于监测植被覆盖、森林健康和生态系统的变化。卫星遥感和无人机技术提供了有效的工具，用于监测森林火灾、森林疾病、森林面积减少以及生态系统退化等。地理数据在野生动植物迁徙、栖息地分布和物种分布研究中发挥关键作用。这有助于制定保护计划、采取行动来保护濒危物种和维护生物多样性。地理数据用于监测自然灾害，包括洪水、地震、火山喷发和飓风。这有助于及早预警并采取紧急响应措施，减少灾害带来的损害。政府和环境组织使用地理数据来制定环境政策和规划，确保可持续资源管理、环境保护和气候变化适应措施的制定。地理数据可用于强化民众的环境意识，通过地图、可视化和在线工具向民众传达环境问题，鼓励人们采取环保行动。

1.2.4 农业和农村发展

地理数据用于评估土地的质量、类型和适用性。农业专业人员可以利用这些数据来确定最佳的作物种植方式、土地改良措施和土地利用规划，以最大程度地提高农业产量。农民使用地理数据来监测作物的生长状态、病虫害情况和水分利用效率。卫星和无人机图像提供了实时的作物监测工具，帮助农民及时采取措施来保护作物。地理数据有助于规划和优化灌溉系统，确保水资源的有效利用。这对于农业地区的水资源紧缺问题至关重要，并可以减少过度灌溉对土壤和水质的不利影响。地理数据支持农产品供应链的管理和优化。它们用于跟踪农产品从生产地到市场的整个流程，确保产品的质量和安全，减少食品浪费。农民和农业专业人员使用地理数据来获取气象和气候信息，包括降雨量、温度、湿度和季节变化。这些数据对于农作物生长周期和收获时间的规划至关重要。地理数据和全球定位系统（GPS）技术结合，支持精准农业实践。农机具和设备可以通过 GPS 定位精确执行操作，如种植、施肥和喷洒农药，以最大程度地提高生产效率。地理数据用于规划农村地区的发展，包括建设农村基础设施、改善交通网络、提供教育和卫生服务等。这有助于改善农村居民的生活条件和提高生活质量。地理数据可以用于评估农业风险，包括干旱、洪水、病虫害和市场波动。农民可以根据这些信息采取风险管理策略，减少损失。

1.2.5 应急响应和灾害管理

在灾害监测和早期预警领域，地理空间数据可用于监测自然灾害的迹象，包括地震、火山喷发、飓风、洪水、森林火灾、龙卷风和干旱等。遥感卫星、气象雷达、传感器网络等技术提供了及时的灾害监测数据，帮助确定灾害的位置、规模和可能的影响。地理空间数据可以追踪飓风、风暴和气旋的路径和强度，这有助于及早发出警报并采取预防措施，以减少风暴带来的损害和人员伤亡。洪水是常见的自然灾害，地理数据用于监测河流水位、雨量、地形和土壤含水量，以进行洪水预测和风险评估，这有助于及早采取疏散、堤防加固和救援行动。地理数据支持森林火灾监测和扑救工作。卫星图像和地面传感器用于检测火源、火势扩展和烟雾分布，以协助消防队员的决策制定和资源调配。地理数据用于监测地震活动、地质构造和地震烈度分布，这有助于城市规划师和工程师评估建筑物的地震安全性，采取措施减少地震引发的损害。地理数据在应急响应中发挥关键作用。应急服务部门使用地理信息系统（GIS）来管理资源、规划疏散路线、定位受困群众和协调救援人员。地理数据用于灾后评估，可帮助政府和国际组织估算损失、优先处理灾害影响最严重的地区，并规划重建工作。地理数据用于教育和培训社区居民，可使他们了解潜在的灾害风险、制定应对计划和组织应急供应品。

1.2.6 天气监测和预报

地理空间数据是气象预报的基础。气象学家使用卫星图像、雷达数据、气象站观测和气象模型来监测天气模式、大气压力系统和气温变化，以制定天气预报。这些预报对于决策制定、航空安全、农业规划和灾害管理至关重要。地理数据用于构建气象模型，模拟和预测气象现象。这些模型考虑了地球表面的地形、海洋温度、大气压力、湿度和风向等因素，以便更准确地预测天气事件的发生和发展。地理数据对于气候变化研究至关重要。科学家使用卫星、遥感技术和地面观测来监测气候变化指标，如全球温度升高、海平面上升、极端气候事件频率增加等。这些数据支持气候变化模型的建立，为应对气候变化提供科学依据。地理数据不仅用于研究大气层，还可用于监测海洋表面温度、海洋流动和海洋生态系统。这有助于理解气象和海洋相互作用，包括厄尔尼诺事件和拉尼娜现象等。地理数据用于监测大气中的污染物浓度，包括颗粒物、有害气体和臭氧。这有助于评估城市空气质量、采取污染控制措施和保护公众健康。地理数据还可支持冰川和极地研究，帮助科学家监测冰层的融化、海冰的变化和极地生态系统的健康。气象预测和气候研究是解决气候变化、提高灾害风险管理、保护环境和维护公众安全的关键要素。地理数据的不断积累和分析有助于加深我们对自然界的理解，支持气象学家和科学家预测气象事件，为气候变化问题寻找解决方案，并帮助人们更好地应对气象灾害和极端天气。

此外，地理空间数据还广泛地应用于卫生保健、自然资源管理、商业和市场分析、军事和国家安全、能源管理等领域，发挥着重要的作用。

1.3 本书框架

本书的主要内容涵盖了地理信息系统（GIS）领域的核心知识和技术，旨在帮助读者全面理解和应用地理空间数据处理、分析和可视化的方法。第1章绪论首先介绍了地理空间数据的基本概念，强调地理信息在各个领域中的重要性。随后，探讨了地理空间数据的广泛应用领域，包括城市规划、环境监测、农业管理等。最后，本章概述了本书的章节结构和内容安排。第2章地理空间数据基础深入探讨了地理空间数据的核心基础。首先，解释了地理空间的概念和相关术语，包括坐标系统和地图投影。之后详细介绍了地理空间数据的分类和特征，包括矢量数据和栅格数据模型，以及如何获取和查询地理数据。第3章地理空间数据库构建聚焦于地理空间数据库的建立。读者将学习如何创建和管理地理数据的数据库，以及如何进行地图投影和坐标系统的处理。还将详细介绍如何使用QGIS加载PostgreSQL数据库和进行PGSQL空间查询。第4章地理空间数据预处理讨论了在地理数据分析之前必要的预处理步骤。内容包括空间数据变换，如几何校正和投影转换，以及空间数据结构转换、插值方法和多元空间数据融合等。第5章地理空间数据分析技术深入研究了地理空间数据分析的各个方面。包括矢量数据分析，如缓冲区分析、叠置分析、区域统计和密度热图制作。之后介绍了栅格数据分析，如三维分析、水文分析、栅格图层处理等。此外，还介绍了网络分析方法，如寻找最近距离和计算最短路径。第6章遥感数据分析与地理空间建模重点关注遥感数据的应用。首先，概述了遥感数据的属性和质量改善方法。其次，介绍了遥感数据的获取和处理，包括计算归一化植被指数（NDVI）和监督分类。最后，讨论了遥感数据与GIS数据的融合方法。第7章地理空间数据可视化与表达涵盖了地理信息可视化的关键内容。包括专题地图编制，单波段和多波段栅格图像的整饰方法，以及矢量图像的整饰和矢量图层的渲染方法。此外，还介绍了三维可视化和交互式地理信息系统的基本原理。第8章地理空间数据分析提供了一系列实际案例，展示了如何应用前述的地理空间数据分析技术和工具来解决真实世界的问题。案例包括点格局和面格局工具的空间分析，以及数据来源和相关工具的详细说明。第9章展望了GIS领域的未来发展趋势和面临的挑战。讨论了新媒体和大数据时代带来的机遇，以及人工智能发展带来的新机遇，同时也指出了数据隐私、数据质量、人才短缺等方面的挑战，并提出了应对这些挑战的思考。

2 地理空间数据基础

2.1 地理空间的概念

地理空间是一个用于描述地球表面的三维区域或领域的概念。它涵盖了地球上所有的地理特征、地形、自然环境、人类活动和文化景观。地理空间考虑了地球的地理坐标、地理位置以及地表上的各种要素，是地理信息科学和地理信息系统的核心概念之一。

地理空间通常是指地球表面上的任何地点或区域，包括从一个地点到另一个地点的空间范围。因此，地理空间可以是非常小的，例如一个特定的地点，也可以是非常大的，例如一个国家、大陆或全球范围。地理空间的概念包括了地球上的位置和地点之间的关系，要在地理空间中准确测定位置需要一种空间定位框架来实现，这个框架就是大地测量控制系统。该系统可用来建立地球几何模型来精确地测量任意一点的坐标，从而在地理信息科学、地理信息系统（GIS）和地图制作等领域进行地理数据的捕获、存储、分析和可视化。

要想知道地球上的位置首先必须知道地球表面的形状，地球的表面形状可以通过不同级别的逼近来描述。大地水准面是对地球形状的准确逼近。它考虑了地球表面的不规则性，根据地球上的引力场和海平面的高度来定义地球的形状。大地水准面通常是一个复杂的曲面，它是地球表面上平均海平面的精确表示。在大地水准面上，重力势能是均匀分布的，这使得它成为高程（海拔高度）测量的基准面。参考椭球体是对地球形状的更准确逼近。椭球体模型考虑到了地球的扁平性，即地球在两极方向是略扁平的，赤道略鼓起。它通常用一组参数来定义，包括半长轴、半短轴、扁平率等。这种模型通常被用于大范围的地图制作和测量中，不同的历史时期，不同的国家和地区会采用不同的旋转椭球体。对地球椭球体而言，其围绕旋转的轴称为地轴，地轴的北端称为北极，地轴的南端称为南极。过地心与地轴垂直的平面与椭球面的交线是地球的赤道，过地轴与英国格林尼治天文台旧址与椭球面的交线称为本初子午线。因此，以这些点和线作为基准，就构成了地理坐标系。地理坐标系通常使用经度（Longitude）和纬度（Latitude）来表示位置。经度是指一个点距离本初子午线的角度差，可以表示东西方向。纬度是指一个点距离赤道的角度差，可以表示北南方向。经度的度数范围通常为－180°～＋180°，东经为正，西经为负。纬度的度数范围为－90°～＋90°，北纬为正，南纬为负。而地理坐标系通常用于球面或椭球体模型上，但地球表面无法完全展开为平面。因此，在绘制地图时，通常需要使用地图投影来将球面上的地理坐标通过一定的数学法则映射到平面上，因此又形成了不同的投影坐标。不同的地图投影方法适用于不同的地区和应用。

常用的椭球体包括了以下几种。

（1）WGS 84 椭球体。世界大地测量系统 1984（WGS 84）椭球体是全球卫星定位系统（GPS）的标准椭球体模型，也广泛用于全球地图制作和导航应用。

（2）GRS 80 椭球体。地球重力场模型 1980（GRS 80）椭球体是美国国家大地测量局（NAD 83）的标准椭球体，用于北美地区的地图制作和地理测量。

（3）Hayford 椭球体。海福德椭球体（Hayford）也称国际 1924 椭球体（International 1924），曾广泛用于地理测量和大部分世界地图制作。

（4）克拉索夫斯基椭球体。克拉索夫斯基椭球体是苏联大地测量学家克拉索夫斯基制作的标准椭球体，特别用于俄罗斯和周边国家的地理测量。

常用的坐标包括了大地坐标和投影坐标。投影坐标系统（Projected Coordinate System）：使用二维平面坐标（通常是 X 和 Y 坐标）来表示地球表面上的位置。投影坐标系统通过投影方法将地球的三维曲面映射到平面上，以便于绘制地图和测量距离、面积等。常见的投影包括墨卡托投影、兰伯特投影等。大地坐标系统（Geodetic Coordinate System）：使用经度和纬度（也称为“大地坐标”）来表示地球上的位置。这种坐标系统基于地球表面的曲面几何，更贴近地球的真实形状。将在下一章中详细介绍。

高程基准（大地水准面）是基于验潮站对海面的长期观测得出的，常见的高程基准包括了以下几项。

（1）平均海平面（MSL）。平均海平面是用作高程测量的最基本的参考面。它是通过全球海洋的平均水平来定义的，通常被赋予高度值 0，其他地点的高度则相对于平均海平面来测量。

（2）EGM96 和 EGM2008 高程模型。地球重力场模型 1996（EGM96）和地球重力场模型 2008（EGM2008）是用于高程测量的全球标准模型。它们基于地球的重力场，可以提供全球高程数据。

（3）荷兰正高程（NAP，Nieuw Amsterdams Peil）系统。NAP 系统的基准点是阿姆斯特丹的阿姆斯特丹港，也称为阿姆斯特丹标志点。这个点的高度被定义为 0m。

（4）黄海 1985 高程系统。是我国用于测量和表示地表高度或海拔高度的地理坐标系统之一，是青岛水准原点和青岛验潮站 1952 年到 1979 年的验潮数据确定的黄海平均海水面所定义的高程基准，其水准点起算高程为 72.260m。

那么现在，地球上任意一点的位置就可以用经度、纬度和高程（B，L，H）来表示了。它们由不同的椭球体构成了不同的基准，不同的平面转换法则构成了不同的投影坐标，不同的高程基准又定义了不同的海拔高程。

2.2 地理空间数据及其特征

对地理空间实体的表达是指以数据的形式来记录和描述地球上的各种地理特征和实体。地理空间数据是一种多维度的信息资源，它不仅包含了有关地球表面上位置和地理特征的基本坐标信息，还涵盖了丰富的相关属性，这些属性可以包括时间、高程、气象、土地利用、人口统计数据、土壤类型、生态系统健康指标等。这些属性与地理位置结合在一起，为我们提供了更加丰富和复杂的地球表面描述。

2.2.1 地理空间数据的分类

地理空间数据按几何分类可以分为以下几种。

（1）点数据。表示离散的地理位置，例如城市、山峰、井等。

（2）线数据。表示地理对象的线性特征，例如河流、道路、管道等。

（3）面数据。表示地理对象的区域性特征，例如国家、湖泊、土地利用等。

按数据结构可以分为以下几种。

（1）矢量数据。以几何对象的形式表示地理特征，包括点、线、多边形等。每个对象可以携带属性信息，例如城市的人口、道路的名称等。

（2）栅格数据。将地理区域划分为规则的网格单元，每个单元包含一个数值，用来表示某种属性，如高度、温度、降雨量等。栅格数据通常用于遥感图像和地形数据。

按照来源可以分为以下几种

（1）地图数据。是用于描述地球表面上的地理特征和信息的数据。这些数据通常以图形和文本的形式呈现，包括各种类型的地图，如路线地图、地形图、天文图等。地图数据通常包括地理特征的几何表示（矢量或栅格）以及与这些特征相关的属性信息。

（2）影像数据。包括各种类型的图像和照片，用于捕捉地球表面的视觉信息。这些数据可以来自卫星、航拍、无人机或其他图像采集设备。影像数据通常用于遥感、地质研究、土地利用规划、环境监测等领域。

（3）文本数据。包括以文本形式记录的地理信息和地理特征描述。这可能包括地名、地理坐标、地理特征的描述、地理统计数据等。文本数据通常以数字或文字形式存储，用于地名地理信息系统（GIS）、地理搜索、地理编码等应用。

按照类型可以分为以下几种

（1）数字线画图（DLG）。是一种以矢量形式表示地理特征的数据集。它包括用于描述地图要素（如道路、河流、建筑物、地貌等）的几何信息，通常采用点、线和多边形等几何对象。DLG 数据常用于地图制作和地理信息系统（GIS）应用，以便在地图上准确绘制各种特征。

（2）数字栅格图（DRG）。是以栅格或像素形式表示的地理图像数据，通常是扫描的地形图或卫星图像的数字版本。DRG 数据可用于显示地理特征的图像表示，例如，用于地图制作和可视化，以及一些遥感和环境应用中。

（3）数字高程模型（DEM）。是一种栅格数据，用于表示地球表面上各点的高度或海拔信息。它通常以栅格网格的形式表示，每个栅格单元包含一个高程值。DEM 可用于分析地形、进行洪水模拟、规划道路和建筑等应用。

（4）数字正射影像（DOM）。是一种栅格图像，经过校正和投影处理，以便在图像中消除地表的畸变和倾斜，使其具有真实比例。数字正射影像可用于制作高质量的地图、遥感分析、土地利用规划等。

2.2.2 地理空间数据的特征

空间特征：是地理空间数据的核心特征之一，它描述了数据在地球表面上的位置和空间关系。空间特征包括了地理要素的地理坐标，通常使用经度和纬度坐标、地理投影坐标或其他地理参考系统来表示。空间特征还涵盖了地理要素之间的空间关系，如相邻、包含、相交等拓扑关系，以及距离、方向等距离关系。

时间特征：表示地理空间数据的时态性，即数据随时间的变化。时间特征允许跟踪地理要素随时间的变化和演化，这对于分析变化趋势、预测未来情况以及应对灾害等具有重要意义。时间特征可以包括观测时间、记录时间、有效期限等时间属性。

属性特征：包括地理要素的相关属性数据，这些数据描述了地理要素的特征、性质、属性或统计信息。属性数据可以包括各种类型的信息，如土地利用类型、人口统计数据、气象数据、高度信息等。属性特征使地理要素的特征更加丰富，有助于深入了解地球上各种现象。

2.3 地理空间数据的结构和类型

2.3.1 矢量数据模型

矢量数据模型是一种用于表达地理空间数据的方法，其通过集合几何对象来描述地球表面的地理特征。基本要素以简单的点、线、和多边形来表示。

1. 点、线和多边形之间的转换

通常，点、线和多边形之间需要进行相互转换，例如，可以通过一系列点创建线，或者从多边形中提取节点并生成新的点层。有许多工具涵盖了这些不同的用例。表 2.1 概述了用于在点、线和多边形之间转换的 Processing toolbox 工具。

表 2.1 工具

	点	线	多边形
来自点		指向路径	凸壳、凹壳
来自线	提取节点		线至多边形、凸壳
来自多边形	提取节点、多边形的质心（多边形内的随机点）	多边形至线	

一般而言，将更复杂的表示法转换为更简单的表示法（如多边形转换为直线，多边形转换为点，或直线转换为点）要比反向转换（如点至直线，点至多边形，或直线转换为多边形）更容易。以下是对这些工具的简要概述。

① 提取节点：这是一个简单的工具。它使用带有线条或多边形的输入层，生成一个包含所有输入几何节点的点层。得到的点层包含原始线或多边形特征的所有属性信息。

② 多边形质心：此工具为每个多边形或多个多边形创建一个质心。值得注意的是，它不能确保质心落在多边形内。对于凹多边形、多个多边形以及有孔多边形，质心可以落在多边形之外。

③ 多边形内的随机点：此工具在多边形内的随机位置创建一定数量的点。

④ 指向路径：为了能够从点创建线，点层需要标识线（组字段）和线（顺序字段）中点的顺序的属性。

新建 New Shapefile Layer（图 2.1），设置属性表 Name，Add to fields list（图 2.2），按照图示设置好属性，保存（图 2.3）。

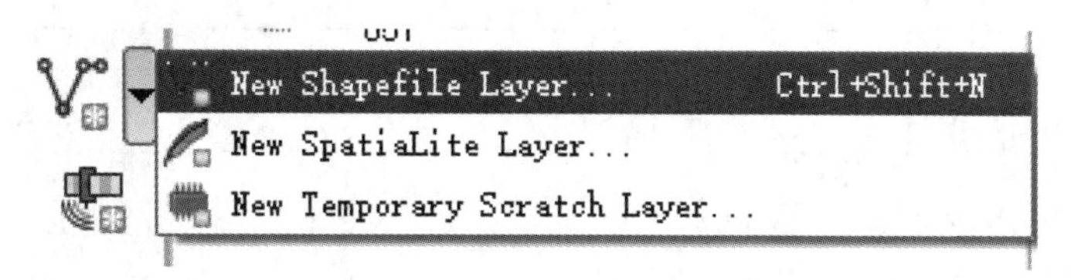

图 2.1　新建 Shapefile 图层

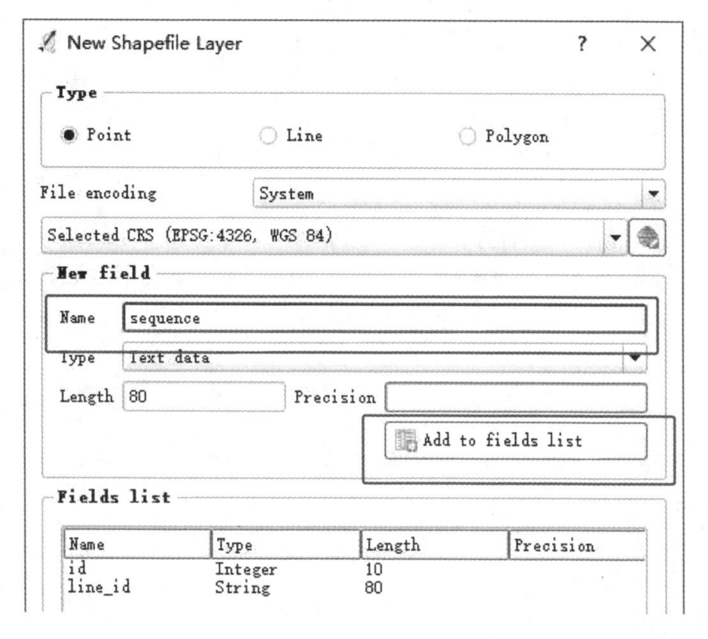

图 2.2　选择参数

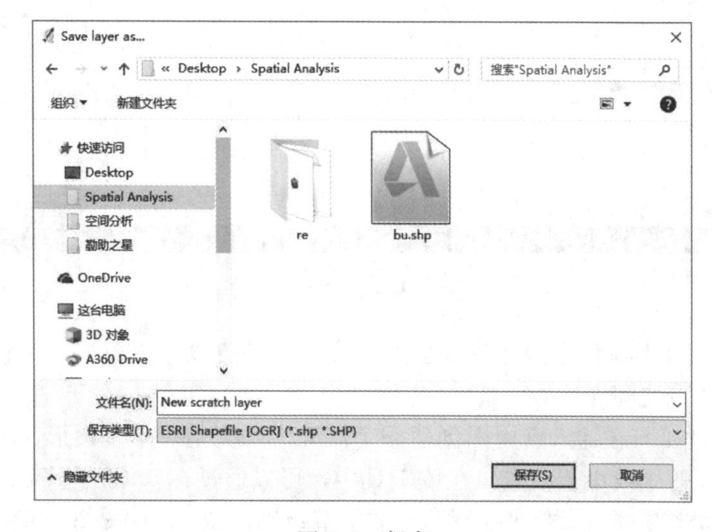

图 2.3　保存

保存后，新建界面，打开 New scratch layer，选择工具 Points to path（图 2.4）。指向路径操作过程（图 2.5）。

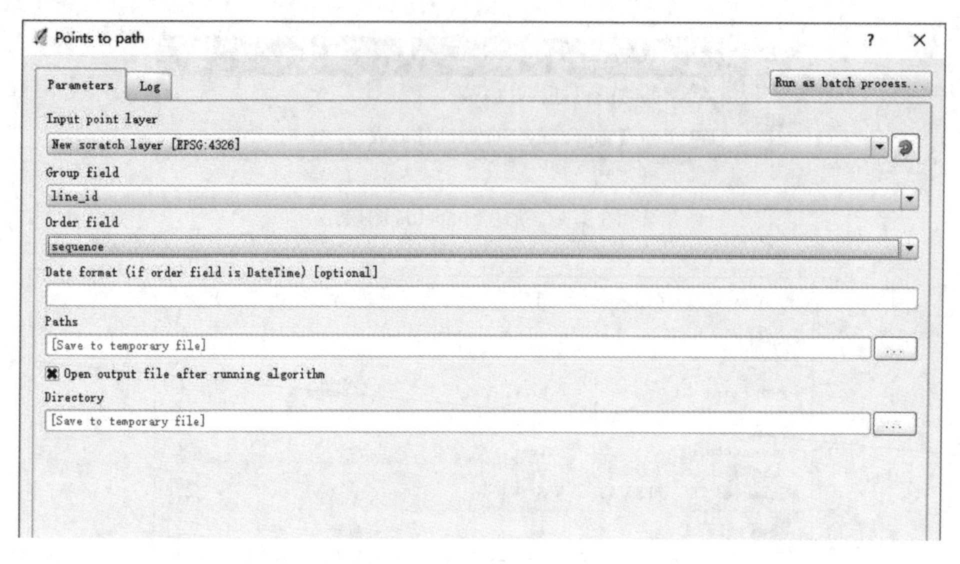

图 2.4　指向路径

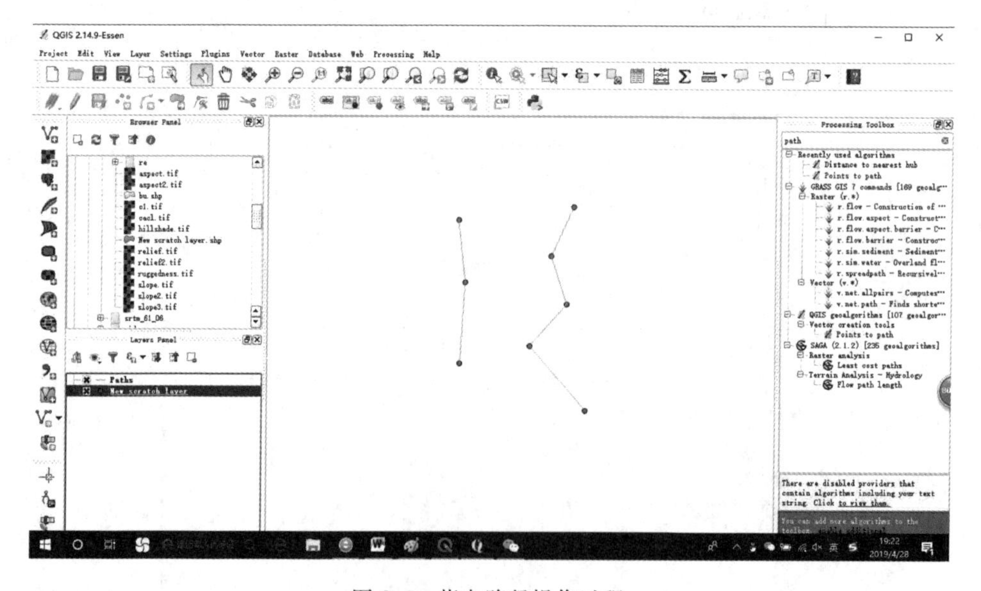

图 2.5　指向路径操作过程

⑤ 凸壳：此工具围绕输入点或线创建凸壳。凸壳可以被想象成一个包含所有输入点以及所有输入点之间连接的区域。

⑥ 凹壳：此工具在输入点周围创建一个凹壳。凹壳是一个多边形，表示输入点所占的面积。凹壳等于或小于凸壳。在该工具中，可以通过在 0（相当于凹壳）和 1（相当于凸壳）之间改变阈值参数来控制凹壳的细节级别。图 2.6～图 2.8 显示了机场数据周围的凹凸船体（阈值设置为 0.3）的对比。

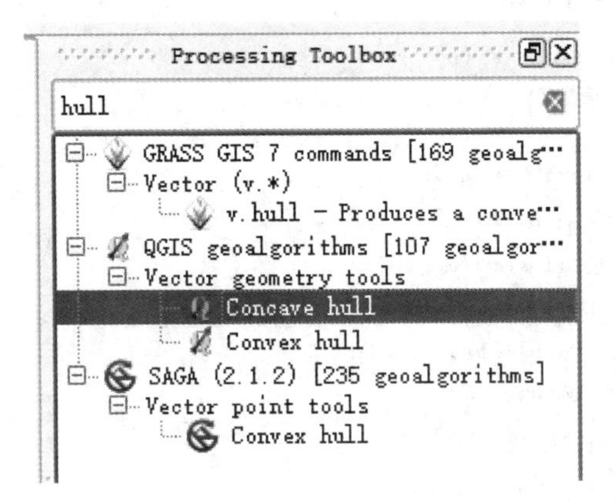

图 2.6　工具路径

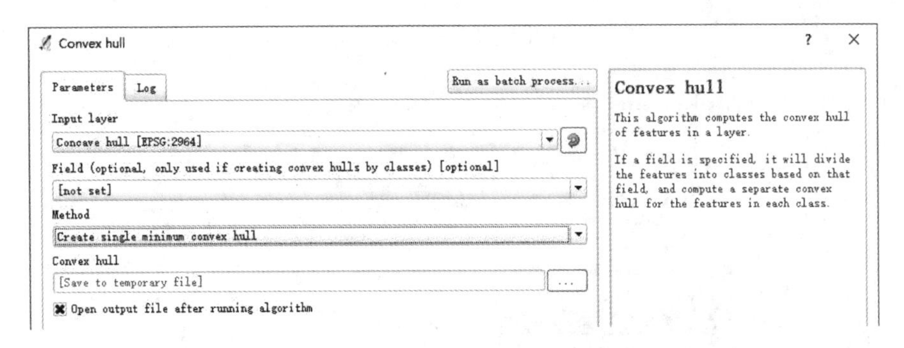

图 2.7　Convex 参数设置

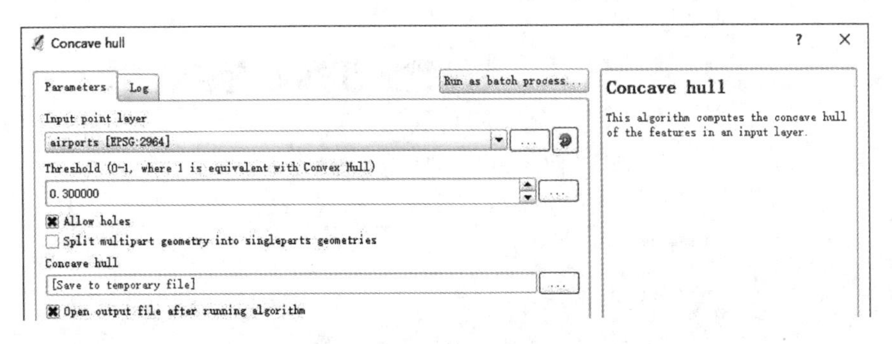

图 2.8　Concave 参数设置

⑦ 线到多边形：此工具可以从包围一个区域的线创建多边形。确保行间没有空隙。否则，它将不起作用。

2. 识别与其他特征接近的特征

一个常见的空间分析任务是识别某些其他特征的邻近性特征。一个具体的例子是在河流附近的所有机场设立禁飞区。使用缓冲区和定位工具的组合来确定距离河流 5000ft 以内的机场。使用搜索框查找 Processing Toolbox 中的工具。这个例子的工具配置如图 2.9～图 2.11 所示。

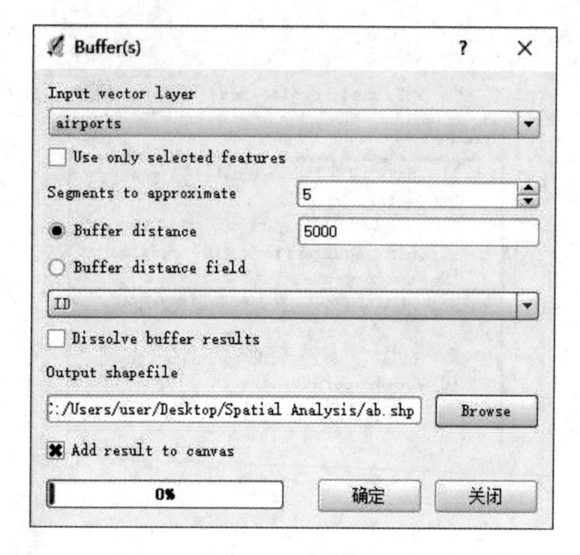

图 2.9　缓冲区

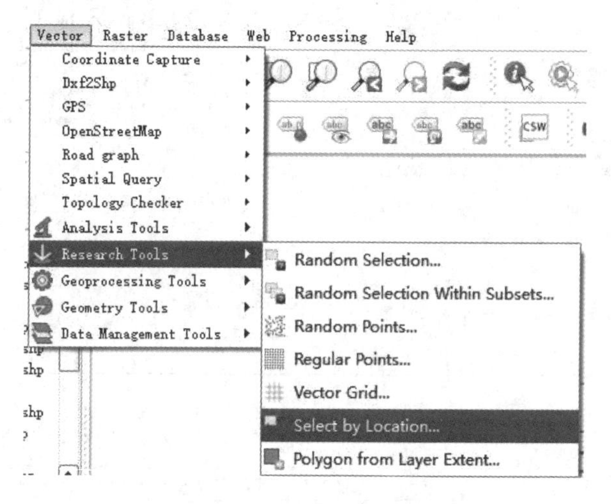

图 2.10　通过位置选择

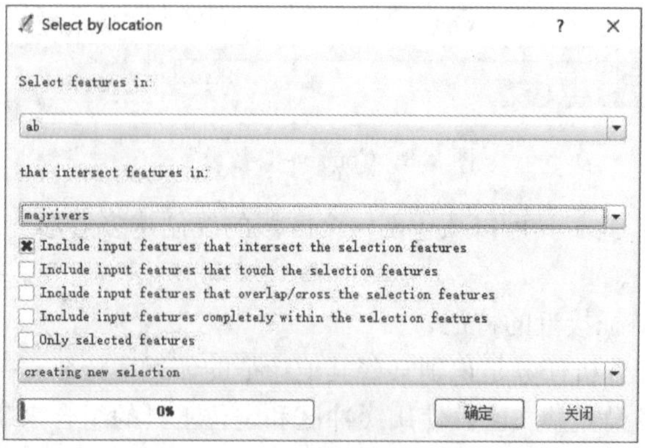

图 2.11　数据处理进程

Select by location 工具将选择与河流相交的所有机场缓冲区。结果该信息显示在 QGIS 主窗口底部的信息区域，如图 2.12 所示：76 个机场中有 14 个被选中。

14 feature(s) selected on layer ab.

图 2.12 结果信息

如果工具设置产生了遗忘，或者需要检查是否使用了正确的输入层，可以转到主菜单\Processing\History（图 2.13）。算法部分将列出一直在运行的所有算法以及使用的设置，如图 2.14 所示。

Processing Help
Toolbox Ctrl+Alt+T
Graphical Modeler... Ctrl+Alt+M
History... Ctrl+Alt+H
Options... Ctrl+Alt+C
Results Viewer... Ctrl+Alt+R
Commander Ctrl+Alt+D

图 2.13 History 路径

History
ALGORITHM
[2019-04-28 19:28:11] processing.runalg("qgis:convexhull","C:/Users/user/AppData/Local/Temp/processing64579060c7a…
[2019-04-28 19:27:53] processing.runalg("qgis:concavehull","C:/Users/user/Desktop/çº°é´åæ/QGIS/GIS DataBase/qgis_…
[2019-04-28 19:20:55] processing.runalg("qgis:pointstopath","C:/Users/user/Desktop/Spatial Analysis/New scratch layer.…
[2019-04-28 19:14:32] processing.runalg("qgis:pointstopath","C:/Users/user/Desktop/Spatial Analysis/New scratch layer.…
[2019-04-28 19:14:28] processing.runalg("qgis:pointstopath","C:/Users/user/Desktop/Spatial Analysis/New scratch layer.…
[2019-04-28 19:14:23] processing.runalg("qgis:pointstopath","C:/Users/user/Desktop/Spatial Analysis/New scratch layer.…
[2019-04-28 19:14:19] processing.runalg("qgis:pointstopath","C:/Users/user/Desktop/Spatial Analysis/New scratch layer.…
[2019-04-28 19:13:55] processing.runalg("qgis:pointstopath","C:/Users/user/Desktop/Spatial Analysis/New scratch layer.…
[2019-04-28 18:50:23] processing.runalg("qgis:distancetonearesthub","C:/Users/user/Desktop/çº°é´åæ/QGIS/GIS DataB…
processing.runalg("qgis:convexhull","C:/Users/user/AppData/Local/Temp/processing64579060c7ac4d5eac707d1370ae76a6/566b7481fa644ce58ab786c9bd437705/OUTPUT.shp",None,0,None)

图 2.14 History

算法下面列出的命令还可以用于从 QGIS Python 控制台调用的处理工具，可以通过转到主菜单\Plugins\Python Console 激活 QGIS Python 控制台（图 2.15）。图 2.16 所示的 Python 命令运行缓冲区算法（processing.runalg）并将结果加载到地图（process.load）中。

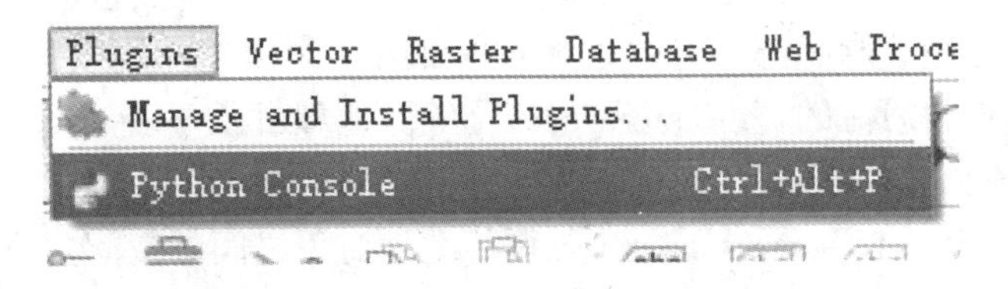

图 2.15 Python Console 路径

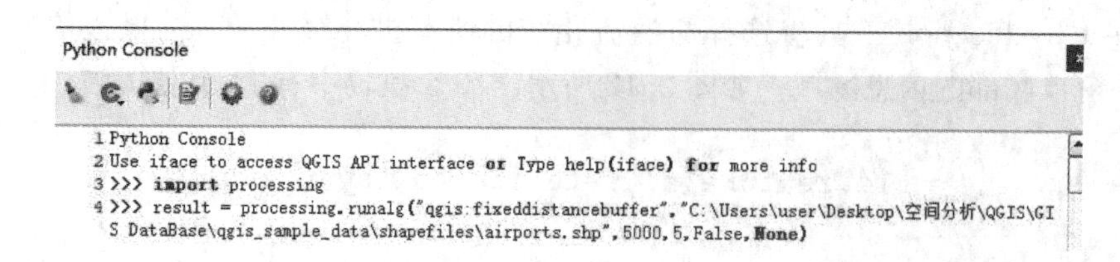

图 2.16 Python Console

3. 拓扑模型

地理空间信息的拓扑模型是用于描述和分析地理数据中的地理对象之间的空间关系和拓扑关系的一种模型，通常用于地理信息系统和地理空间分析中，以便更好地理解和处理地理数据。常见的地理空间信息拓扑模型如下。

（1）节点-边模型。在这种模型中，地理对象被表示为节点和边的集合，类似于图论中的图。节点代表地理对象的位置，而边表示地理对象之间的连接或关系。节点-边模型适用于描述网络、交通系统和水系等地理对象。

（2）区域邻接模型。这种模型描述了地理区域之间的相邻关系。每个地理区域被看作一个多边形或区域，模型记录了哪些区域相邻，以及它们之间的边界。区域邻接模型对于土地利用规划和区域分析非常有用。

（3）节点-面模型。这种模型适用于描述点和多边形之间的关系。点可以表示特定的地理位置，而多边形表示地理对象的边界。节点-面模型允许确定一个点是否在多边形内部、与多边形相交等。

（4）拓扑关系模型。这种模型用于描述地理对象之间的拓扑关系，如相邻、重叠、包含等。它通常使用拓扑规则和关系来确定对象之间的几何形状和空间关系。

（5）格网模型。这种模型将地理空间划分为规则的网格单元，每个单元可以表示一个区域或位置。格网模型适用于空间统计和空间插值等应用，其中需要对地理数据进行规则化处理。

这些地理空间信息的拓扑模型有助于进行地理分析、地理查询和空间规划等任务。它们提供了一种方式来描述地理数据之间的空间关系，以便更好地理解和利用地理信息。

4. 关系-对象模型

地理空间信息的关系-对象模型（Relationship-Object Model，简称 RO-Model）是用于描述地理信息系统（GIS）中地理数据的一种模型。它强调了地理对象之间的空间和拓扑关系，以及这些关系与地理对象本身的属性之间的联系。RO-Model 是一种在 GIS 领域广泛应用的数据模型，有助于更好地理解和处理地理信息。RO-Model 包括两个主要组成部分。

地理对象（Objects）：是模型中的基本元素，它们代表现实世界中的地理特征，如建筑物、河流、道路、森林等。每个地理对象都有一组属性，用于描述其特征和性质，例如建筑物的高度、河流的宽度、道路的名称等。地理对象可以是点、线、面或体，具体取决于所表示的地理特征的几何形状。

关系（Relationships）：RO-Model 强调了地理对象之间的空间关系和拓扑关系。这些关系描述了地理对象之间的连接、相邻、包含等关系。例如，两个地理对象可以相邻，表示它们在地图上紧密相连，或者一个地理对象可以包含另一个地理对象，表示嵌套关系。这些关系有助于进行地理空间分析和查询。

RO-Model 的主要优势在于它能够更准确地捕捉地理现象之间的关系，并且能够支持各种地理查询和分析操作。通过将地理对象的属性与空间关系相结合，可以进行复杂的地理信息查询，例如查找某个区域内符合特定属性条件的地理对象，或者查找与某个地理对象相邻的其他地理对象。

关系-对象模型是一种在地理信息系统中用于组织、描述和分析地理数据的有效模型，它强调了地理对象之间的空间关系和属性关系，有助于更好地理解和应用地理信息。

5. 空间关系模型

空间关系模型是用于描述和分析地理现象中各个空间要素之间相互作用和位置关系的模型，是 GIS 中的关键组成部分，用于帮助人们理解和处理地理数据，以支持空间决策和分析。空间关系模型在地理信息系统中非常重要，因为它们使我们能够更好地理解和利用地理数据，从而支持各种地理决策和分析应用。这些模型允许我们研究地理现象中的空间关系，帮助解决空间问题和优化资源分配。常见的空间关系模型包括：

① 相交（intersect）（图 2.17）。

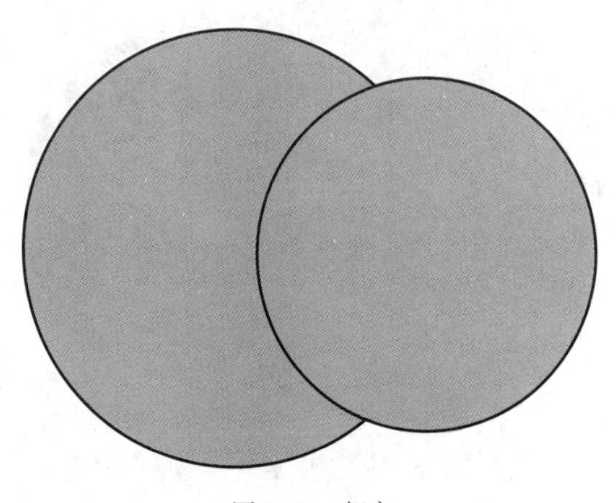

图 2.17　相交

② 相切（touch）（图 2.18）。

图 2.18　相切

③ 包含（contain）（图 2.19）。

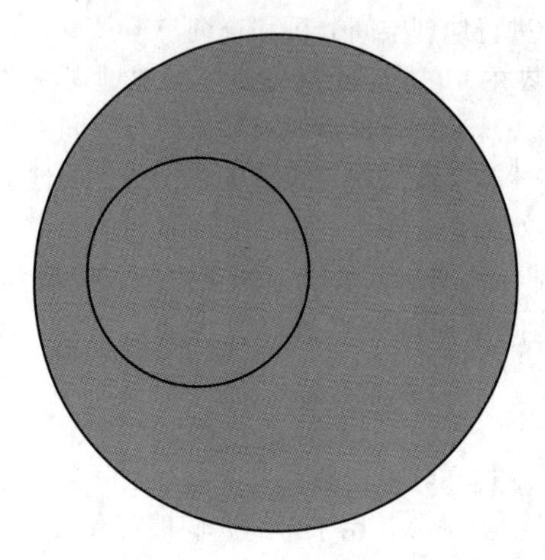

图 2.19　包含

④ 叠置（overlap）（图 2.20）。

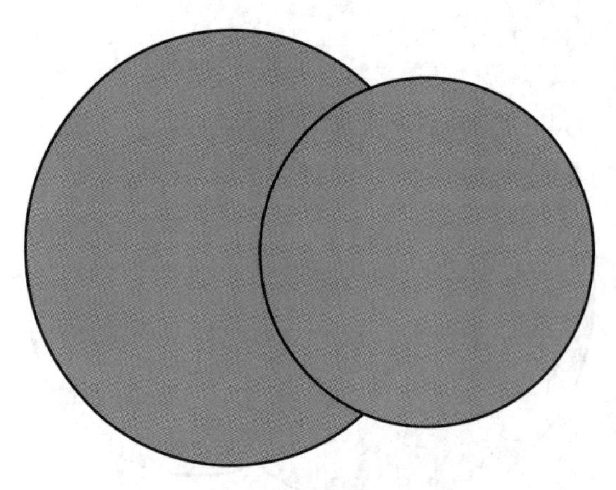

图 2.20　叠置

⑤ 不相交（disjoint）（图 2.21）。

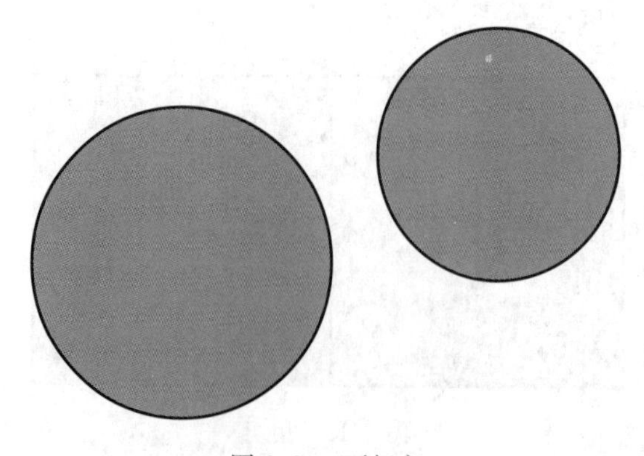

图 2.21　不相交

⑥ 被包含（are within）（图 2.22）。

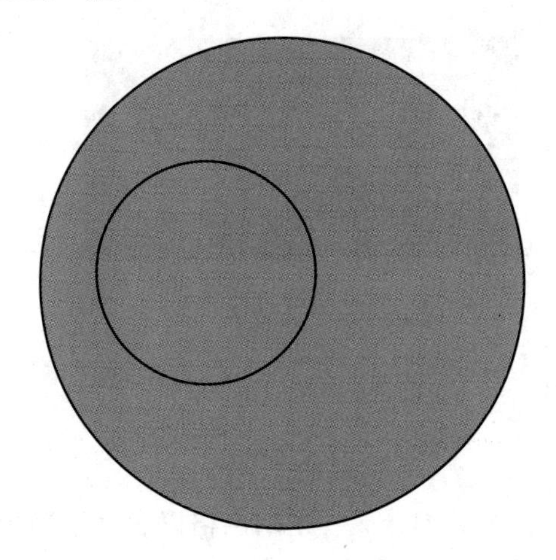

图 2.22　被包含

⑦ 相等（equal）（图 2.23）。

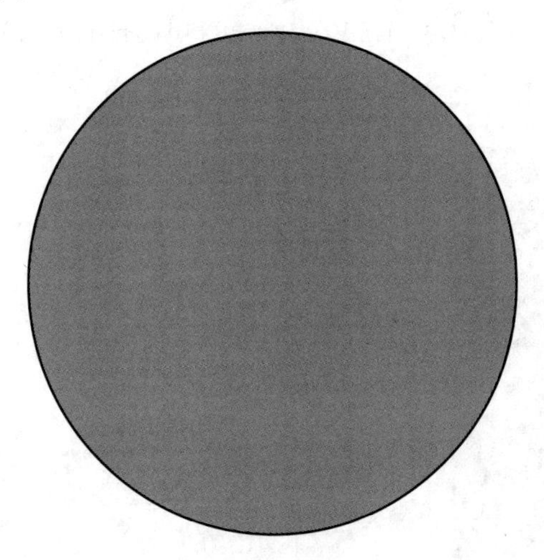

图 2.23　相等

⑧ 穿越（cross）。

部分穿越（图 2.24）。

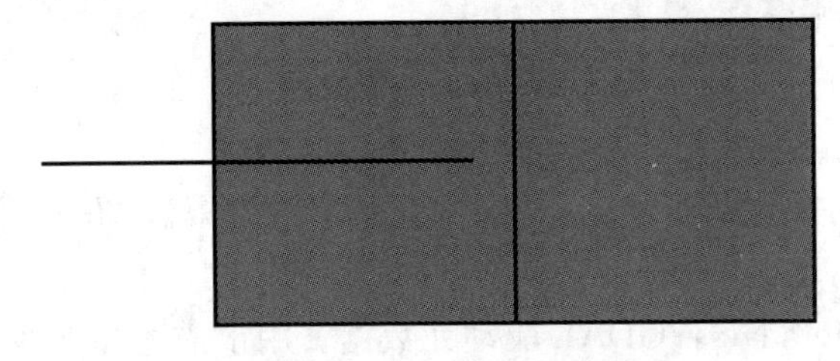

图 2.24　部分穿越

完全穿越（图 2.25）：

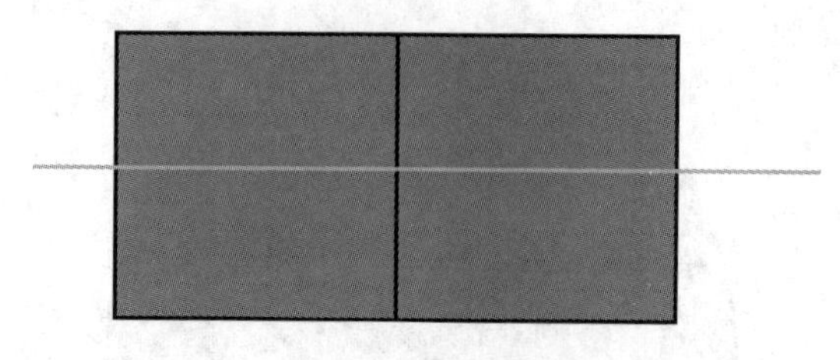

图 2.25　完全穿越

2.3.2　栅格数据模型

1）栅格数据要素

栅格数据是一种将研究区域划分成规则的网格以表达地理现象的一种数据形式。栅格实际上是像元（pixel）矩阵，有行有列。每一个像元称为一个 cell（格子），并在各像元上赋予相应的属性值来表示实体。栅格数据是地理信息系统中空间数据组织最基本的方式之一。

在 QGIS 中，加载栅格数据 dem_to_prepare.tif，右击图层名，查看属性（图 2.26）。

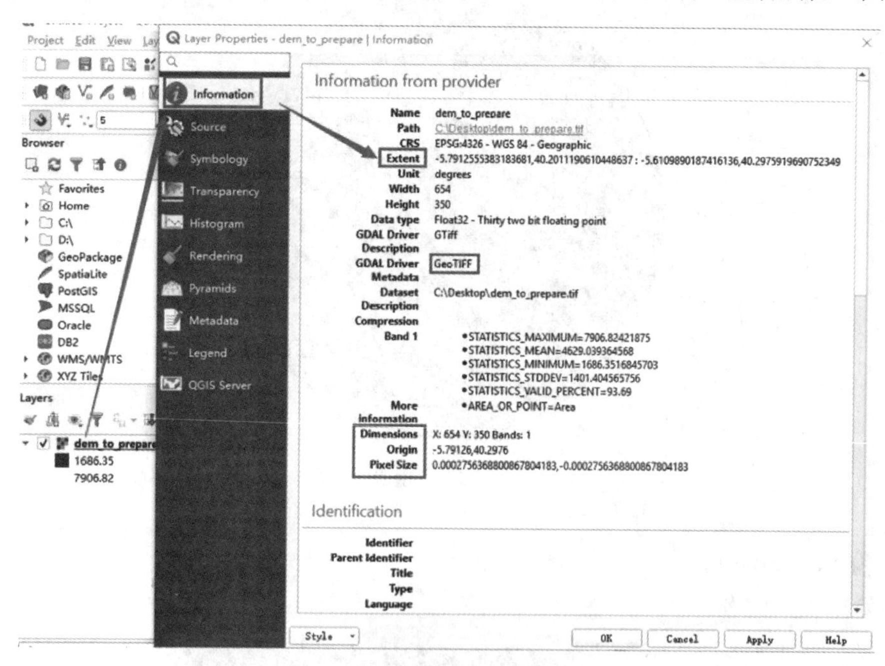

图 2.26　查看属性

Extent：范围。用于描述当前数据的左下角（W-S）、右上角（E-N）的图像坐标值。

GDAL Driver Metadata：GDAL 驱动元数据。用于描述当前数据文件的格式。

Dimensions：维度。用于描述当前数据的行列数和波段。X：654（列）Y：350（行）。

Origin：起点。用于描述当前数据的左下角坐标值。

Pixel Size：像元大小。用来描述栅格像元的分辨率，既栅格所记录的地理空间的最小单元的线性长度。分辨率越高，精度越高，数据量越大。格子应小到足以捕捉用户需要的最小细节，且栅格的大小不能超过硬件能力。

常见的栅格数据格式有 TIFF、ASCII Grid、BIL、BMP，以及 ENVI 头文件格式等。

本章将介绍上述几种类型的栅格数据文件以及如何用 QGIS 转换格式。

2）栅格数据类型与转换

（1）TIFF 文件格式介绍

标签图像文件格式（Tag Image File Format，TIFF）是一种灵活的位图格式，主要用来存储包括照片和艺术图在内的图像。TIFF 支持黑白、灰度、伪彩色及真彩色图像，所有这些图像都可以以压缩或者解压缩的格式存储。

TIFF 通常由单个文件构成，可能的文件扩展名有 *.tif、*.tiff 和 *.tff。如图 2.27 所示该栅格数据扩展名为 *.tif。

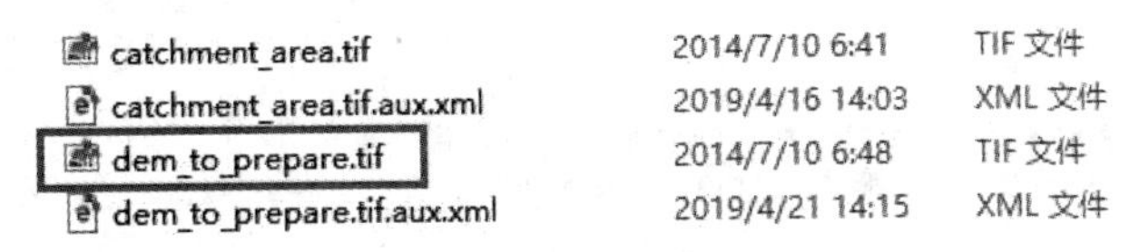

图 2.27　TIFF 文件

当数据第一次加载至 QGIS 中会自动建立金字塔，并生成一个含 .aux 的 .xml 交换格式文件。

TIFF 文件格式适用于在应用程序之间和计算机平台之间的交换文件，这种文件格式的引入使得图像数据交换变得简单。

（2）栅格数据格式转换

① 在 QGIS 中可以使用 conversion 工具转换栅格数据的格式，在处理工具箱中搜索 “conversion”，可选择 Raster conversion 中的 Translate 工具（图 2.28）。

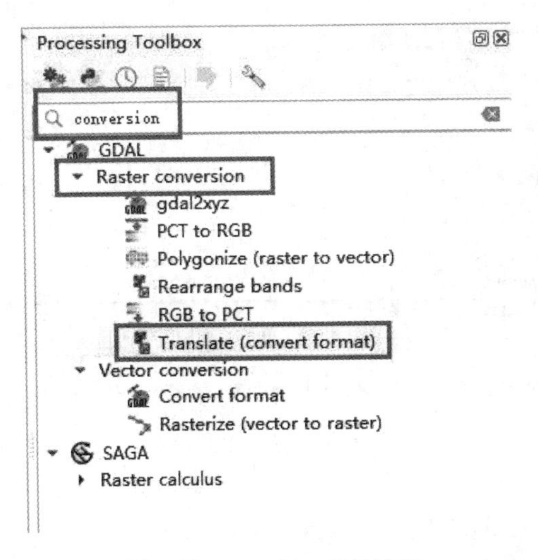

图 2.28　translate 工具路径

打开对话框后在 converted 中选择“Save to File”（图 2.29）。

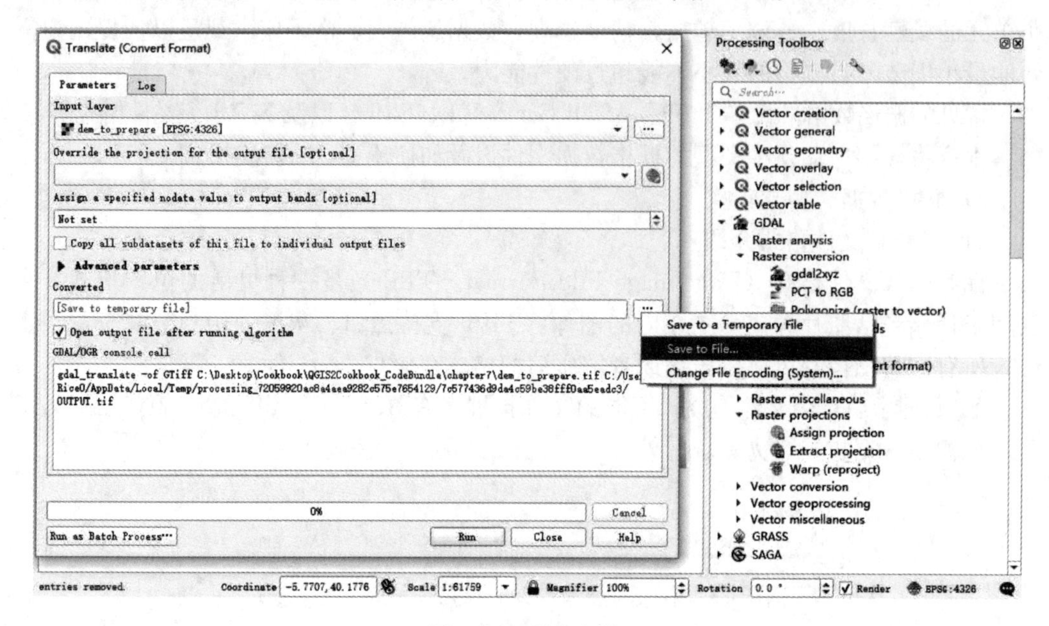

图 2.29　保存文件

在保存类型中选择需要转换的格式即可（图 2.30）。

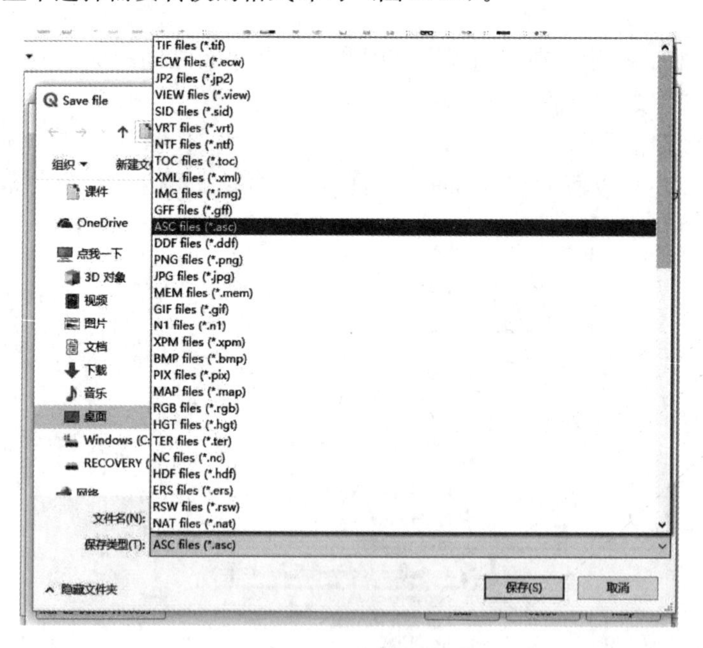

图 2.30　选择文件格式

② 转换为 ASCII Grid 文件。

使用这个工具，将 TIFF 文件转换为 ASC files（*.asc），以观察 ASCII Grid 栅格数据文件（图 2.31）。

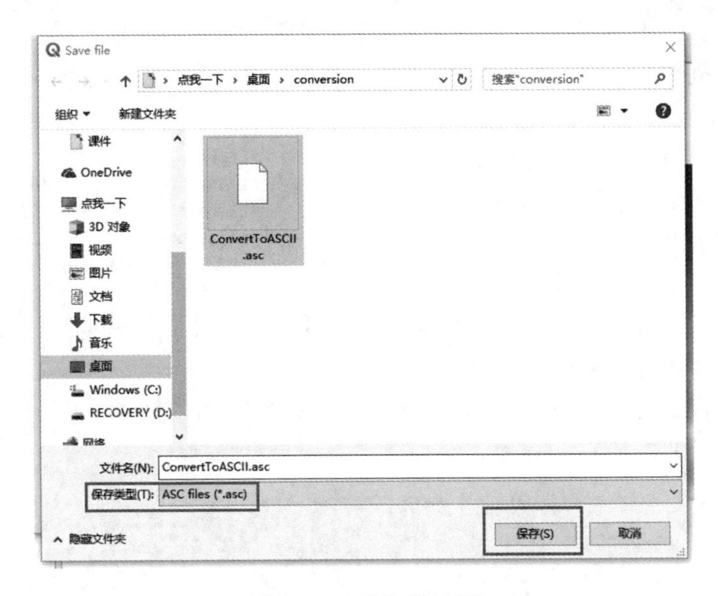

图 2.31 TIFF 转 ASC

ASCII 文件（ASCII File），指含有用标准 ASCII 字符集编码的字符的数据和文本文件。文本文件（如字处理文件、批处理文件和源语言程序）通常都是 ASCII 文件，因为它们只含有字母、数字和常见的符号。

ASCII 格网格式是一种格网交换文件，它通常由单个文件构成。其扩展名为 *.asc。转换的 ASCII 文件如图 2.32 所示。

图 2.32 ASCII 文件示例

由于已经加载至 QGIS 中，所以还生成了其他的附加文件，如 .prj 投影文件。

用记事本打开主文件 .asc，可以看到如图 2.33 所示的文本。

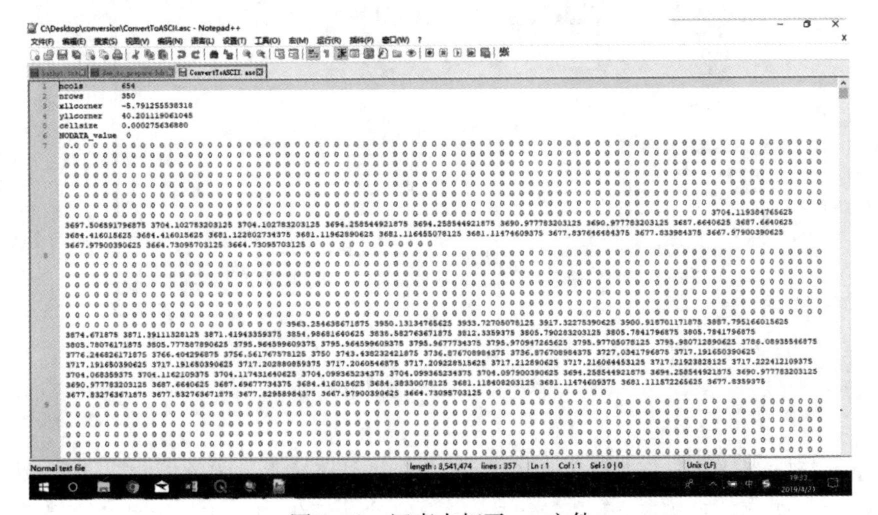

图 2.33 记事本打开 asc 文件

其中如图 2.34 所示为其头文件信息，存储了图层的基本信息。

ncols：总列数；

nrows：总行数；

xllcorner：图幅左下角 x 坐标；

yllcorner：图幅左下角 y 坐标；

cellsize：像元大小；

NODATA _ value：空值以何值代表。

```
ncols         654
nrows         350
xllcorner     -5.791255538318
yllcorner     40.201119061045
cellsize      0.000275636880
NODATA_value  0
```

图 2.34　头文件信息

在头文件下方的数据即为栅格数据的属性数据，通常以空格分隔两个像元的值，由行列号确定每一个像元的值，就像矩阵一样，文件中 0 代表没有值的地方，其余数据代表某个像元处的高程值（图 2.35）。

```
0 0 0 0 0 0 0 0 0 0 0 0 0 0 0 0 0 0 0 0 0 0 0 0 0 0 0 0 0 0 0 0 0 0 0 0 0 0 0 0 0 0 0 0 0 0 0 0 0 0 0 0 0 0 0 0 0 0 0 0 0 0 0 0 0 0 0 0 0 0 0 0 0 0 0 0 0 0 0 0
0 0 0 0 0 0 0 0 0 0 0 0 0 0 0 0 0 0 0 0 0 0 0 0 0 0 0 0 0 0 0 0 0 0 0 0 0 0 0 0 0 0 0 0 0 0 0 0 0 0 0 0 0 0 0 0 0 0 0 0 0 0 0 0 0 0 0 0 0 0 0 0 0 0 0 0 0 0 0 0
0 0 0 0 0 0 0 0 0 0 0 0 0 0 0 0 0 0 0 0 0 0 0 0 0 0 0 0 0 0 0 0 0 0 0 0 0 0 0 0 0 0 0 0 0 0 0 0 0 0 0 0 0 0 0 0 0 0 0 0 0 0 0 0 0 0 0 0 0 0 0 0 0 0 0 0 0 0 0 0
0 0 0 0 0 0 0 0 0 0 0 0 0 0 0 0 0 0 0 0 0 0 0 0 0 0 0 0 0 0 0 0 0 0 0 0 0 0 0 0 0 0 0 0 0 0 0 0 0 0 0 0 0 0 0 0 0 0 0 0 0 0 0 0 0 0 0 0 0 0 0 0 0 0 0 0 0 0 0 0
0 0 0 0 0 0 0 0 0 0 0 0 0 0 0 0 0 0 0 0 0 0 0 0 0 0 0 0 0 0 0 0 0 0 0 0 0 0 0 0 0 0 0 0 0 0 0 0 0 0 0 0 0 0 0 0 0 0 0 0 0 0 0 0 0 0 0 0 0 0 0 0 0 0 0 0 0 0 0 0
0 0 0 0 0 0 0 0 0 0 0 0 0 0 0 0 0 0 0 0 0 0 0 0 0 0 0 0 0 0 0 0 0 0 0 0 0 0 0 0 0 0 0 0 0 0 0 0 0 0 0 0 0 0 0 0 0 0 0 0 0 0 0 0 0 0 0 0 0 0 0 0 0 0 0 0 0 0 0 0
0 0 0 0 0 0 0 0 0 0 0 0 0 0 0 0 0 0 0 0 0 0 0 0 0 0 0 0 0 0 0 0 0 0 0 0 0 0 0 0 0 0 0 0 0 0 0 0 0 0 0 0 0 0 0 0 0 0 0 0 0 0 0 0 0 0 0 0 0 0 0 0 0 0 0 0 0 0 0 0
0 0 0 0 0 0 0 0 0 0 0 0 0 0 0 0 0 0 0 0 0 0 0 3963.254638671875 3950.13134765625 3933.72705078125 3917.32275390625 3900.918701171875 3887.795166015625
3874.671875 3871.39111328125 3871.41943359375 3854.98681640625 3838.582763671875 3812.3359375 3805.790283203125 3805.7841796875 3805.7841796875
3805.78076171875 3805.777587890625 3795.964599609375 3795.964599609375 3795.9677734375 3795.970947265625 3795.97705078125 3795.980712890625 3786.08935546875
3776.246826171875 3766.404296875 3756.561767578125 3750 3743.438232421875 3736.876708984375 3736.876708984375 3727.0341796875 3717.191650390625
3717.191650390625 3717.191650390625 3717.202880859375 3717.2060546875 3717.209228515625 3717.212890625 3717.216064453125 3717.21923828125 3717.22412109375
3704.068359375 3704.1162109375 3704.117431640625 3704.099365234375 3704.099365234375 3704.097900390625 3694.258544921875 3694.258544921875 3690.977783203125
3690.977783203125 3687.6640625 3687.69677734375 3684.416015625 3684.38330078125 3681.118408203125 3681.11474609375 3681.111572265625 3677.8359375
3677.832763671875 3677.832763671875 3677.82958984375 3667.97900390625 3664.73095703125 0 0 0 0 0 0 0 0 0 0 0 0 0
```

图 2.35　ASC 文件矩阵

③ 转换为 BIL 文件。

使用 conversion 工具，将 TIFF 文件转换为 BIL files（*.bil），以观察 BIL 栅格数据文件（图 2.36）。

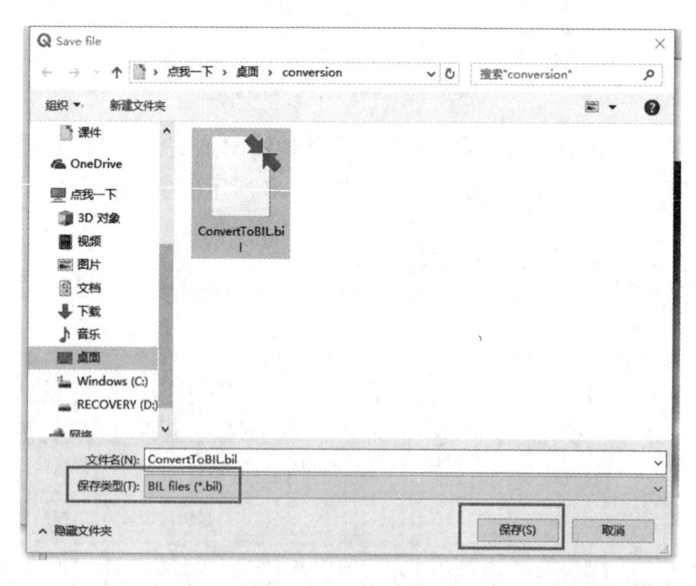

图 2.36　转换为 BIL

波段按行交叉格式（BIL）是一种常见的多波段影像数据组织方法。BIL 本身并不是影像格式，而是一种用于存储影像实际像素值的数据组织方案。这些文件能够支持单波段影像和多波段影像的显示，并且可以处理黑白、灰度、伪彩色、真彩色以及多光谱影像数据。

在波段按行交叉格式数据中，每一行都按照不同波段的顺序存储了有关影像的像素信息，例如，如果有一个三波段影像，那么所有这三个波段的数据将依次被写入第 1 行，然后是第 2 行，以此类推，直至达到影像的总行数。图 2.37 展示了一个三波段数据集的 BIL 数据。

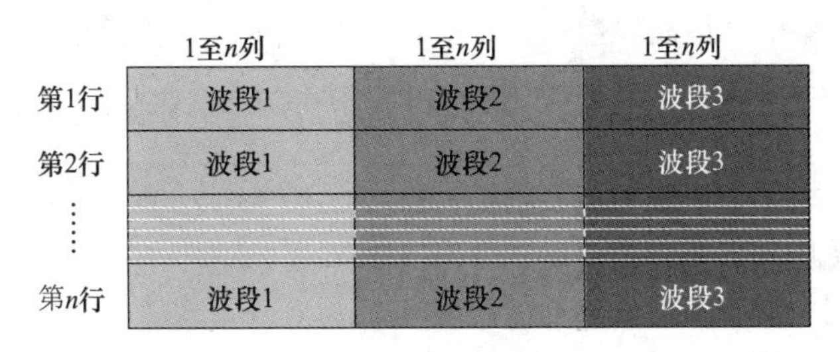

图 2.37　BIL 影像

BIL 文件通常包括三种影像描述文件。

a. 头文件（.hdr）：用来描述影像像素数据的布局，且必须提供该文件；

b. 色彩文件（.clr）：用来描述影像色彩映射表；如果该文件不存在，影像将显示为灰度影像；

c. 统计文件（.stx）：针对影像的每个波段描述影像统计数据。

图 2.38 为转换的 BIL 文件。

ConvertToBIL.bil	2019/4/21 19:03	BIL 文件	895 KB
ConvertToBIL.bil.aux.xml	2019/4/21 19:03	XML 文件	1 KB
ConvertToBIL.hdr	2019/4/21 19:03	HDR 文件	1 KB
ConvertToBIL.prj	2019/4/21 19:03	PRJ 文件	1 KB
ConvertToBIL.stx	2019/4/21 19:03	STX 文件	1 KB

图 2.38　BIL 文件

使用记事本打开 ConvertToBIL.hdr（图 2.39）。

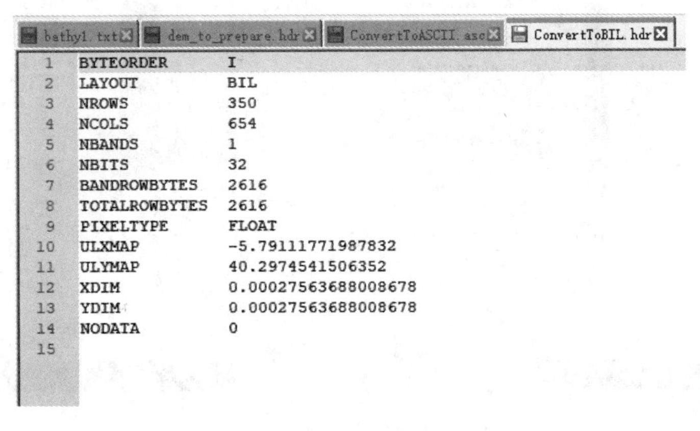
bathy1.txt　dem_to_prepare.hdr　ConvertToASCII.asc　ConvertToBIL.hdr

```
1  BYTEORDER       I
2  LAYOUT          BIL
3  NROWS           350
4  NCOLS           654
5  NBANDS          1
6  NBITS           32
7  BANDROWBYTES    2616
8  TOTALROWBYTES   2616
9  PIXELTYPE       FLOAT
10 ULXMAP          -5.79111771987832
11 ULYMAP          40.2974541506352
12 XDIM            0.00027563688008678
13 YDIM            0.00027563688008678
14 NODATA          0
15
```

图 2.39　BIL 头文件

与ASCII文件的头文件信息一样，其参数都是通过〈keyword〉〈value〉描述数据，其中〈keyword〉指示所设置的特定属性，而〈value〉表示要为该属性设置的目标值。文件头中的条目可以按任意顺序排列，但每个条目必须单独占用文件的一行。

nrows：影像中的行数；

ncols：影像中的列数；

nbands：影像中的光谱波段数；

byteorder：存储影像像素值所采用的字节顺序；

I：Intel（称为小字节）

layout：影像文件中波段的组织结构；

ulxmap：地图中左上角像素中心的 x 轴坐标；

ulymap：地图中左上角像素中心的 y 轴坐标；

xdim：像素的x尺寸（采用地图单位）；

ydim：像素的y尺寸（采用地图单位）；

bandrowbytes：每行中每个波段的字节数；

totalrowbytes：每一行的数据字节总数；

Pixeltype：像素值的类型。

注：其中的.bil为其数据文件，该文件不能通过记事本查看。

④ 转换为ENVI头文件。

右击图层名，选择export/save as…，在format参数中可以下拉更改数据类型，选择ENVI. hdr（图2.40、图2.41）。

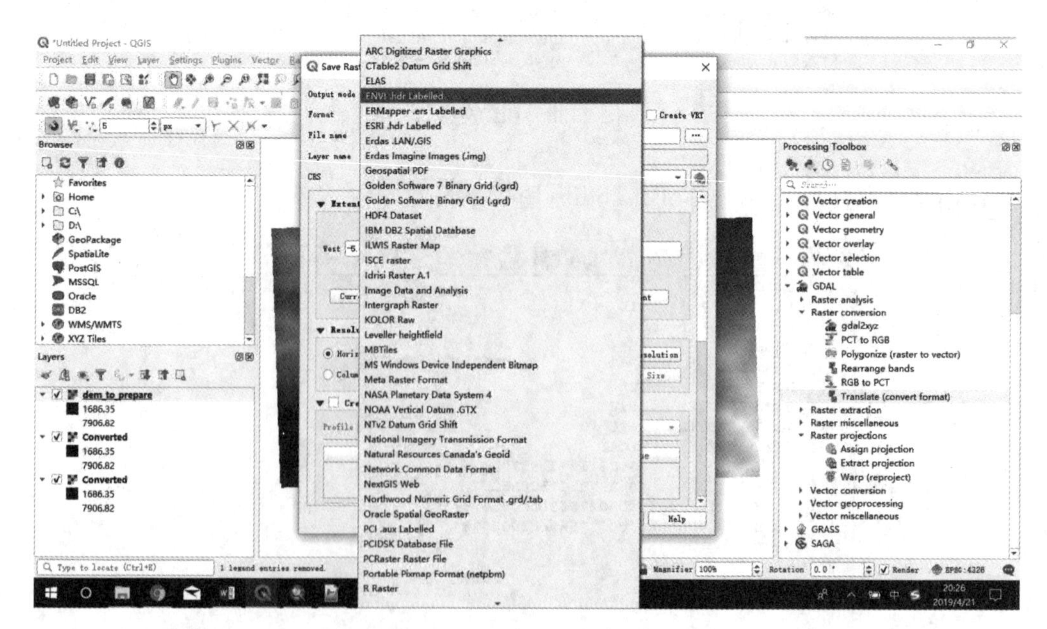

图2.40　文件转换工具路径

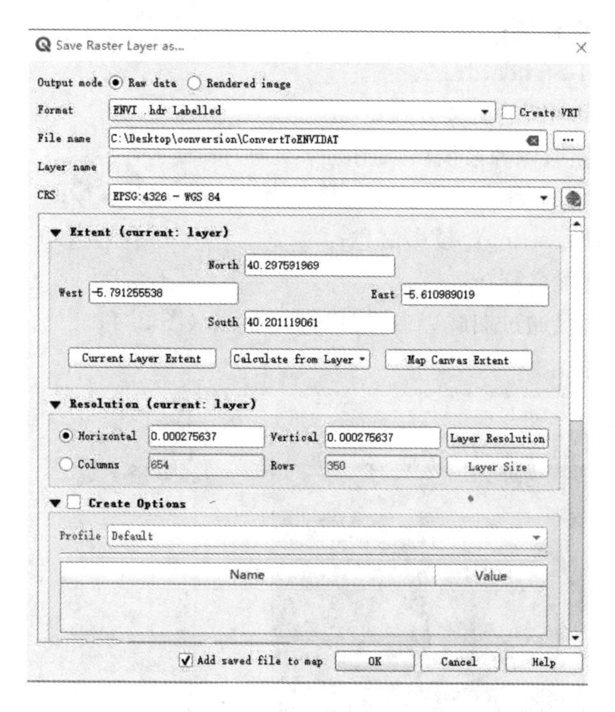

图 2.41　文件转换

使用 ENVI 处理栅格数据集时，通常会生成一个包含软件所需求的信息的头文件。这个头文件通常以“.hdr”扩展名结尾，或多个数据文件（扩展名为 *.raw、*.img、*.dat、*.bsq 等）构成。图 2.42 为转换的 ENVI 头文件数据文件。

图 2.42　头文件示例

使用记事本打开 .hdr（图 2.43）。

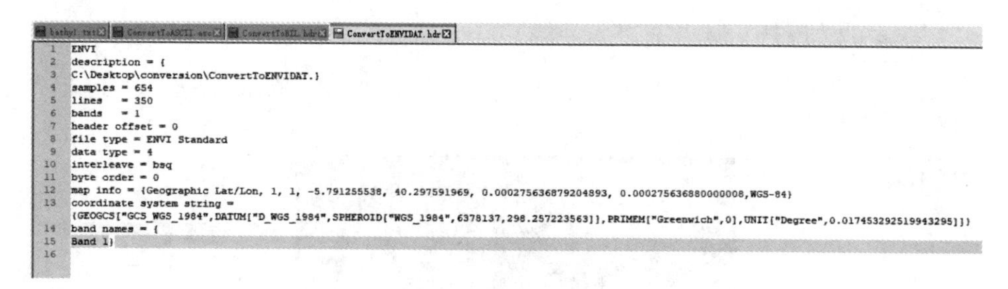

图 2.43　头文件信息

图 2.43 中第一行标明为 ENVI 文件。

samples：列数；

lines：行数；

bands：波段数；

header offset：偏移值；
file type=ENVI Standard；
interleave：影像存储的交叉方式；
byte order：存储影像像素值所采用的字节顺序；
map info：存储了地图的基本参数，起点坐标、像元大小等；
coordinate system string：投影信息；
band names：波段名称。
在ENVI中可直接通过加载.hdr文件打开影像（图2.44）。

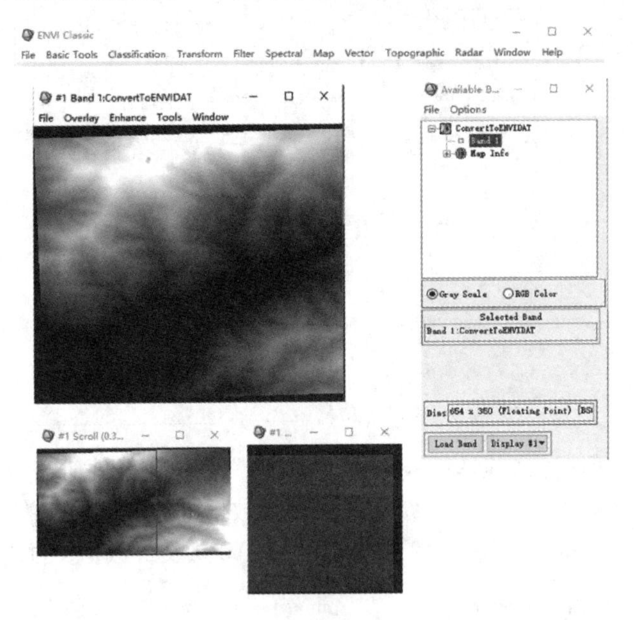

图 2.44　初始界面

文件加载至QGIS中呈现为遥感影像文件，其黑色边框为背景值（图2.45）。

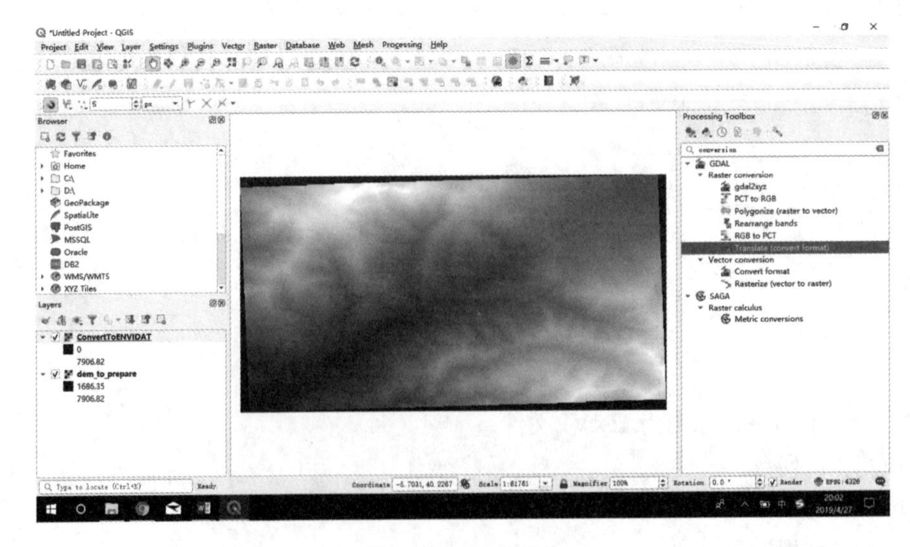

图 2.45　格式转换

可以看到栅格数据文件都存在一个头文件，用来描述栅格数据的基本参数；且不是所有类型的栅格文件中的数据文件都可用记事本查看，例如 *.bil、 *.dat 都不可查看。

2.3.3 GIS 数据的获取与空间数据查询

1）GIS 数据的获取

GIS 数据的获取通常涉及以下几种主要方法和渠道。

卫星和遥感数据：卫星遥感数据可以从卫星传感器获取，这些数据包括卫星图像、遥感影像和遥感数据产品。NASA、欧洲空间局（ESA）以及商业卫星运营商如 DigitalGlobe（现为 Maxar Technologies）、Planet Labs 等都提供卫星图像和遥感数据。遥感数据可用于监测地球表面的气象、地质、土地覆盖、植被、城市扩展等。

GPS 和地理定位数据：全球定位系统（GPS）接收器可以用来采集地理位置数据，包括经度、纬度、高度和时间信息。移动设备如智能手机、车辆导航系统等常常包含 GPS 功能，可以记录位置轨迹和轨迹数据。

测量和地理信息系统（GIS）：测量工程师和地理信息系统（GIS）专业人员使用测量设备（如全站仪）和软件来采集和处理地理数据。这些数据包括土地测量、道路测量、建筑物位置、地形地貌、水文数据等。

地理数据库和开放数据：许多政府机构、研究机构和组织提供免费或付费的地理数据，包括地图、统计数据、地理信息系统数据等。一些国家和地区的政府部门维护国土信息系统（National Spatial Data Infrastructure，NSDI），提供各种地理数据。

遥感平台和地理信息服务：一些在线平台和地理信息服务提供商提供访问地理数据和地图的服务，例如 Google Earth、Bing Maps、ArcGIS Online 等。这些服务通常提供了地图、卫星图像、航拍图像、地形数据等。

地理信息系统（GIS）软件：GIS 软件（如 ArcGIS、QGIS、MapInfo 等）允许用户创建、编辑、分析和可视化地理数据。用户可以将现有数据导入到 GIS 软件中，或者通过空间分析和查询来生成新的地理数据。

地理传感器：地理传感器如气象站、环境传感器、地震监测器等可以采集地理数据，用于监测环境条件和自然现象。

地理空间数据交换标准：地理空间数据通常遵循特定的数据交换标准，如 OGC（Open Geospatial Consortium）标准，以确保不同数据源之间的互操作性。

2）空间位置查询

启用 QGIS，选择菜单栏 Layer/Add Layer/Add Vector Layer 加载矢量数据 road.shp、sub_con.shp、village.shp，默认投影 EPSG：4326（图 2.46、图 2.47）。

在工具条上选择选择工具，下拉选择 Select Feature（s），可对要素进行点选，同时按下〈Shift〉键可点选多个要素。（这里将选择的要素导出 select feature.shp 以便查看查询效果，灰色填充部分为上述选择的要素）。

选择菜单栏 Vector/Research Tools/Select by location… 弹出 Select by location 对话框。

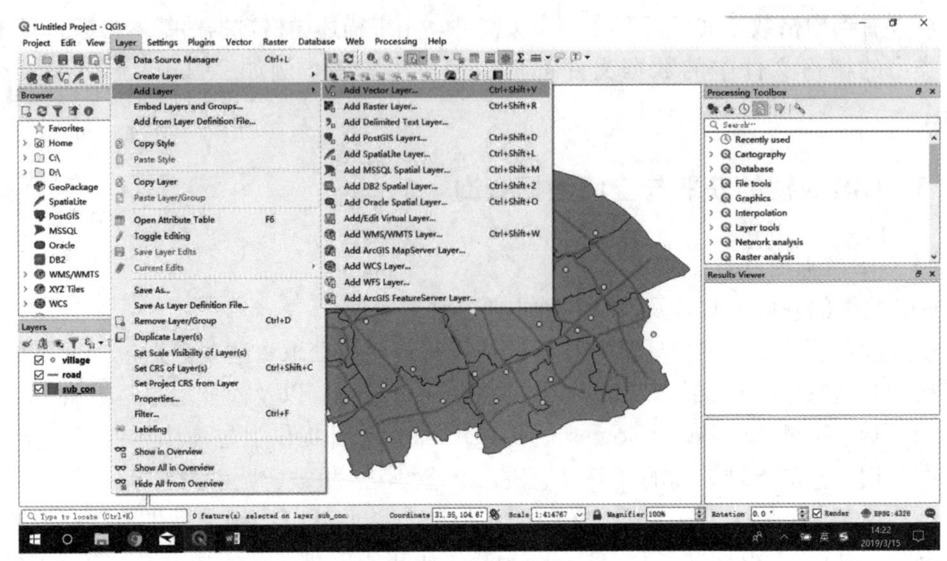

图 2.46　添加图层

图 2.47　图层显示

（1）相交

若要创建与所选多边形空间相交的点和线选区，首先确保 a 与 b 空间相交。然后执行以下操作。

在弹出的 Select by location 对话框中选择 Parameters，其中 Select features from 下拉选择点状要素 village，勾选 intersect，By comparing to the features from 下拉选择 sub _ con，勾选 Selected features only，下拉选择 creating new selection。这将创建一个新的选区，包括与所选多边形相交的点和线（图 2.48）。

运行结果如图 2.49 所示。

运行后选择 removing from current selection 运行清除选择集。

将 Select features from 下拉更改为线状要素 road。运行结果如图 2.50 所示。

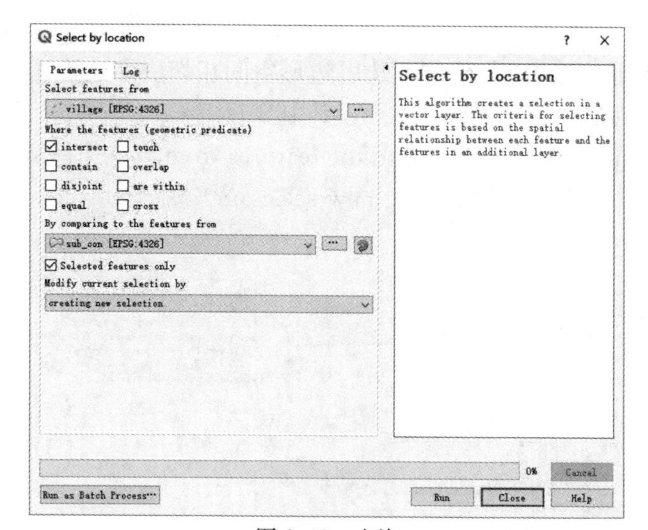

图 2.48　查询

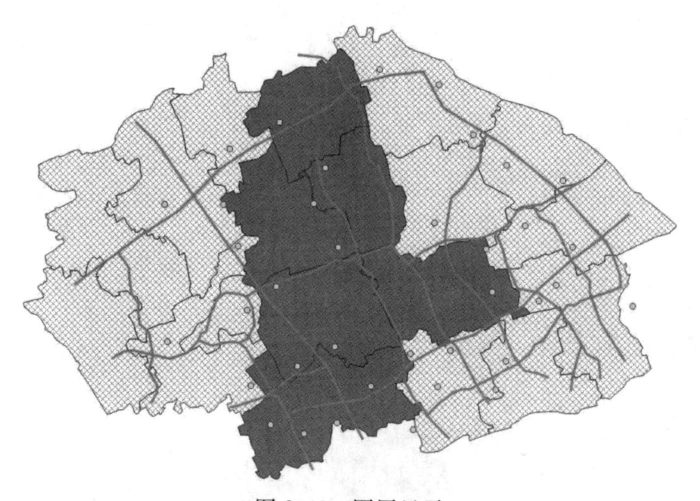
图 2.49　图层显示

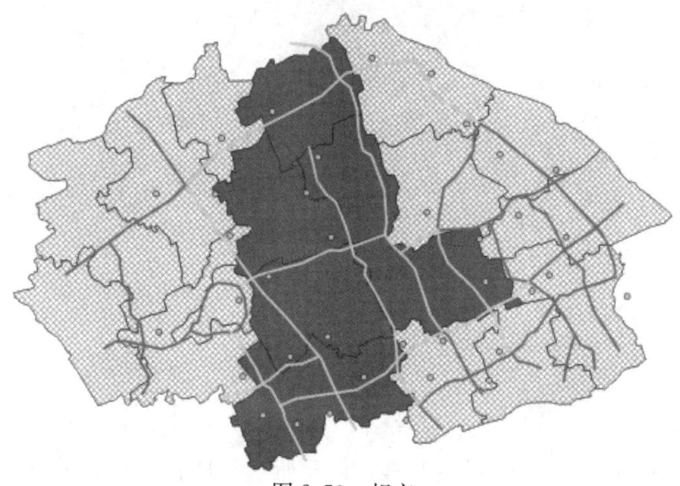
图 2.50　相交

（2）相切

a与b空间相切，则可以创建与所选多边形空间相切的多边形选区。在弹出的Select by location对话框中选择Parameters，其中Select features from下拉选择面状要素sub _ con，勾选touch，By comparing to the features from下拉选择sub _ con，勾选Selected features only，下拉选择creating new selection（图2.51）。

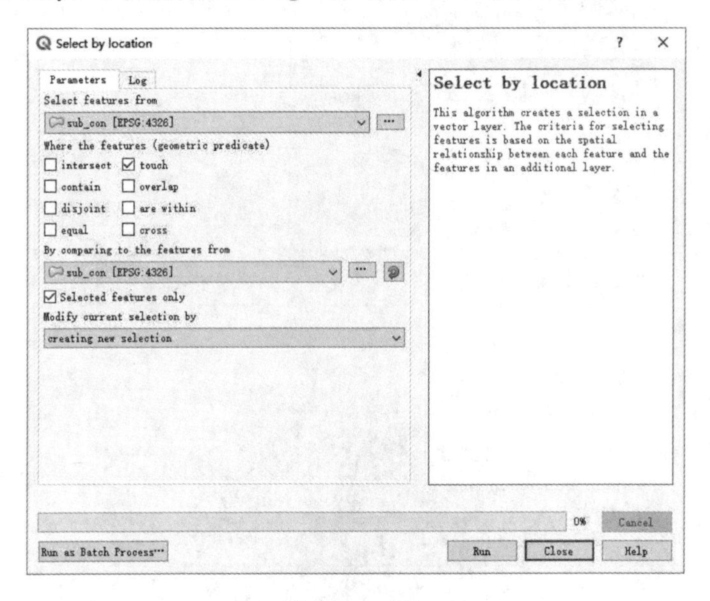

图2.51　查询

运行结果如图2.52所示。

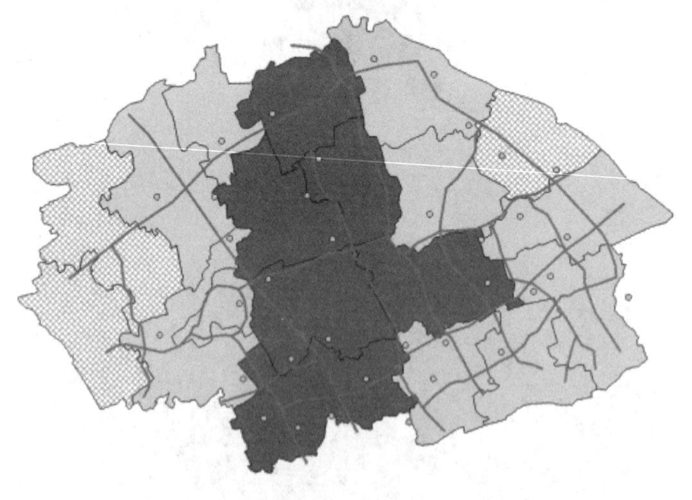

图2.52　相切

（3）包含

若a包含于b，可以通过选择点要素，创建所选村庄包含于哪些多边形选区。在弹出的Select by location对话框中选择Parameters，其中Select features from下拉选择面状要素 sub _ con，勾选 contain，By comparing to the features from 下拉选择 village，勾选 Selected features only，下拉选择 creating new selection（图 2.53）。

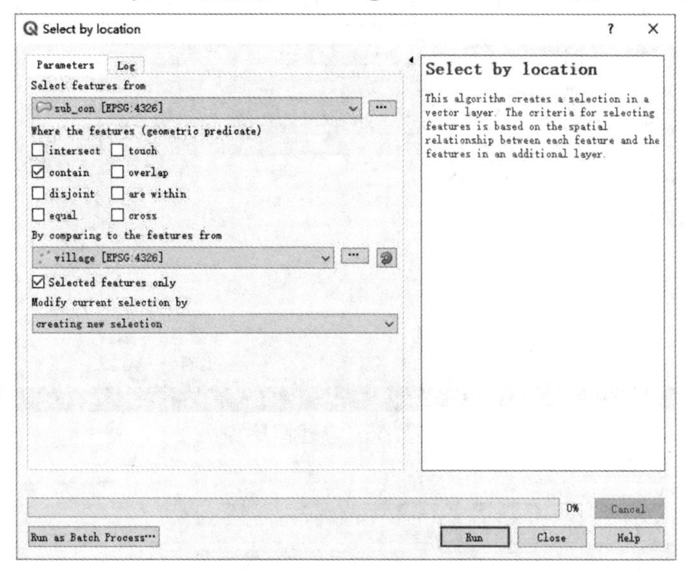

图 2.53　查询

运行结果如图 2.54 所示。

图 2.54　包含

（4）叠置

a 与 b 空间重叠的条件为 a 与 b 内部相交且 a 与 b 同维（比如同为面要素），且 a 交 b 不等于 a 同时不等于 b 时存在空间重叠关系。因数据不存在此空间关系，所以笔者新建了一个 aaa. shp 文件，绘制了另两个多边形（棕色梯形）。在弹出的 Select by location 对话框中选择 Parameters，其中 Select features from 下拉选择面状要素 aaa，勾选 overlap，By comparing to the features from 下拉选择 sub _ con，勾选 Selected features only，下拉选择 creating new selection（图 2.55～图 2.58）。

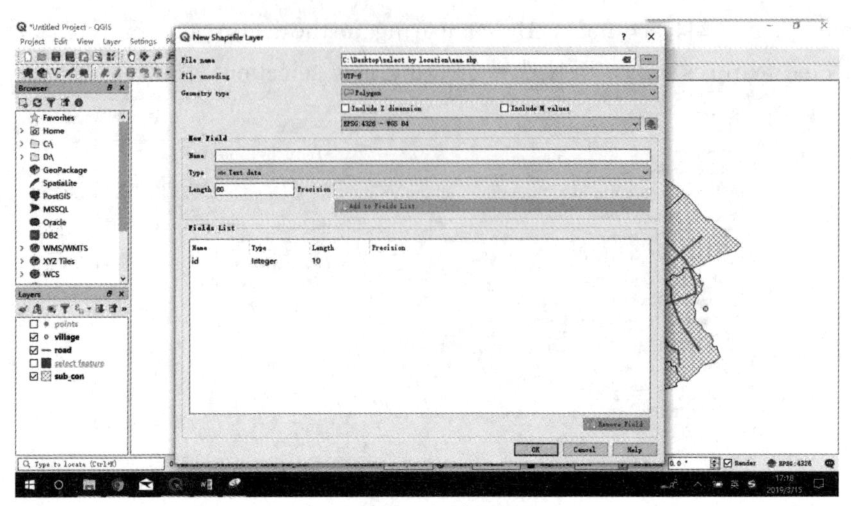

图 2.55　新建图层

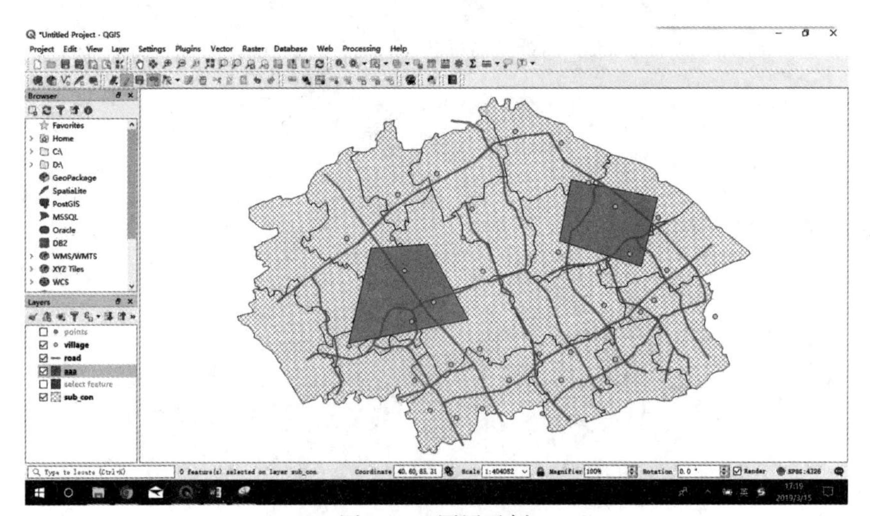

图 2.56　图层示例

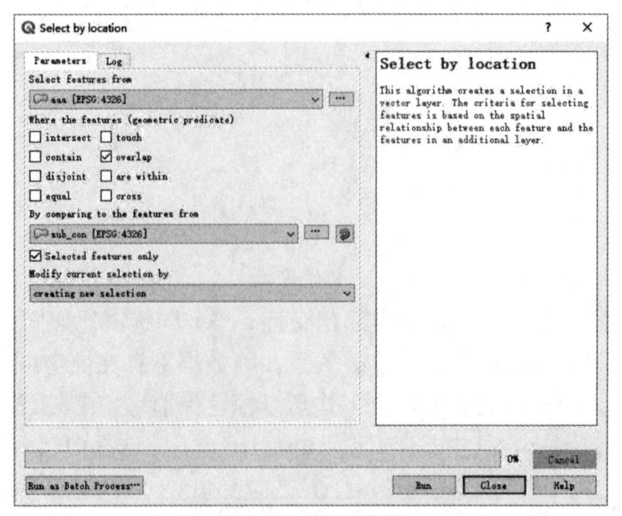

图 2.57　工具参数

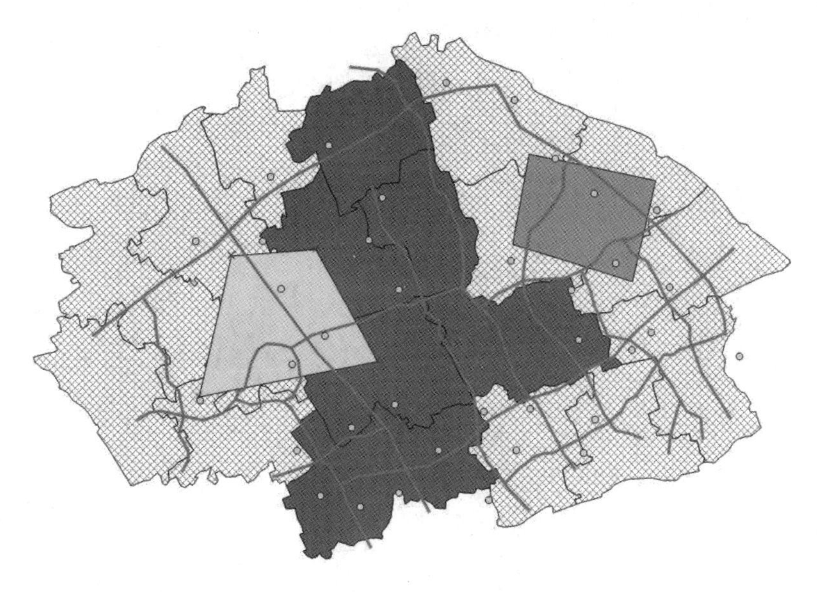

图 2.58 叠置

(5) 不相交

若 a 与 b 空间不相交，可以创建与所选多边形空间不相交的多边形选区。在弹出的 Select by location 对话框中选择 Parameters，其中 Select features from 下拉选择面状要素 sub _ con，勾选 disjoint；在 By comparing to the features from 下拉选择 sub _ con，勾选 Selected features only，下拉选择 creating new selection（图 2.59、图 2.60）。

图 2.59 查询

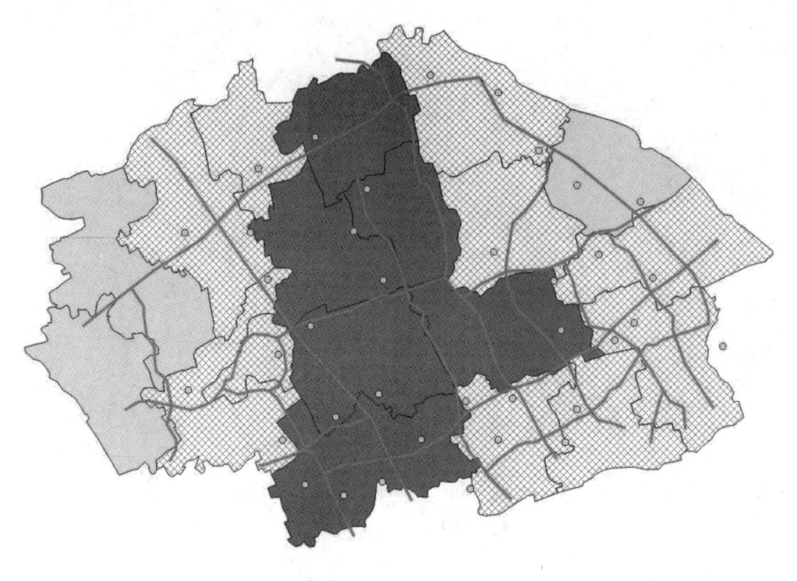

图 2.60　不相交

（6）被包含

若 a 被 b 包含，或 b 包含于 a。可以创建被所选多边形包含的村庄选区。在弹出的 Select by location 对话框中选择 Parameters，其中 Select features from 下拉选择面状要素 sub _ con，勾选 are within；在 By comparing to the features from 下拉菜单中选择 sub _ con，勾选 Selected features only，下拉选择 creating new selection（图 2.61、图 2.62）。

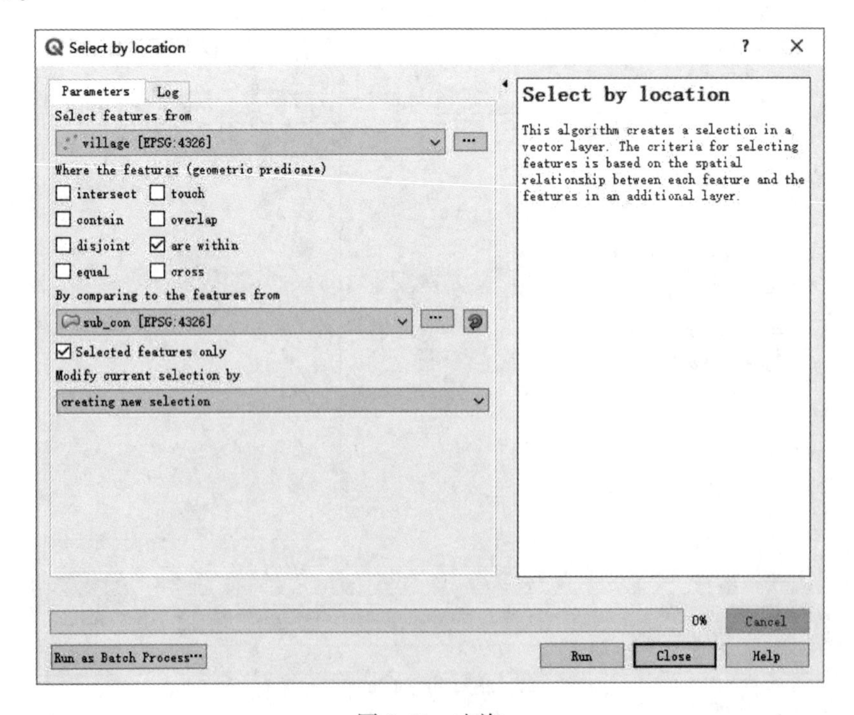

图 2.61　查询

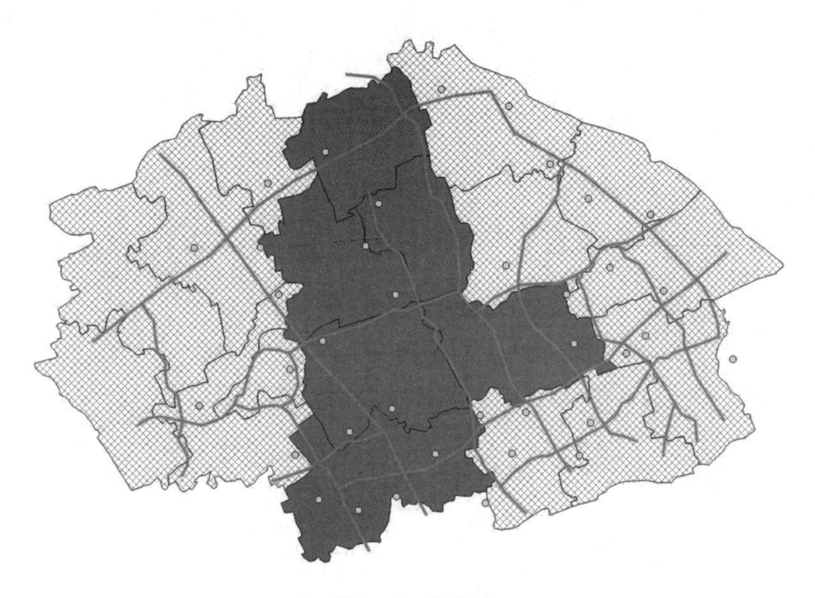

图 2.62 被包含

(7) 相等

若 a 与 b 空间相等。可以创建所选多边形选区相等的选区。在弹出的 Select by location 对话框中选择 Parameters，其中 Select features from 下拉选择面状要素 sub _ con，勾选 equal；在 By comparing to the features from 下拉菜单中选择 sub _ con，勾选 Selected features only，下拉选择 creating new selection（图 2.63、图 2.64）。

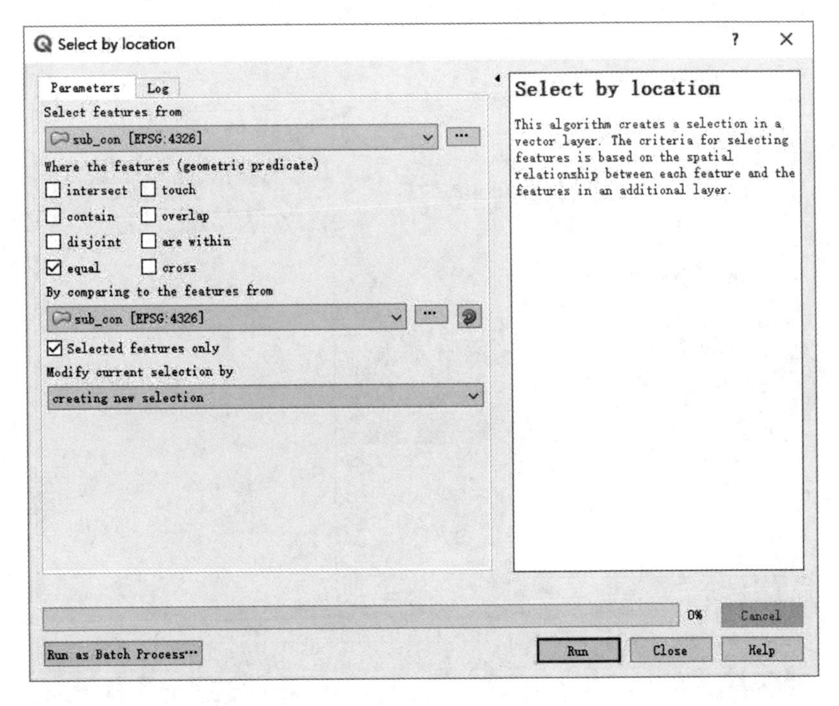

图 2.63 查询

图 2.64　相等

(8) 穿越

a 与 b 空间穿越的条件为 a 的内部交于 b 的域小于 a、b 中的最大域，且 a 交 b 不等于 a 同时不等于 b 时存在空间穿越关系（比如线穿越了面）。在弹出的 Select by location 对话框中选择 Parameters，其中 Select features from 下拉选择线状要素 road，勾选 cross；在 By comparing to the features from 下拉菜单中选择 sub _ con，勾选 Selected features only，下拉选择 creating new selection（图 2.65、图 2.66）。

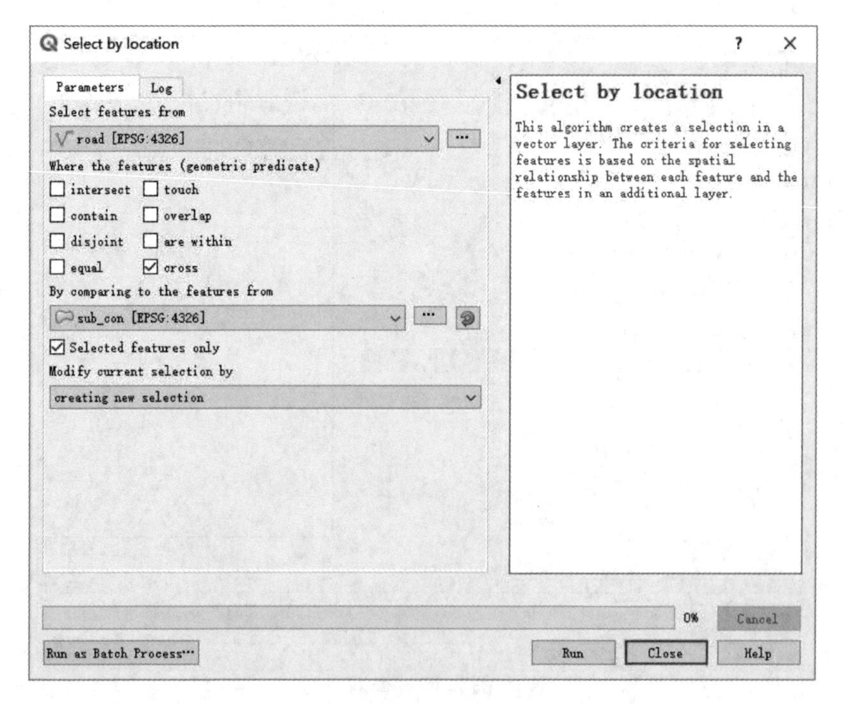

图 2.65　查询

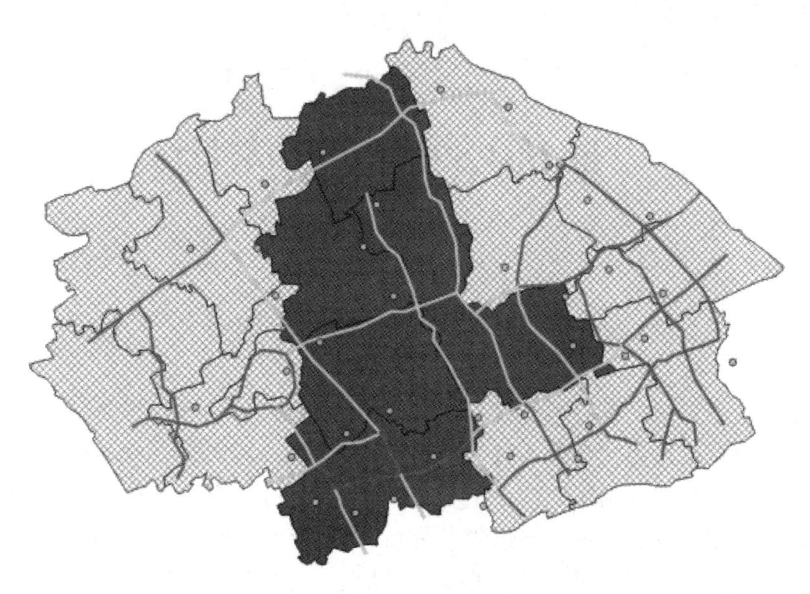

图 2.66 穿越

小结：

① 相切是一种特殊的相交，即多边形有公共边界。

② 相交可以是不同维度要素之间的空间关系，而叠置是同维度的要素之间的空间关系。

③ 道路跨越多边形时无论穿越一半还是完全穿越都算是空间穿越，只有完全包含于多边形中才为包含关系。

④ 包含和被包含是参照的选区不同。

3　地理空间数据库构建

3.1　地理空间数据库简介

数据库是信息系统的核心组成部分，在地理信息系统（GIS）领域，地理空间数据库扮演着至关重要的角色。它是一种专门设计的系统或软件，用于存储、管理和查询地理空间数据。地理空间数据库的使命是处理地球表面上的位置和地理特征信息，并提供一系列强大的功能，以支持数据的组织、分析、可视化和共享。在这个数据库中，各种类型的地理空间数据都能够找到自己的容身之地。它包括了矢量数据，用于描述地理要素的点、线和多边形，栅格数据，用于存储图像和遥感数据，还有与这些数据紧密关联的属性信息。数据库管理系统（DBMS）则担负着数据存储、检索和维护的任务，以确保数据的完整性和一致性。除此之外，地理空间数据库提供了强大的查询和分析工具，用户能够执行各种空间查询，如范围查询、相交查询，以及复杂的地理分析操作，如空间关系分析、缓冲区分析、路径分析和地理统计分析等。这些功能使得数据库能够满足各种应用需求，无论是城市规划、土地管理、资源监测，还是紧急响应和决策支持。多用户支持是地理空间数据库的另一个亮点，它使得多个用户可以同时访问和编辑数据库，同时管理数据的版本控制。

此外，数据库可以设置不同的权限和安全性措施，以确保数据的保密性和完整性。最重要的是，地理空间数据库致力于数据的共享和互操作性，可以与其他 GIS 系统、地图制作工具和数据交换标准轻松兼容。这意味着用户可以轻松地在不同的 GIS 环境中共享和使用数据，促进了数据的流通和利用。地理空间数据库市场上有多种选择，既有开源解决方案如 PostGIS，也有商业解决方案如 Oracle Spatial 和 Microsoft SQL Server Spatial，用户可以根据具体需求选择合适的数据库系统。这些数据库系统为 GIS 和地理信息领域的数据管理提供了坚实的基础。

空间数据库的设计是一个复杂的过程，需要仔细考虑数据的结构、性能、安全性和查询需求。空间数据库设计的一般步骤和过程包括以下几项。

（1）需求分析。在这一阶段，与用户和利益相关者合作，收集和分析数据库的需求。确定数据库将用于哪些应用领域，收集地理空间数据的类型和来源，以及数据库的规模和性能要求。

（2）概念设计。在概念设计阶段，创建数据库的高层次概念模型。这包括定义数据库中的实体、属性、关系和约束，而不考虑具体的数据库管理系统（DBMS）或物理实现细节。在地理数据库设计中，概念设计也包括地理坐标系统的选择、地理数据模型的确定（例如，矢量或栅格数据模型），以及地理数据的结构和组织方式。

（3）逻辑设计。在逻辑设计阶段，将概念模型转化为具体的数据库模式。这包括确定如何在DBMS中创建表、字段、索引和关系，以及定义数据的完整性约束。对于地理数据库，逻辑设计还包括空间数据类型的定义，如点、线、多边形，以及相应的空间索引和查询支持。

（4）物理设计。物理设计是将逻辑数据库模型转化为具体的数据库实例的过程。在这一阶段，选择和配置DBMS，定义表的存储结构和索引类型，以满足性能和存储需求。物理设计还包括备份和恢复策略、安全性措施、数据库优化和性能调整。

（5）实施和部署。实施阶段涉及创建和配置实际的数据库系统。这包括在数据库服务器上创建表、导入数据，配置用户访问权限，并确保数据库正常运行。部署数据库到生产环境中，确保它能够满足用户需求。

（6）测试和验证。在数据库设计完成后，进行测试和验证以确保数据库的正确性和性能。这包括功能测试、性能测试和数据质量测试。

（7）维护和优化。持续监控和维护数据库，确保它保持高性能和可用性。根据需要进行数据库优化和更新，以满足变化的需求。

3.2 地图投影与坐标系统

地图投影是一种将地球表面的三维球体上的地理信息投射到平面地图上的方法。由于地球是一个三维的球体，而地图通常是二维的平面，因此需要一种方式来将球面上的地理数据呈现在平面上，这就是地图投影的目的。

3.2.1 地图投影的类型

地图投影有许多不同类型，每种类型都有其独特的投影方法和特点。

按变形性质可以分为以下几种。

（1）等积投影（Equal Area Projection）。等积投影旨在保持地球表面上不同区域的面积比例。这种投影通常在地理统计和地图制图中使用。著名的等面积投影有墨卡托投影。

（2）等角投影（Conformal Projection）。等角投影旨在保持地球表面上不同区域的角度比例。这种投影通常用于导航和地图制图。兰伯特投影和斯捷莫夫斯基投影是常见的等角投影。

（3）等距离投影（Equidistant Projection）。等距离投影旨在保持地球表面上不同点之间的距离比例。这种投影通常用于测量和导航。极射投影是一个等距离投影的例子。

按投影面类型可以分为：

（4）圆柱投影（Cylindrical Projection）。圆柱投影将地球的表面投射到一个圆柱体上，然后再展开为平面。这种投影保留了经线的角度，因此在赤道附近具有等角特性。著名的圆柱投影有墨卡托投影。

（5）圆锥投影（Conic Projection）。圆锥投影将地球的表面投射到一个圆锥体上，然后再展开为平面。这种投影在中纬度地区具有较好的面积保持性能。兰伯特投影是一种常见的锥形投影。

（6）平面投影（Planar or Azimuthal Projection）。平面投影将地球的表面投射到一个平面上，通常是切割球体的一个部分。这种投影在投影中心附近具有等距离特性，因此常用于航空和天文学上。极射投影是一种平面投影的例子。

此外，地图投影的切割情况和投影方位是确定投影类型和性质的重要因素。切割情况指的是我们可以使得圆锥与椭球体相切或相割。投影方位指的是地图投影的平面相对于地球的方向，例如正轴投影是一种地图投影方法，通过该方法，地球的表面被投射到一个无限远处的平面上，通常从地球的某个中心点向外观察。这种投影通常用于制作地球的卫星图像和天文学中的星图。对于一种地图投影，完整的命名应该考虑地图的变形性质（等角、等积、等距）、椭球体与投影面的相对位置（正轴、横轴、斜轴）、椭球体与投影面的相交关系（相切、相割）以及投影面的类型（圆锥、圆柱、平面）。这些是地图投影的一些常见类型，每种类型都有其适用的特定情境。不同的投影类型具有不同的优点和限制，无论采用何种投影方法，都无法完全消除地球表面的变形。不同的投影方法会引入不同类型的变形，如角度变形、面积变形或距离变形。地图制图师需要根据应用的需求选择适当的投影，以达到最小化变形。

3.2.2 常用的地图投影

1. 墨卡托投影

墨卡托投影（Mercator Projection）是一种广泛使用的圆柱投影，最初由荷兰地图制作者杰拉尔德斯·墨卡托（Gerardus Mercator）于 16 世纪制定。这种投影的主要特点是保持经线的角度，这意味着经度线与纬度线交叉成直角，并且在投影中的任何地方都是直线。横轴墨卡托投影（Transverse Mercator Projection）是墨卡托投影的一个变体。与标准墨卡托投影不同，横轴墨卡托投影的投影中心位于地球的某一特定经线上，而不是赤道。这使得横轴墨卡托投影在特定的经线上具有等角性质，这对于大规模的地图制图和导航非常有用。需要注意的是，尽管墨卡托投影在许多情况下非常有用，但它在保持面积方面存在问题。在高纬度地区，纬度线之间的距离在投影中被放大，导致极地地区的面积严重变形。

2. 兰伯特投影

兰伯特投影（Lambert Projection）是一类圆锥投影的通称，最早由法国数学家和地理学家吕贝尔·奥古斯特·兰伯特（Lambert）于 18 世纪提出。这种投影的主要特点是在投影面上的等角性质，也就是保持地球上任意两点之间的角度，因此常被称为“等角投影”。兰伯特投影存在多种变体，包括等角正轴兰伯特投影（Conformal Conic Lambert Projection）和等角割线兰伯特投影（Lambert Conformal Conic Projection with Standard Parallels）。这些变体在中纬度地区的地图制作中广泛应用。兰伯特投影常用于制作区域性地图，如州地图、国家地图和地理图。它在地图制图中的等角性质使得地图上的角度和方向非常准确。

3. 阿伯斯等积圆锥投影

阿伯斯等积圆锥投影（Albers Equal Area Conic Projection）是一种等面积圆锥投影，用于绘制区域性地图，其主要特点是保持地球表面上不同区域的面积比例。这对于地理统计、资源管理和环境研究等需要准确表示面积的应用非常重要。阿伯斯等积圆锥投影采用圆锥形投影面，通常选择两个标准纬度（或割线）来确定投影的特征。这些标准纬度用于确保面积的等面积性质。这种投影常用于制作地图，特别是区域性地图，如州地图或国家地图。它允许在地图上准确表示不同地区的面积，因此它在地区规划、资源管理和地理分析中非常有用。

3.2.3 大地（地理）坐标系统

常见的大地坐标系包括：

（1）WGS 84 坐标系（GPS 坐标系）。世界大地测量系统 1984（WGS 84）坐标系是全球定位系统（GPS）的标准坐标系。

（2）NAD83 坐标系。北美 1983（NAD83）坐标系是北美地区的标准坐标系，用于地理信息系统（GIS）和地图制作。

（3）北京 54 坐标系。北京 54 坐标系采用的是克拉索夫斯基椭球体延伸至我国的过渡坐标系，自东向西有系统性的倾斜。

我国目前启用了 2000 年国家大地坐标系（CGCS2000），该坐标系原点位于地球的质心。中国大地坐标系统 2000（China Geodetic Coordinate System 2000，CGCS2000）是中国用于测绘、地理信息系统（GIS）和地理空间分析的坐标系统。CGCS2000 采用大地坐标系统，使用经度和纬度表示地球表面上的位置。与其他大地坐标系统不同，它采用国际通用的大地测量学参考椭球体，以提高与国际标准的兼容性。CGCS2000 以 2000 年 1 月 1 日为基准日期，这是坐标系统的起始点。所有的坐标都是相对于这一时刻计算的，以便更好地反映地球表面的变化。CGCS2000 是中国国家标准的一部分，用于测绘、地理信息、地质勘探、卫星导航和其他地理空间应用。

3.2.4 投影坐标系统

投影坐标系统是一种用于在地图上表示地球表面上位置的方式，它是地理信息系统（GIS）和地图制图的关键组成部分。投影坐标系统通常使用数学方法将三维地球表面的地理坐标（经度、纬度）映射到二维平面上，以便于绘制地图和进行空间分析。

通用横轴墨卡托格网系统（Universal Transverse Mercator Grid System，简称 UTM）是一种常用于制图和地理空间分析的坐标系统。它采用墨卡托投影的变体，将地球划分成一系列纵向的投影区域，每个区域都以一个中央经线为中心，以实现局部等角性和最小化变形。UTM 系统将地球划分成 60 个投影区域，每个区域的宽度为 6°经度。这些区域从 180°西经开始，向东逐渐增加，直到 180°东经。每个区域都有一个特定的中央经线，位于该区域的中央。UTM 坐标使用米作为单位，以表示位置的东西（Easting）和北南（Northing）坐标值。这种单位使得 UTM 坐标非常适合进行测量和地理信息系统（GIS）分析。每个 UTM 投影区域都有一个中央经线，其经度值等于该区域中心的经度。中央经线用于计算该区域内的位置。UTM 坐标是相对于每个 UTM 投影区域的中央经线而言的，这意味着在每个区域内的位置是相对于该区域的中央经线的位置。这种方式使得 UTM 坐标在每个投影区域内是局部等角的，因此角度和方向的测量是准确的。每个 UTM 投影区域都有一个唯一的带号，用来标识该区域。带号通常由该区域的中央经线确定，例如，上海位于 UTM 51N，表明在北纬 51°带。由于大地基准是投影坐标系统的一部分，UTM 网格系统可以基于 NAD27、NAD83 或 WGS84，则完整的名称为 WGS84 _ UTM Zone 51N。UTM 坐标系统允许将地理坐标（经度和纬度）转换为 UTM 坐标，反之亦然。这种转换通常需要使用专用的软件或 GIS 工具。

3.3 地理空间数据库构建

3.3.1 QGIS 加载 PostgreSQL 数据库

PostgreSQL 是一个包含关系模型和支持 SQL 标准查询语言的 DBMS（数据库管理系统）软件。PostgreSQL 支持主从式（Client-Server Model）架构，是当前流行的开源数据库软件。

PostgreSQL 主要有以下优势：

（1）开源。PostgreSQL 对多数个人用户来说都是免费的。

（2）速度。运行速度快。相对于 MySQL 而言，PostgreSQL 在复杂数据查询方面的速度更快。此外 PostgreSQL 支持多线程处理，在处理并发方面，PostgreSQL 优于普通的数据库管理系统。

（3）可移植性。PostgreSQL 支持多平台运行，如 Windows、Linux、Unix 和 Mac OS 等。

（4）丰富的接口。PostgreSQL 提供了用于 C、C++、Java、Perl、Python、Ruby 等多种语言的 API。

（5）支持查询语言。PostgreSQL 可以使用标准 SQL 语法编写支持 ODBC（开放式数据库连接）的应用程序

（6）安全性和连接性。十分安全、灵活的权限和密码系统，允许基于主机的验证。连接到服务器时，所有的密码传输均采用加密形式，从而保证密码安全；由于 PostgreSQL 是网络化的，因此可以在任何地方访问因特网，提高数据的共享效率。

3.3.2 PGSQL 空间查询

（1）配置 PostgreSQL（图 3.1）

下文介绍的操作采用 PostgreSQL（9.6.12 版本）的安装版本进行配置。从 PostgreSQL 官网下载安装文件，选择安装，配置安装路径及数据库存储位置；修改数据库默认语言为简体中文（语言设置若不正确，将不能对数据库进行初始化，可将数据库默认语言设置为“C”即不选择进行语言配置）。

PostgreSQL 默认端口为 5432，默认用户名为“postgres”，管理员密码会在安装过程中进行设置。

安装完毕，默认弹出“Applications stack builder”，方便用户安装 PostgreSQL 拓展应用。

此处选择下载安装“Spatial Extensions”，对 PostgreSQL 配置 PostGIS，实现 PostgreSQL 的空间拓展功能，配置完成即可对空间数据进行管理、数据测量与几何拓扑分析。

注：PostGIS 为 PostgreSQL 的开源程序，PostGIS 实现了 OGC 提出的地理空间数据基本要素类的 SQL 参考。

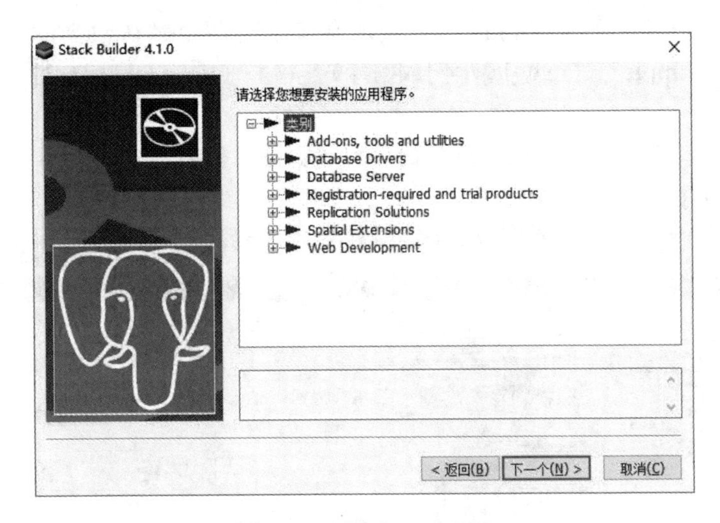

图 3.1　配置 PostgreSQL

（2）新建地理空间数据库

PostgreSQL 安装完毕，即可进行新建地理空间数据库，对所需处理的空间数据进行存储管理和应用分析。

打开 PostgreSQL 的用户管理图形化界面“pgAdmin（图标为一只大象）”，如图 3.2 所示。

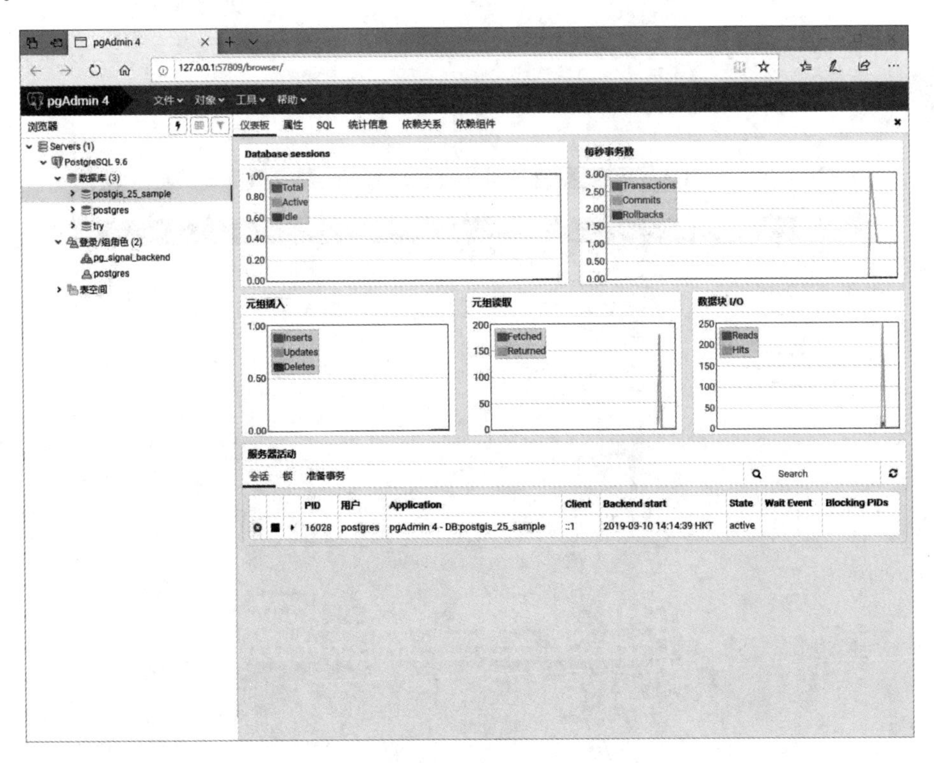

图 3.2　初始界面

以管理员身份进行登录，可以看到，该端口下有两个默认数据库“postgres”和“postgis _ 25 _ sample”（PostGIS 示例数据库）。右击（按一下鼠标右键）“数据库”进行新建数据库。

设置数据库名称，并选择数据库编码，设置数据库模板为“postgis _ 25 _ sample”，选择表空间，数据库即建立完成（图 3.3、图 3.4）。

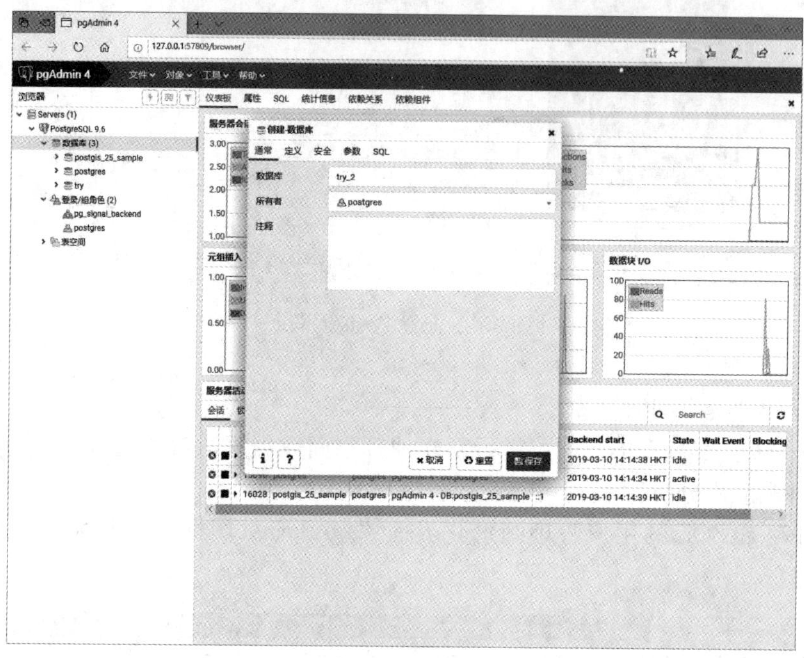

图 3.3　创建数据库

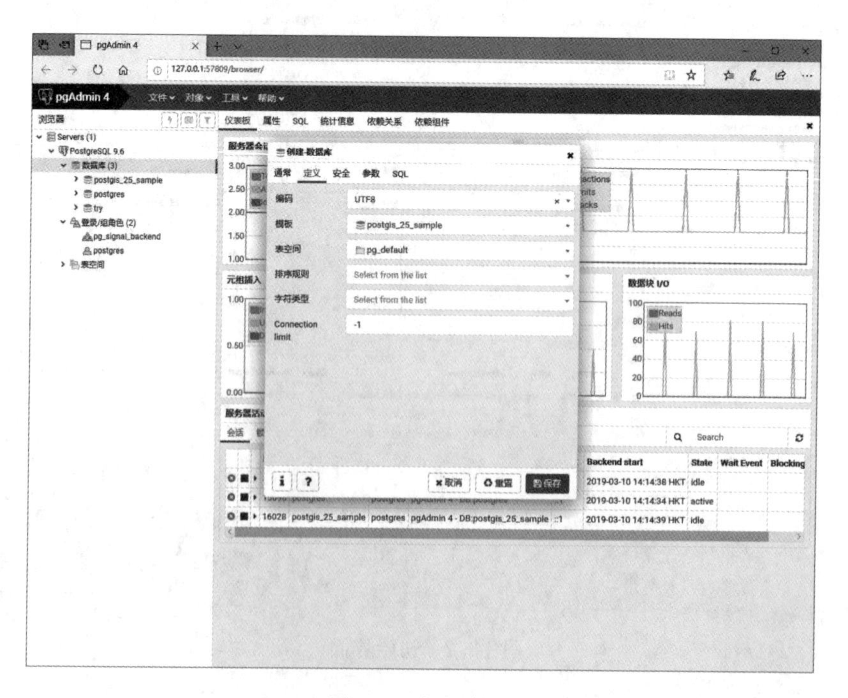

图 3.4　定义参数

（3）数据上传

打开“PostGIS 2.0 Shapefile and DBF Loader Exporter”（PostGIS 的 Shapefile 管理上传软件），输入数据库端口，用户名及密码连接数据库（测试数据库连接）（图 3.5、图 3.6）。

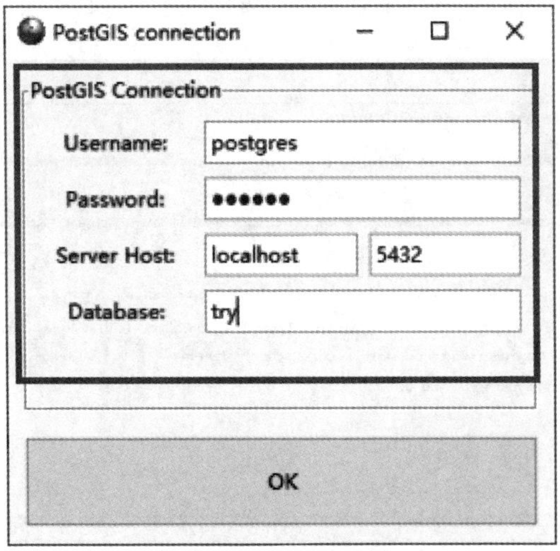

图 3.5　本地端口

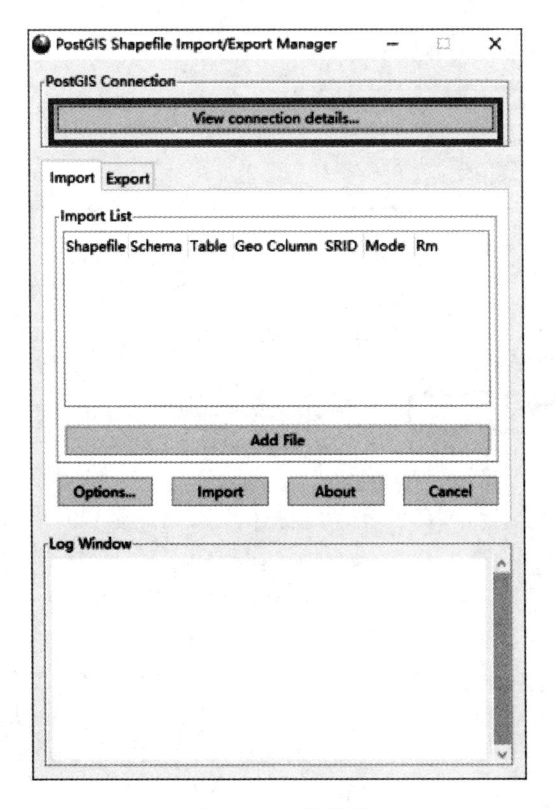

图 3.6　工具路径

选择需要上传的 Shapefile 数据（sub _ con. shp，school. shp），设置数据编码方式（GB2312），投影信息（EPSG 格式，样例数据没有投影，所以为 0）。需注意的是数据编码必须设置正确，以避免出现属性表乱码问题（查看 Shapefile 文件编码方式和投影信息，可以使用高级记事本如 NotePad++打开对应数据的数据表文件“*.dbf”和投影定义文件“*.prj”，即可查看数据详细信息），设置完毕，对数据进行上传（图 3.7～图 3.9）。

PostGIS Shapefile Import/Export Manager
View connection details...
Import
Export
Import List
Shapefile
Schema
Table
Geo Column
SRID
Mode
Rm
D:\Data\gis_ex09\ex05\school.shp public school geom 0 Create
D:\Data\gis_ex09\ex05\sub_con.shp public sub_con geom 0 Create
Add File
Options...
Import
About
Cancel
Log Window
Shapefile type: Point
PostGIS type: POINT[2]
Shapefile import completed.
Importing with configuration: sub_con, public, geom, D:\Data\gis_ex09\ex05\sub_con.shp,
mode=c, dump=1, simple=0, geography=0, index=1, shape=1, srid=4326
Shapefile type: Polygon
PostGIS type: MULTIPOLYGON[2]
Shapefile import completed.

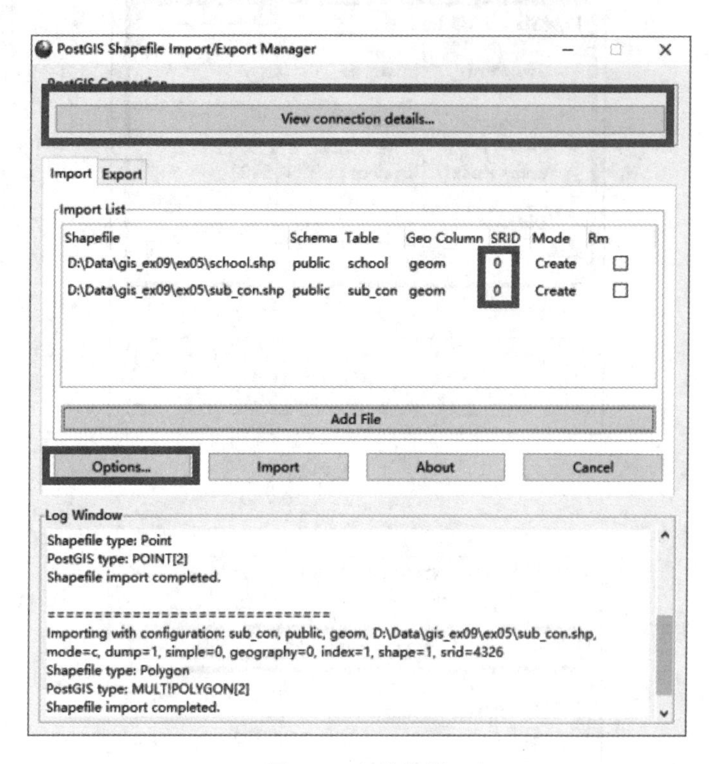

图 3.7　上传数据

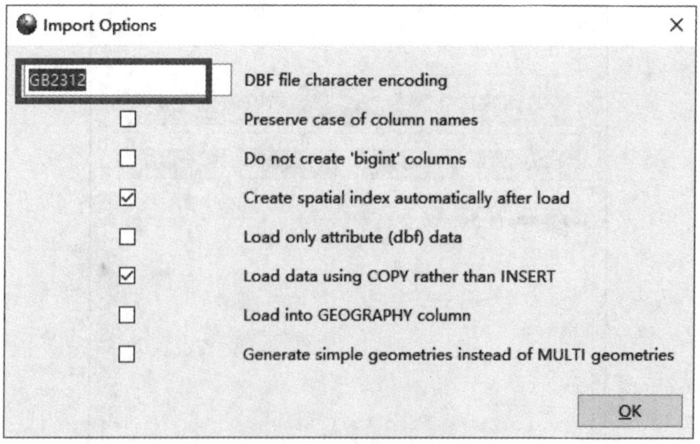

Import Options
GB2312
DBF file character encoding
Preserve case of column names
Do not create 'bigint' columns
Create spatial index automatically after load
Load only attribute (dbf) data
Load data using COPY rather than INSERT
Load into GEOGRAPHY column
Generate simple geometries instead of MULTI geometries
OK

图 3.8　选择参数

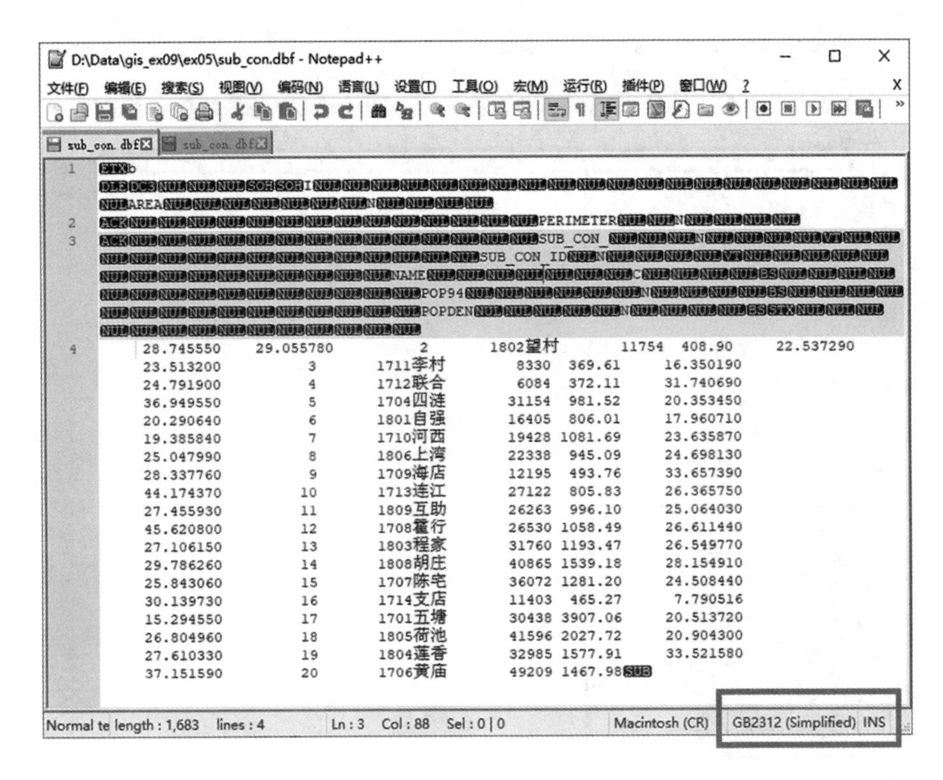

图 3.9　查看数据库编码

(4) 使用 PGSQL 进行空间查询

批量查询每个乡镇包含哪些学校（图 3.10～图 3.12）：

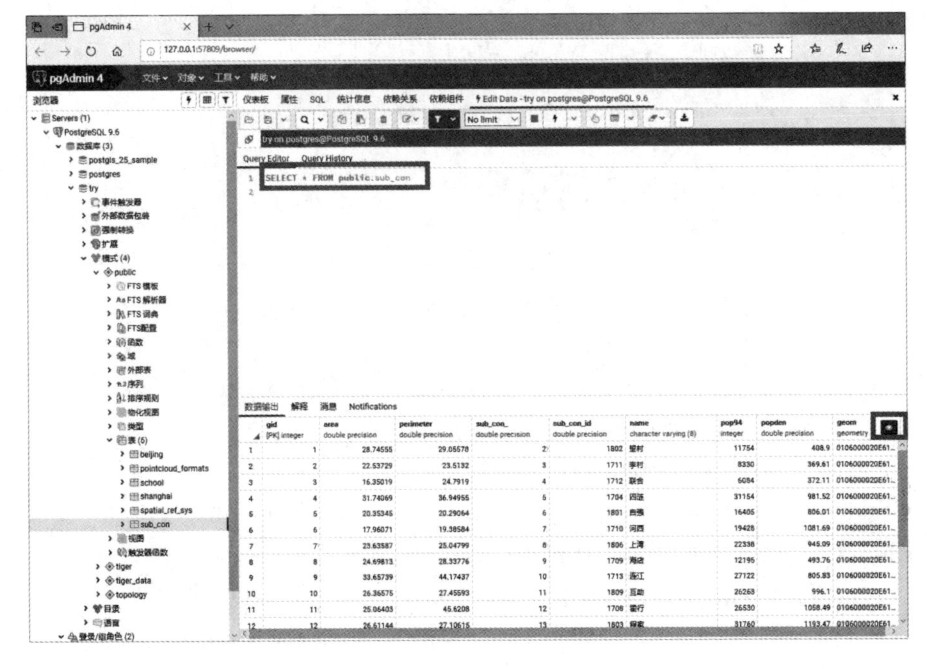

图 3.10　空间查询

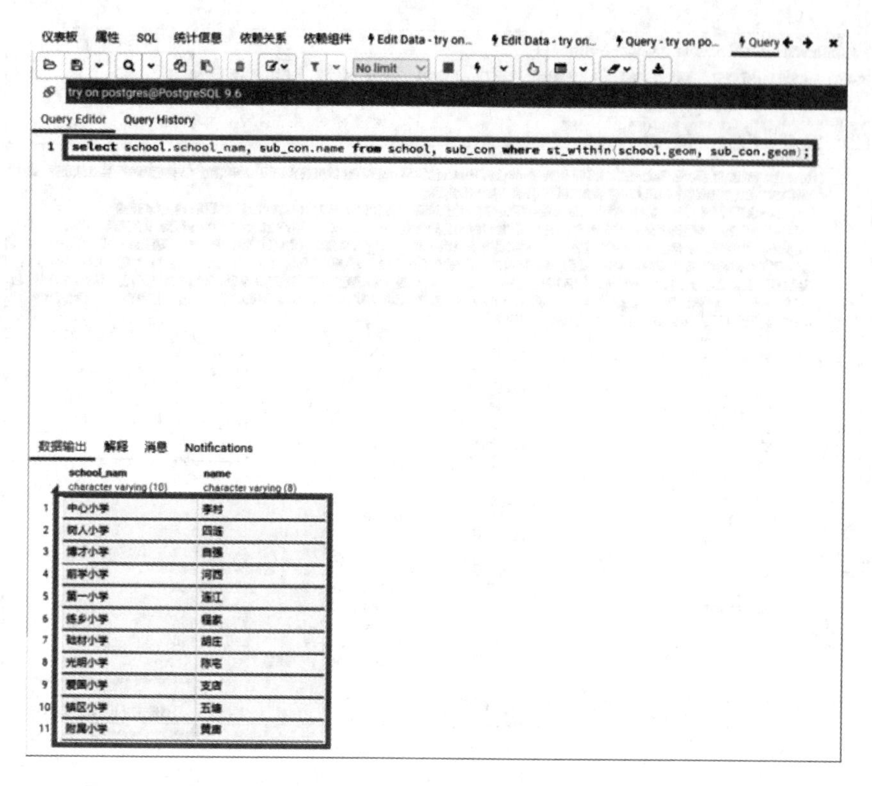

图 3.11　查询学校

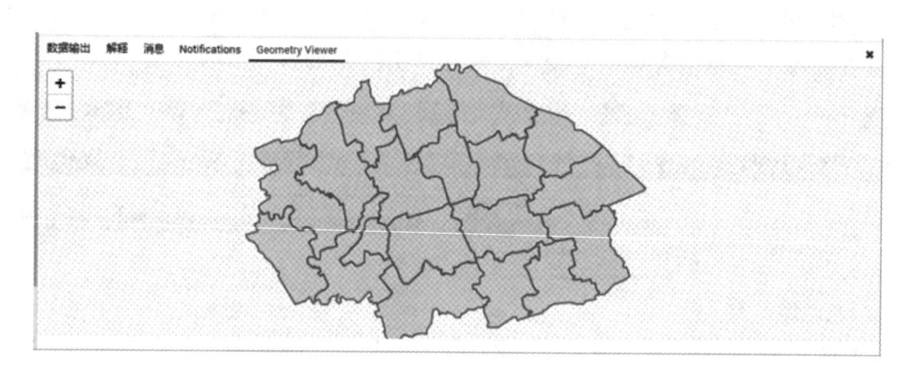

图 3.12　查询学校

PGSQL：“select school. school _ nam，sub _ con. name from school，sub _ con where st _ within（school. geom，sub _ con. geom）；”

批量查询每个乡镇包含哪些村庄（图 3.13）：

PGSQL：“select village. village _ id，sub _ con. name from village，sub _ con where st _ within（village. geom，sub _ con. geom）；”

批量查询每个乡镇包含哪些学生（图 3.14）：

PGSQL：“select student. student _ id，sub _ con. name from student，sub _ con where st _ within（student. geom，sub _ con. geom）；”

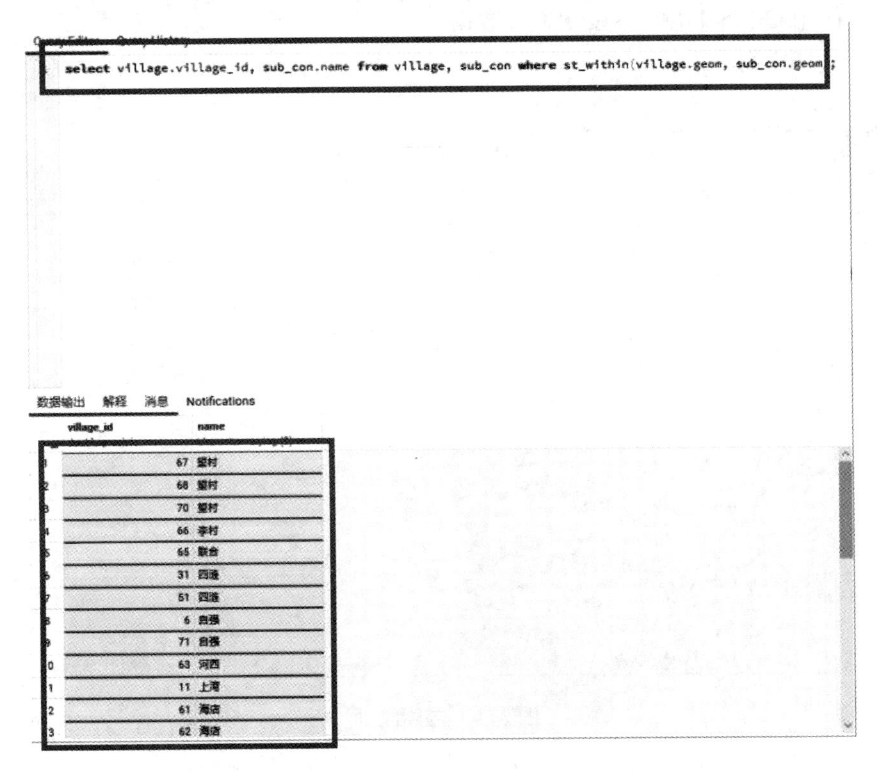

图 3.13　查询村庄

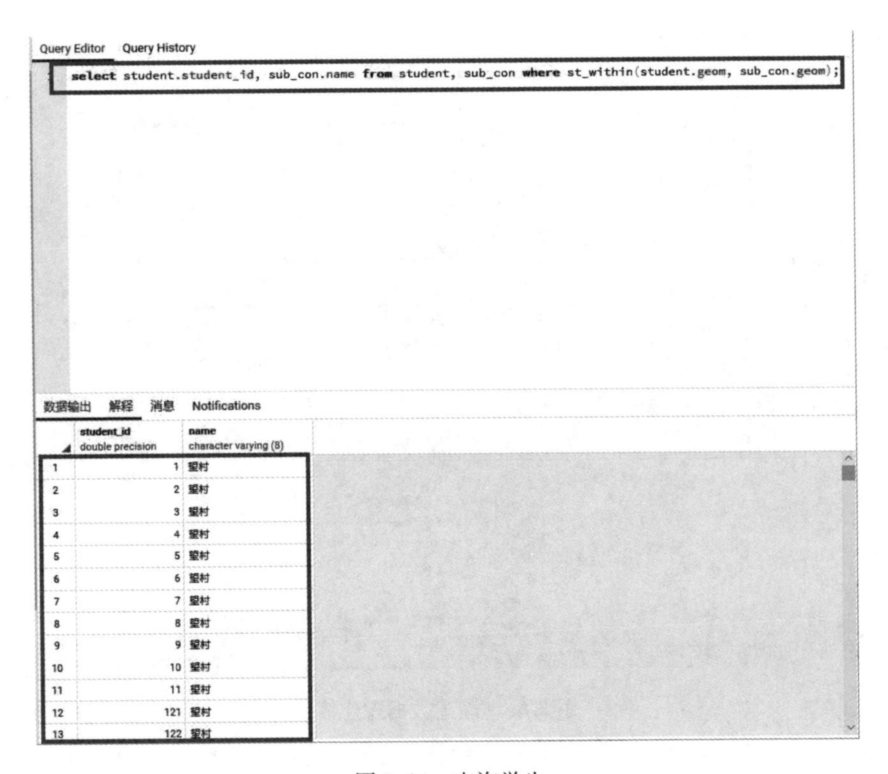

图 3.14　查询学生

（5）使用 QGIS 调用 PostgreSQL 数据

打开 QGIS（图 3.15）。

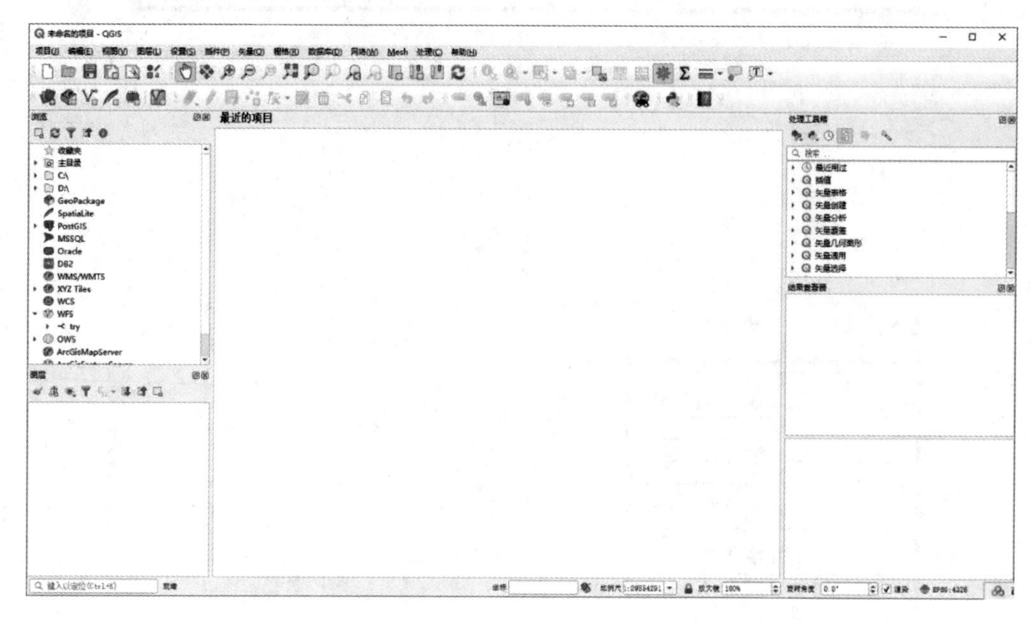

图 3.15　初始界面

可以看到在 QGIS 左侧数据栏中有 PostGIS 数据选项，选择新建 PostgreSQL 数据库连接，输入端口、用户名及密码、数据库名称，即可完成数据库连接（图 3.16）。

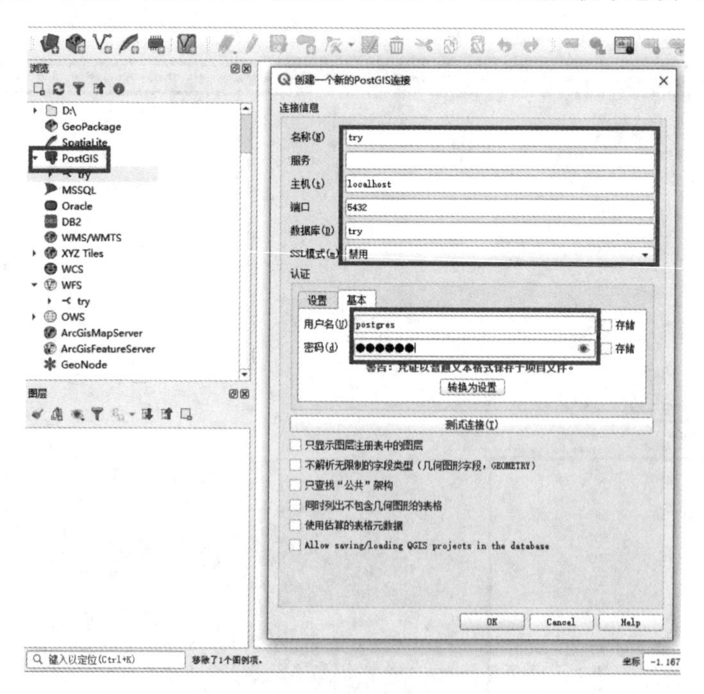

图 3.16　新建数据库连接

连接成功即可实现在 QGIS 中加载 PostgreSQL 中存储的矢量数据（图 3.17）。

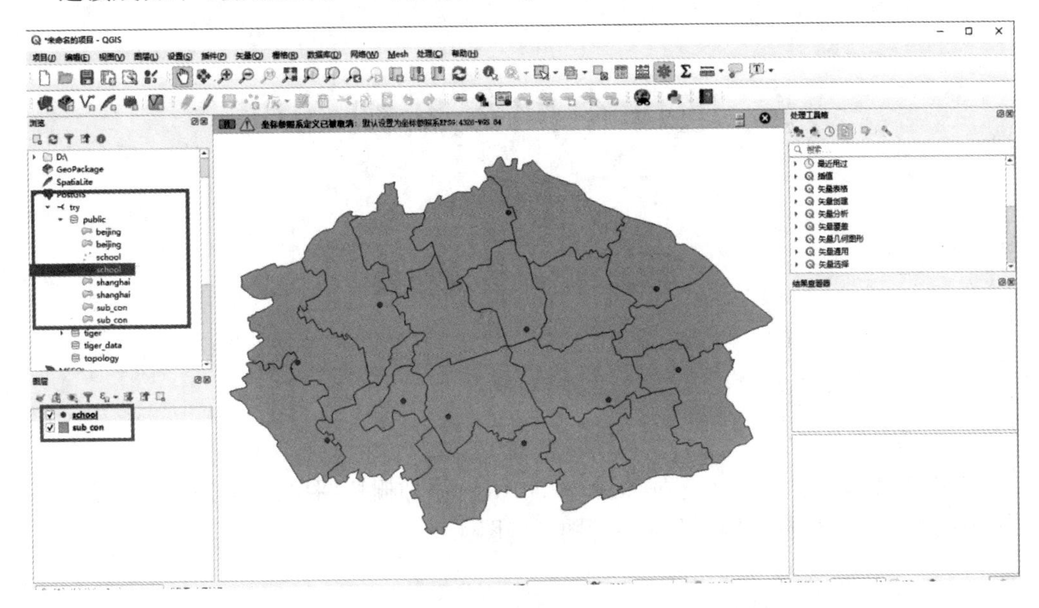

图 3.17　加载数据

4 地理空间数据预处理

4.1 空间数据变换

4.1.1 几何校正

（1）加载参考图层

启用 QGIS，在菜单栏上选择图层/添加图层/添加栅格图层，加载适当图层（在此以上海的洪涝淹没数据为例）作为参考图层（图 4.1）。

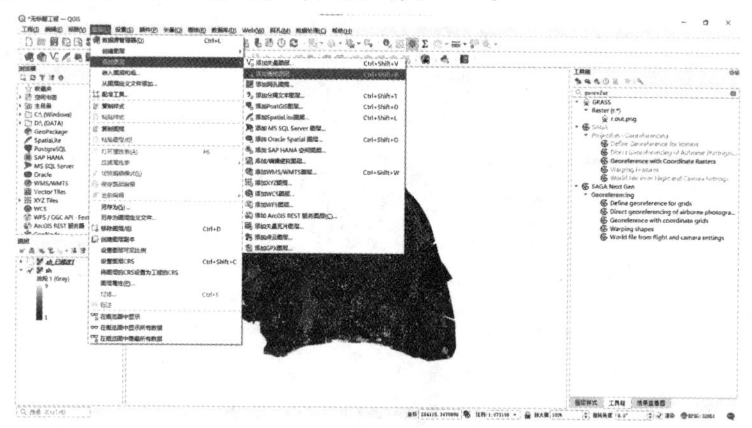

图 4.1 添加图层

（2）打开配准工具

在菜单栏选择图层/配准工具，打开“配准工具”，并载入上海的洪涝淹没数据（sh. tif）（图 4.2、图 4.3）。

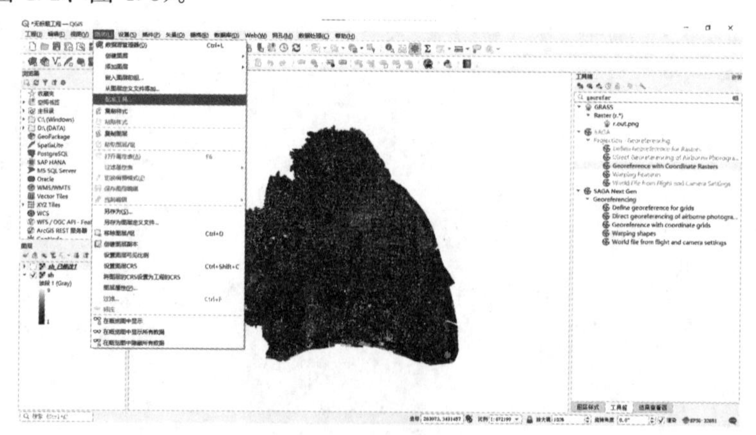

图 4.2 配准工具路径

图 4.3 配准工具界面

（3）设置影像转换参数

单击菜单栏的变换设置（图 4.4），弹出变换设置对话框在此使用“多项式 1”变换类型搭配“最近邻”重新取样。根据参考图层调整适当的坐标系统 CRS，设定转出影像坐标系统为 EPSG：32651-WGS 84 UTM zone 51N（EPSG：32651）（图 4.5）。影像转换参数设定完成后，添加足够的参考点，即可进行校正。

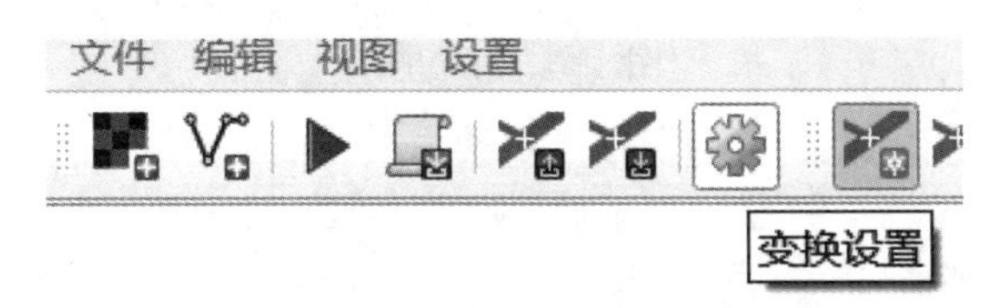

图 4.4 变换设置

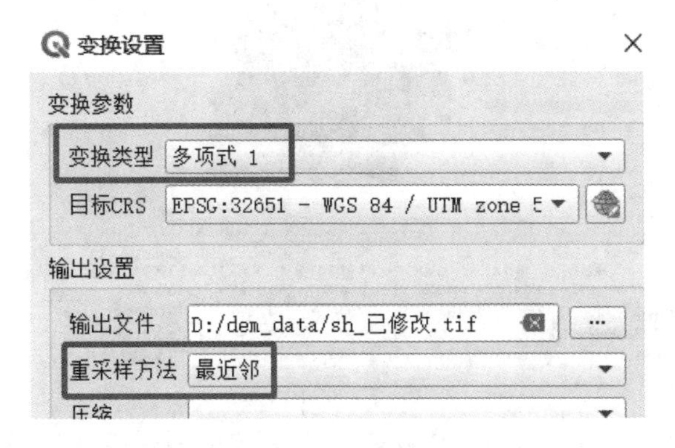

图 4.5 变换设置参数

(4) 增加参考点

选中菜单栏的“添加控制点”，在工作图层中单击任意位置，弹出输入地图坐标对话框，输入目标位置的坐标进行配准，也可以单击地图画布进行手动选点（图 4.6～图 4.8)。

图 4.6 添加控制点

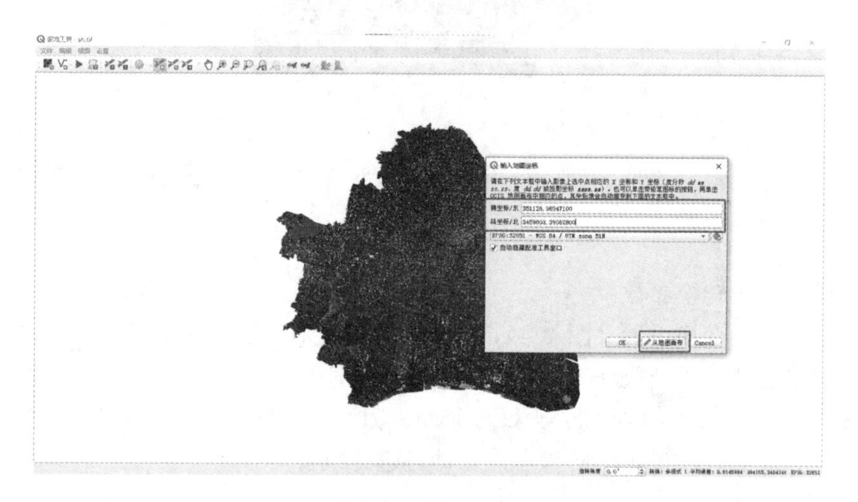

图 4.7 输入坐标

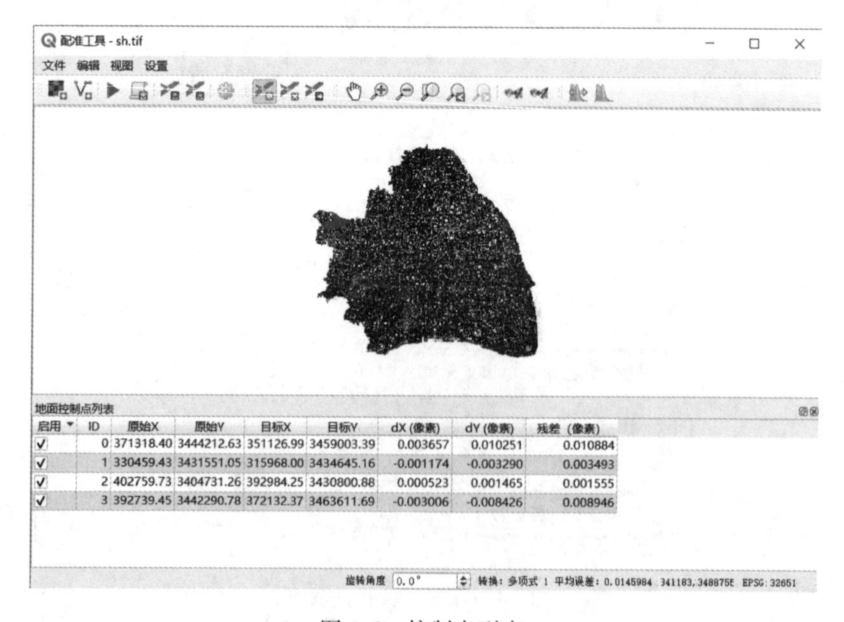

启用	ID	原始X	原始Y	目标X	目标Y	dX (像素)	dY (像素)	残差 (像素)
√	0	371318.40	3444212.63	351126.99	3459003.39	0.003657	0.010251	0.010884
√	1	330459.43	3431551.05	315968.00	3434645.16	-0.001174	-0.003290	0.003493
√	2	402759.73	3404731.26	392984.25	3430800.88	0.000523	0.001465	0.001555
√	3	392739.45	3442290.78	372132.37	3463611.69	-0.003006	-0.008426	0.008946

图 4.8 控制点列表

（5）完成校正

影像转换参数设置完成，参考点添加完成之后，单击开始配准，即可生成配准后的影像（图 4.9、图 4.10）。

图 4.9　开始配准

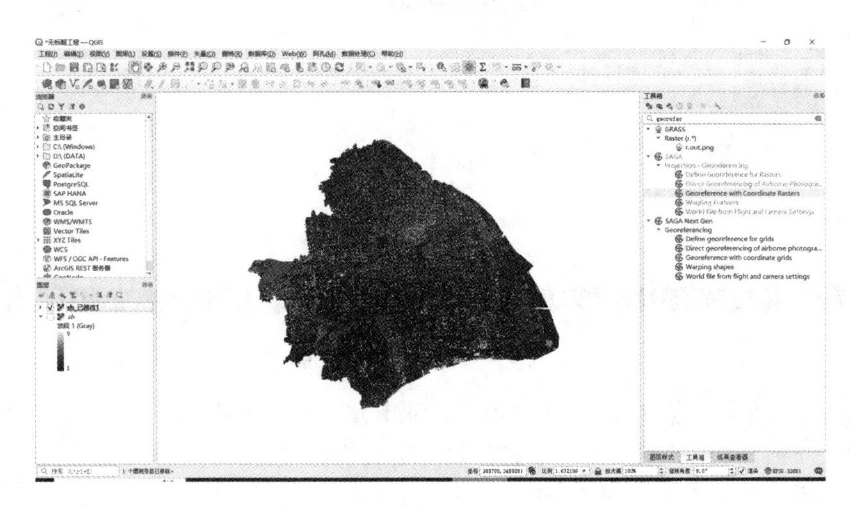

图 4.10　配准结果

4.1.2　投影转换

1）采样数据特征

假设用 GPS 采集了上海所有公交站点的地理信息，并已存于 BusStation _ SamplePoints. csv 中，如图 4.11 所示，数据表包含站点名、站点 ID 以及站点的经纬度（注意第一行必须为标识数据属性的字段）。将它导入到 QGIS 中，转换成 GIS 数据并测距。

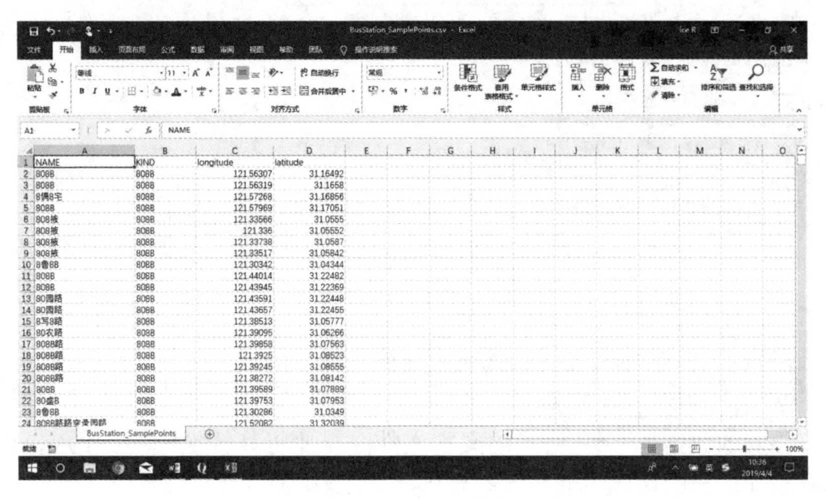

NAME	KIND	longitude	latitude
808B	808B	121.56307	31.16492
808B	808B	121.56319	31.1658
8偶8宅	808B	121.57268	31.16856
808B	808B	121.57969	31.17051
808桉	808B	121.33566	31.0555
808桉	808B	121.336	31.05552
808桉	808B	121.33738	31.0587
808桉	808B	121.33517	31.05842
8鲁8B	808B	121.30342	31.04344
808B	808B	121.44014	31.22482
808B	808B	121.43945	31.22369
80圆路	808B	121.43591	31.22448
80圆路	808B	121.43657	31.22455
8写8路	808B	121.38513	31.05777
80衣路	808B	121.39095	31.06266
808B路	808B	121.39858	31.07563
808B路	808B	121.3925	31.08523
808B路	808B	121.39245	31.08555
808B路	808B	121.38272	31.08142
808B	808B	121.39589	31.07889
80盘B	808B	121.39753	31.07953
8鲁8B	808B	121.30286	31.0349
[illegible]	808B	121.52082	31.32039

图 4.11　CSV 信息

启用 QGIS。由于采样数据为文本文件，因此在菜单栏上选择 Layer/Add Layer/Add Delimited Text Layer…弹出对话框（图 4.12）。

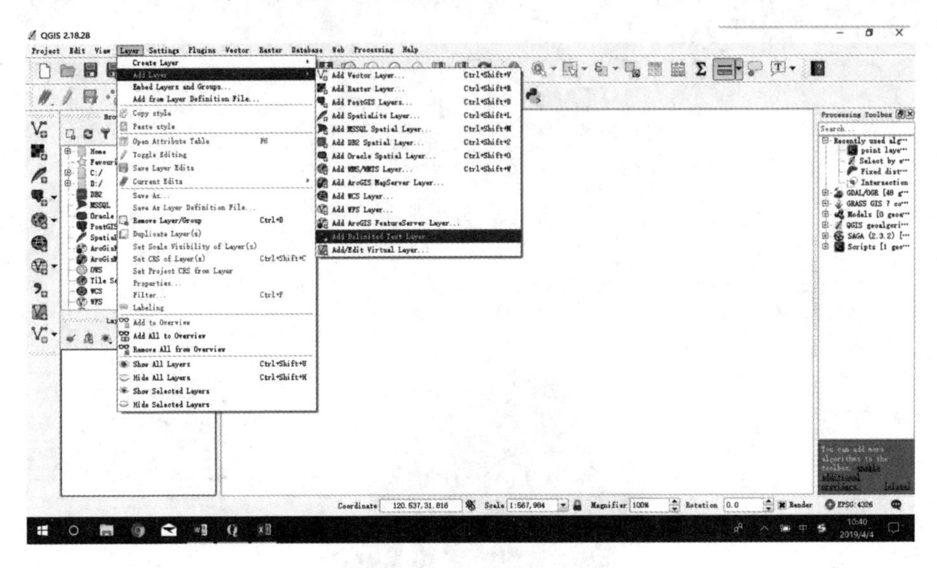

图 4.12　添加 CSV

如图 4.13 所示，通过 Browse 添加 BusStation _ SamplePoints. csv，在文件类型中选择 CSV，First record 默认为字段名，几何定义为点坐标，并选择经纬度字段，在 X field 设置经度字段，Y field 设置纬度字段。图 4.13 中可看到预览的属性表。

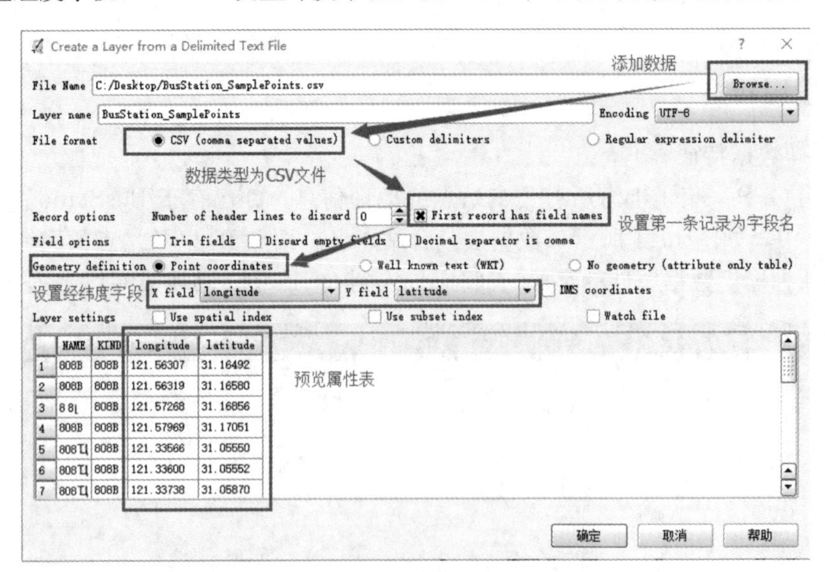

图 4.13　参数设置

单击确定后，QGIS 将通过导入表的经纬度字段显示点的空间分布（图 4.14）。

2）采样数据转换成 GIS 数据

上一步导入的数据为 CSV 格式的文本文件，需要将其转换成 GIS 的空间数据。所以要做的是添加适合的坐标参考系统并导出成 . shp 格式的数据文件。

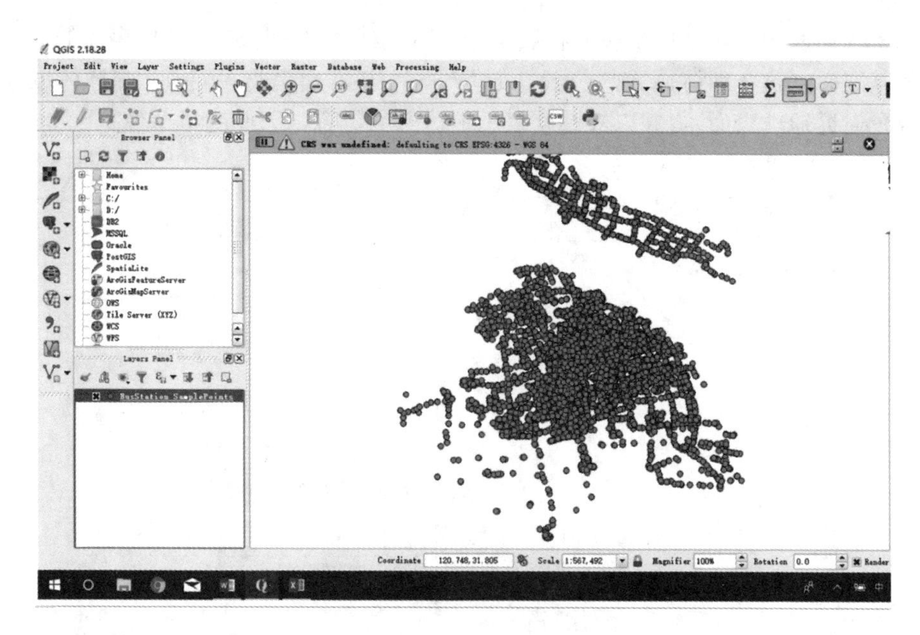

图 4.14　添加采样点

(1) 导出为球面坐标系统（WGS 84）数据

① 坐标系定义。

GPS 用的地理坐标系统为 WGS84，因此采集回来的数据可以用 WGS84 正确显示。在导出数据的同时可为其添加 CRS（Coordinate reference system）。右击图层，选择 Save As…。弹出对话框（图 4.15、图 4.16）。

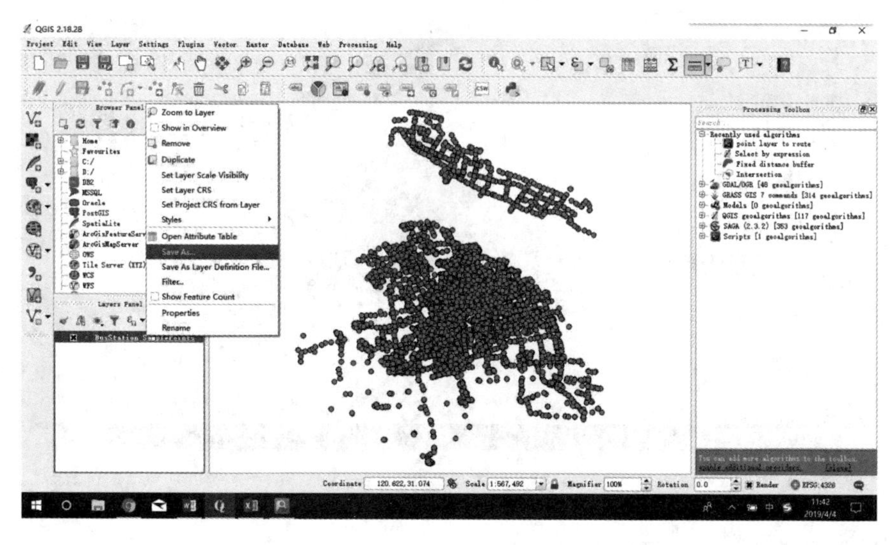

图 4.15　导出

文件格式选择 ESRI Shapefile，选择保存路径以及文件名，在 CRS 中设置图层坐标参考系统：

单击小球图标，进入 CRS 选择器，可直接在 Filter 中输入 WGS 84 过滤出此坐标参考，可以看到它在 Geographic coordinates system（地理坐标系统，也叫球面坐标系统）的下拉列表中，该坐标系统的特点是定义有椭球体（无限逼近地球表面的球体）以及它的基准面（这个球体放置的位置，如 WGS84 基准面是将 WGS84 椭球体以地心为中心放置逼近地球表面），并以经纬度表示地球上的位置，因此测量单位是度。

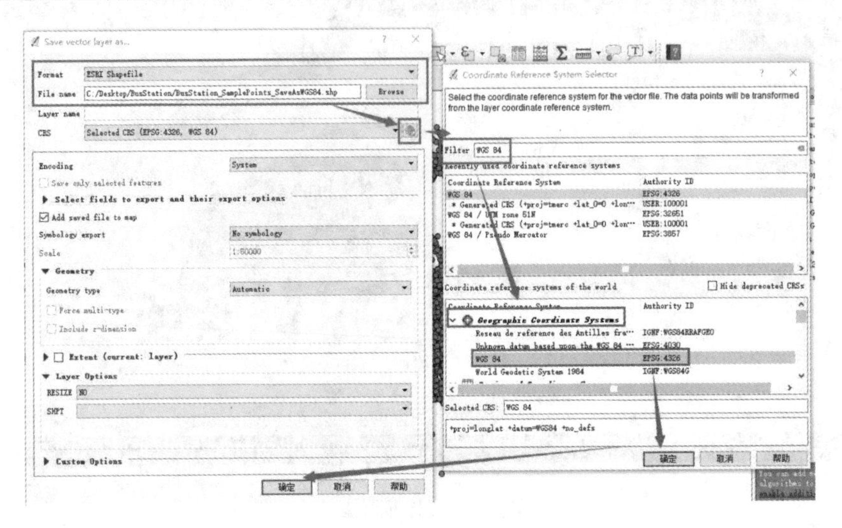

图 4.16　参数设置

单击确定后，图层将自动加载至当前数据框，可以看到当前 .shp 格式的空间数据（图 4.17）。

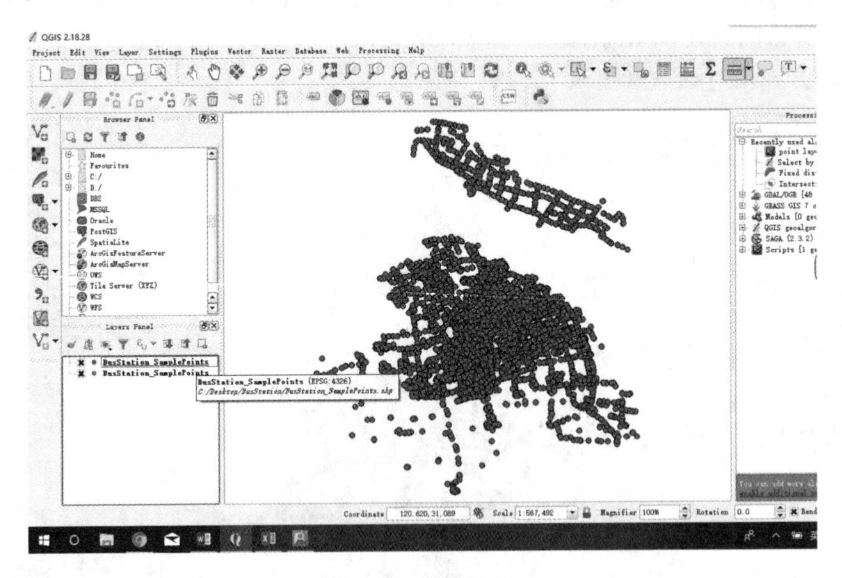

图 4.17　加载数据

可以看到坐标显示为经纬度（图 4.18）。

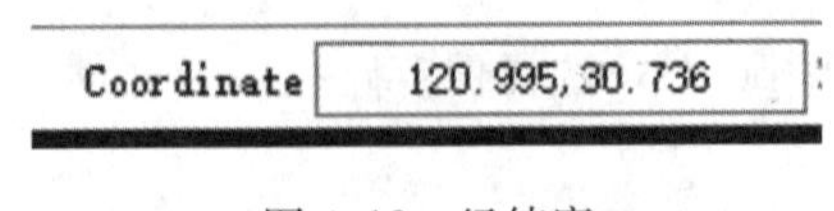

图 4.18　经纬度

② 数据检验。

由于需要一个干净的工作空间，所以首先新建一个数据框，重新加载转换好的数据（图 4.19）。

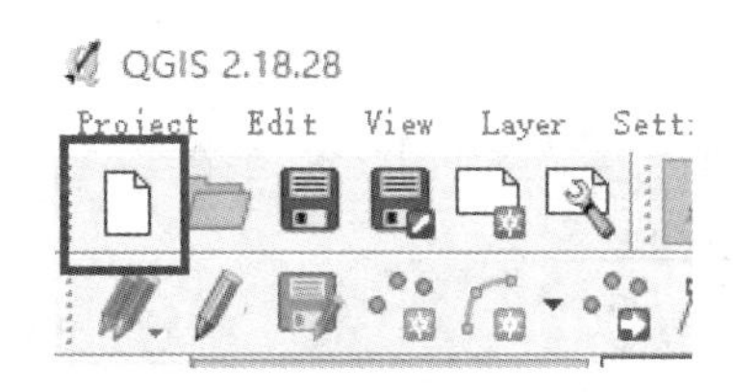

图 4.19 新建数据框

其次将数据格式已转换为 .shp 的数据在菜单栏中选择 Layer/Add layer/Add vector layer 重新导入（图 4.20）。

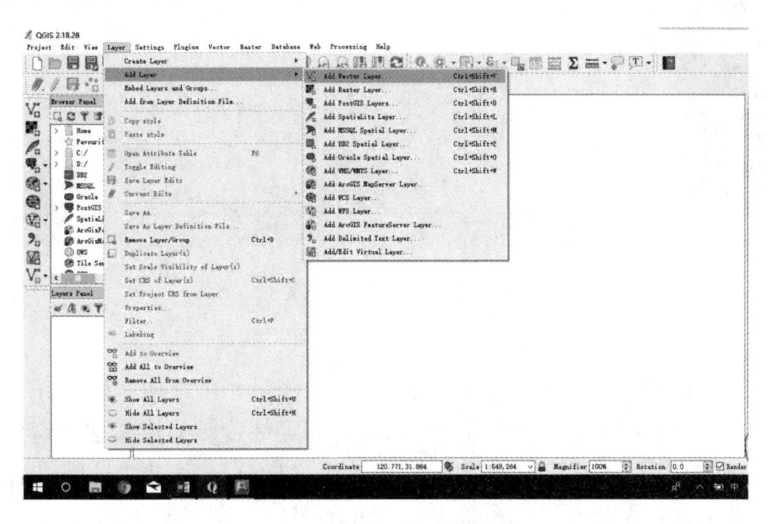

图 4.20 添加图层

通过图层的属性可以查看图层的坐标参考系统，右击图层，选择 Properties（图 4.21）。

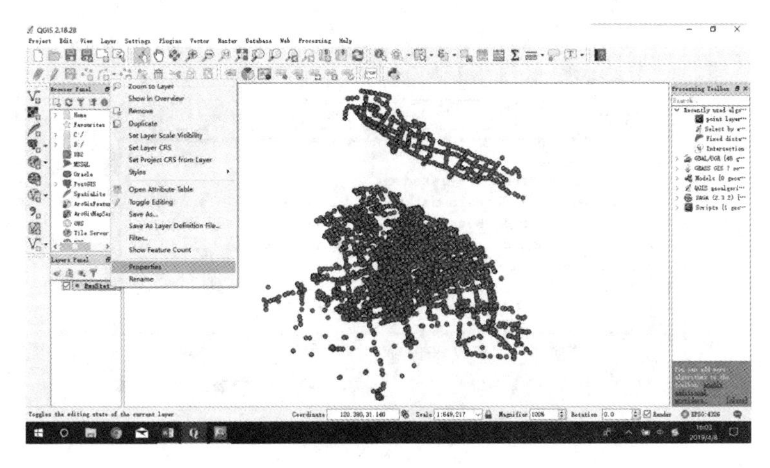

图 4.21 查看属性

在 General/Coordinate reference system 中就可以看到上一步定义的坐标参考系统，并且在新的数据框中加载数据，数据框的参考系统会根据第一次导入的数据而自动调整至数据的参考系统，以正确的显示空间数据（图 4.22）。

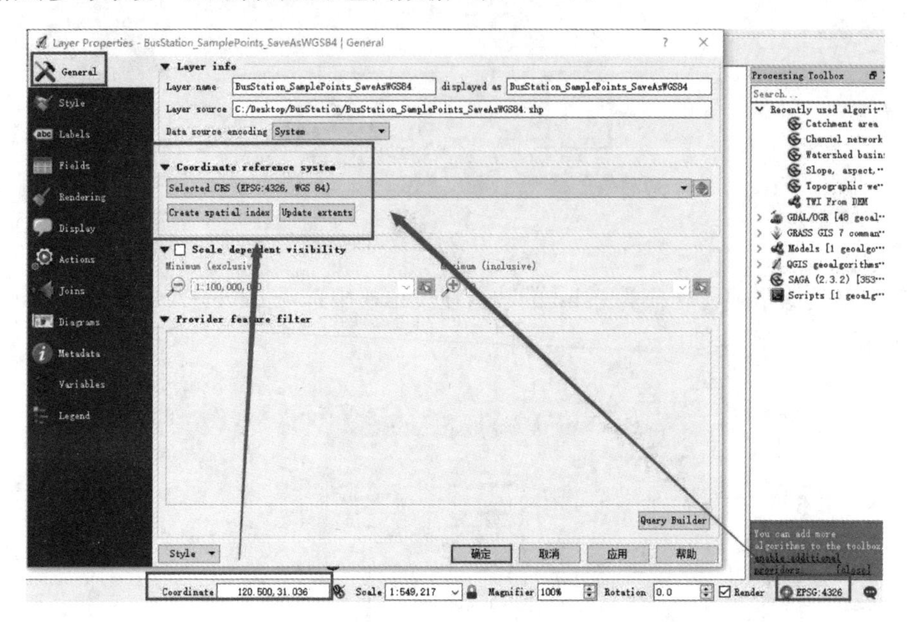

图 4.22 参数选择

③ 测距。

如果想要知道公交站点间的距离，但不便实地测量，可以通过转换好的 GIS 数据完成测距。由于采用的 WGS 84 是球面坐标系统，而经纬度转换成实地距离存在误差，在 QGIS 中可以通过启用“OTF”（动态投影）并定义椭球体完成计量单位的转换。OTF off 时，计量单位默认为球面坐标系统 WGS 84 的单位：度（图 4.23）。

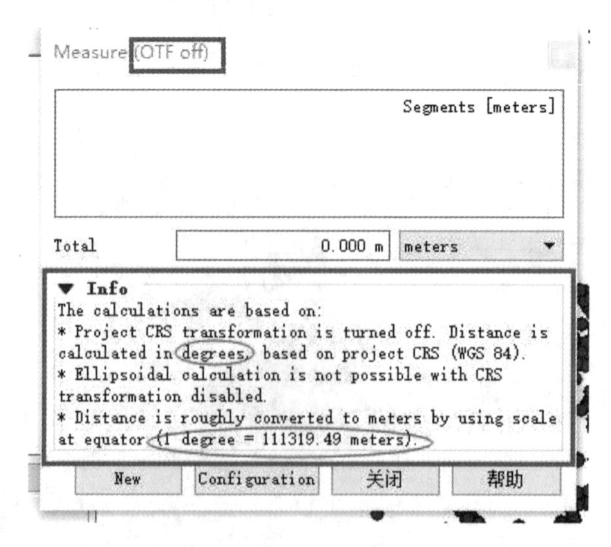

图 4.23 动态投影

单击右下角 EPSG，进入项目属性，在 General/Measurements 处定义椭球体和测量单位，选择单位：米；在 CRS 中勾选 enable “on the fly” CRS transformation (OTF)（图 4.24～图 4.26）。

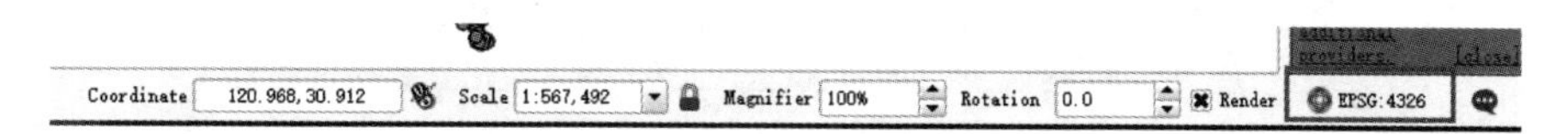

图 4.24　定义坐标系

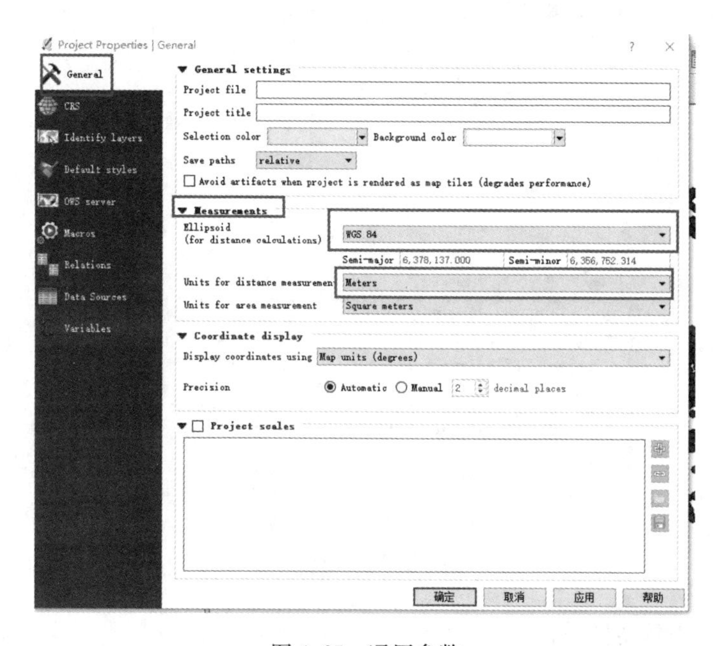

图 4.25　通用参数

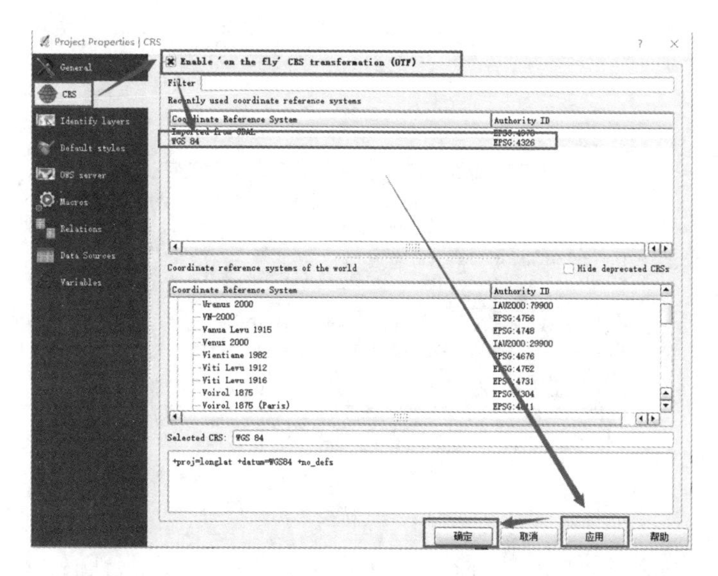

图 4.26　坐标系参数

在工具栏上选择测量工具（图 4.27）。

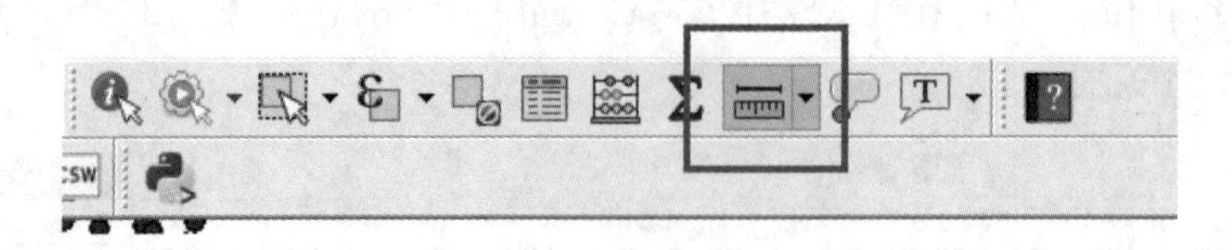

图 4.27　测量工具

可以看到 OTF 开启，测量单位更换为米（图 4.28）。

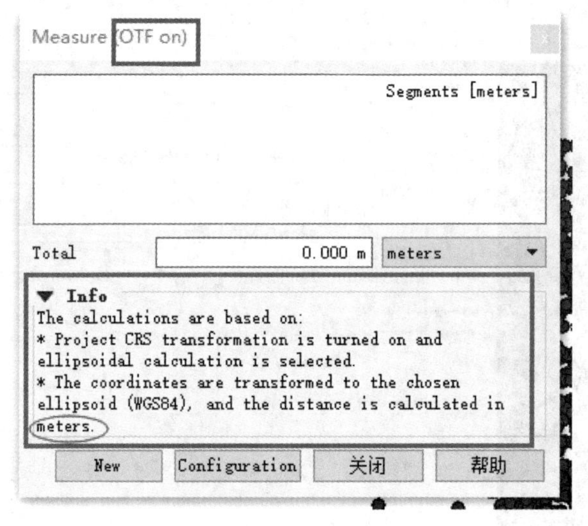

图 4.28　动态投影

下拉菜单可查看转换单位（图 2.29）。

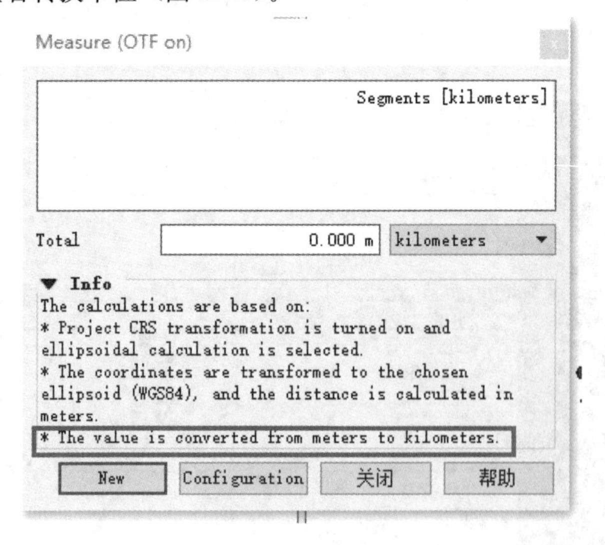

图 4.29　转换单位

单击站点即可测距，可连续测点，右击停止，单击 new 可重新选点，计算结果将显示于 Total 中（图 4.30）。

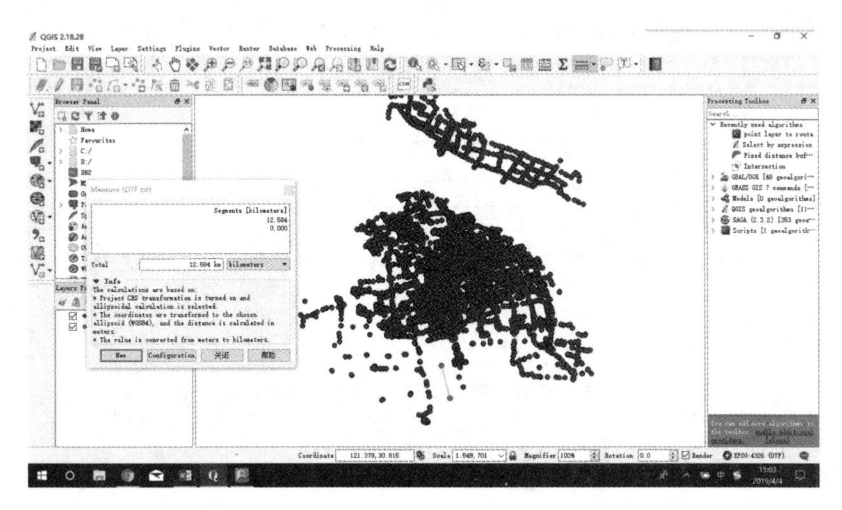

图 4.30　连续选点

(2) 导出为投影坐标系统（UTM）数据

① 定义坐标系。

因为球面坐标系统不能直接测量实地距离，所以上一节中将单位度转换为米后进行准确的实地测量。通常，精确分析需要在平面上来进行，这就要将地图从三维地理坐标通过投影转换成二维平面坐标，这样的坐标系叫投影坐标系，也叫平面坐标系统，其地图单位通常为米。由于转换时仍存在误差，这时候局部投影能够减小误差，例如使用 UTM（通用横轴墨卡托）投影坐标系统数据。UTM 投影采用 6°分带，从东经 180°（或西经 180°）开始，自西向东算起，因此 1 带的中央经线为－177［－180－（－6)］，而 0°经线为 30 带和 31 带的分界，这两带的分界分别是－3°和 3°。带号的计算公式为［(中央经线＋6）/6］＋30。因此上海的带号即为［(121＋6）/6］＋30＝51，又在北半球，带号即为 51N。由于 Set Layer CRS 使用的是临时投影，因此可在图层导出时为其修改 CRS。右击图层，选择 save as…，弹出对话框，选择格式和保存路径，选择投影为 UTM：在过滤器中输入 UTM zone 51N（图 4.31）。

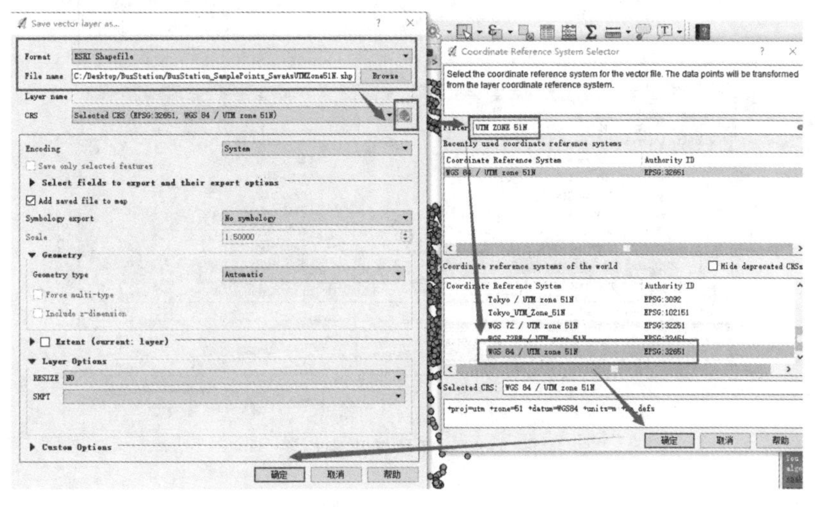

图 4.31　设置转出坐标系参数

可以看到 UTM 在 Projected coordinate systems（投影坐标系统）中（图 4.32）。

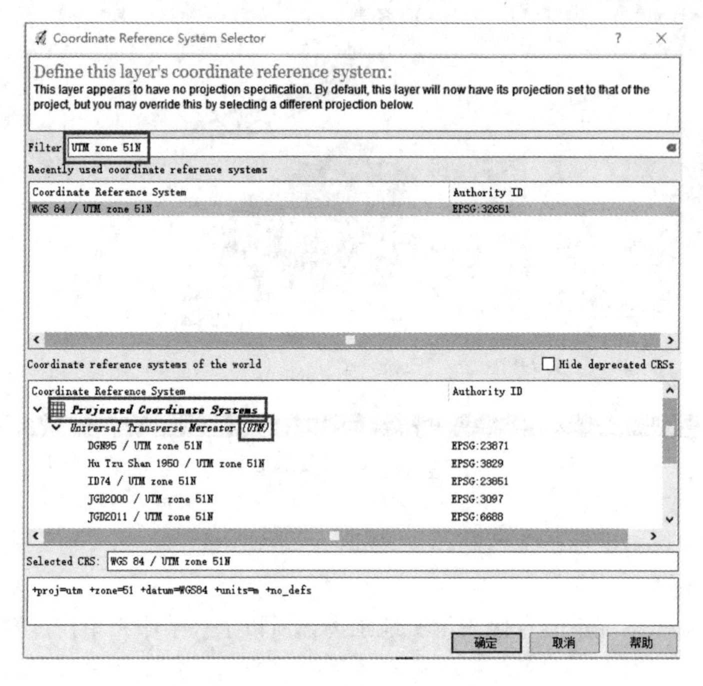

图 4.32　设置转出坐标系参数

可以看到其投影参数有 proj＝utm（投影为 UTM），datum＝WGS84（基准面为 WGS84），units＝m（测量单位为米）（图 4.33）。

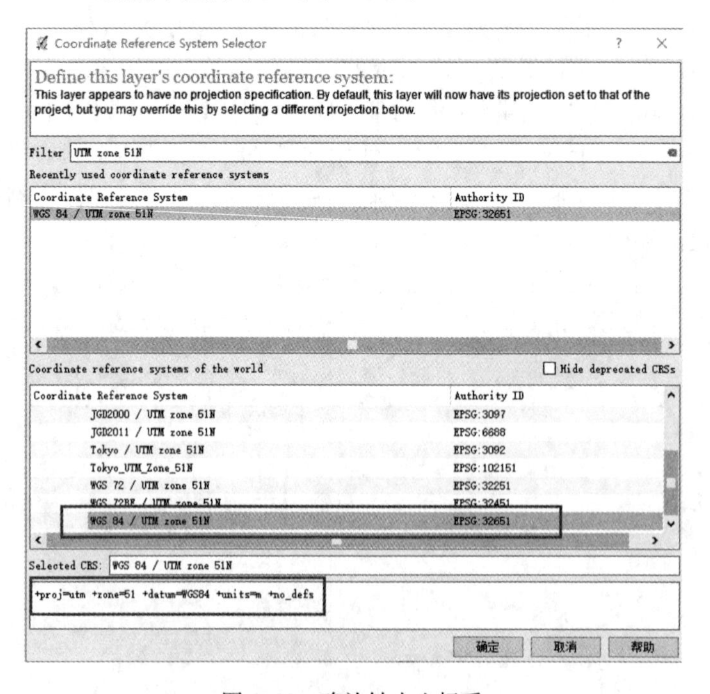

图 4.33　确认转出坐标系

单击确定后，图层将自动加载至当前数据框中，并且可以看到在数据框的 EPSG 后，OTF 自动开启，生成与当前数据框相同的临时投影，因此，需要重新导入（图 4.34）。

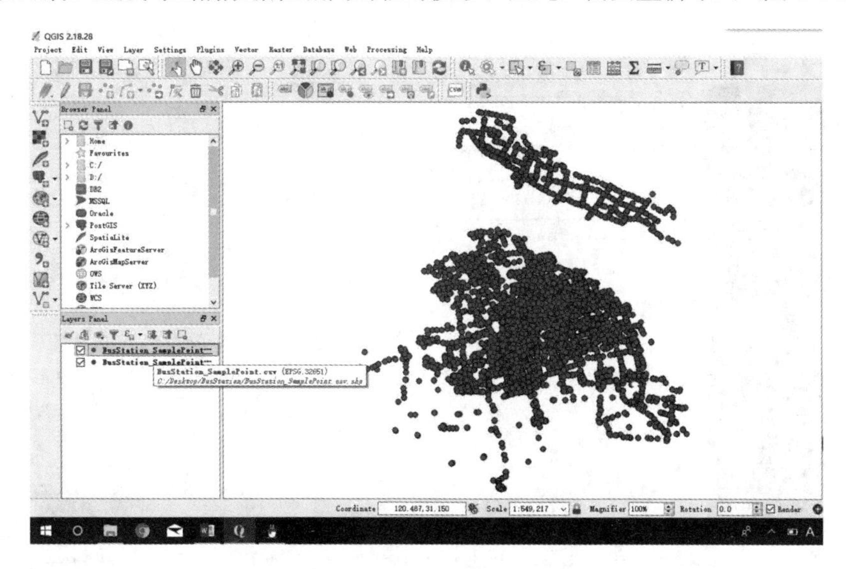

图 4.34 转换结果

② 数据检验。

新建一个数据框，将图层重新加载至 QGIS（图 4.35、图 4.36）。

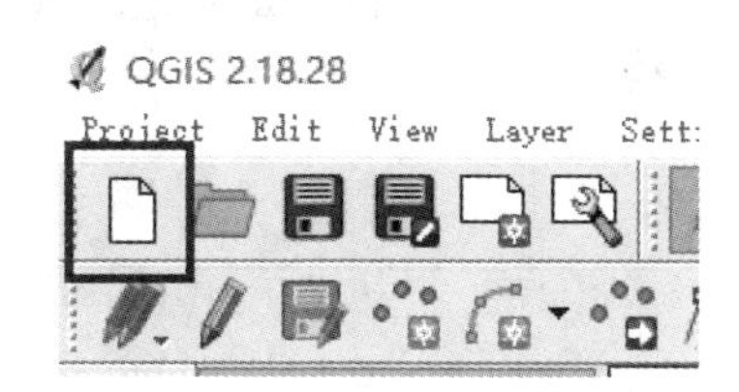

图 4.35 新建数据框

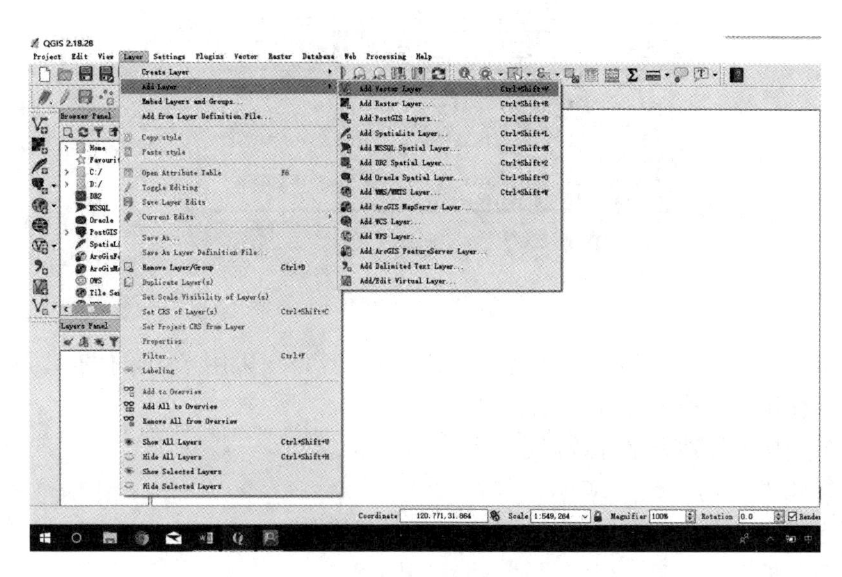

图 4.36 添加图层

可以看到坐标显示的方式不再是经纬度，而是直角坐标，图层属性里的坐标参考也为 UTM（图 4.37）。

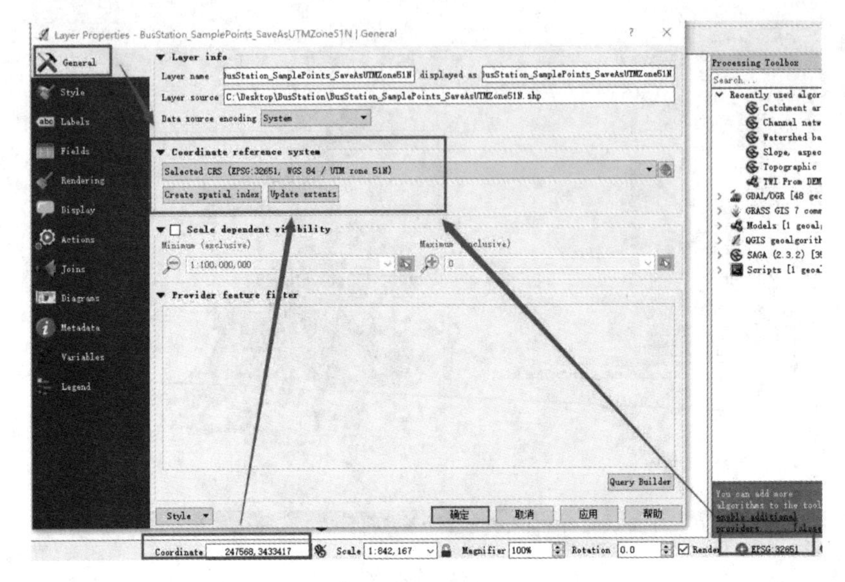

图 4.37　查看坐标系

③ 测距。

由于投影坐标的单位是米，因此可以直接测量实地距离。选择测量工具，可以看到在 Info 中测量单位是米（图 4.38）。

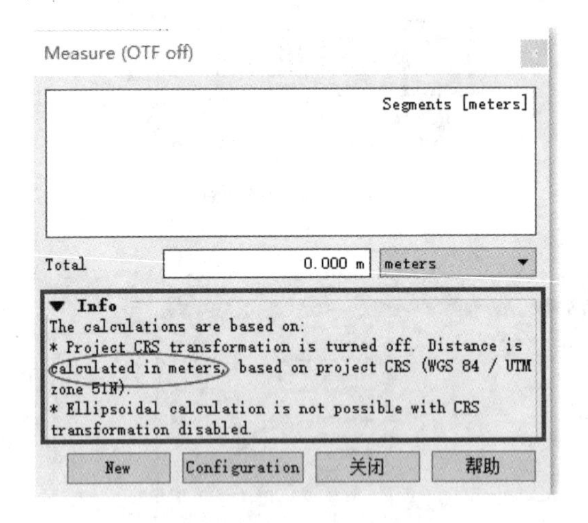

图 4.38　查看单位

单击 new 新建一个测量，选取与上一节同样的点，当采用米为单位时，测距相同，说明上一节使用的更换单位方式正确（图 3.39）。

（3）转换成上海地方坐标数据

① 新建坐标参考。

借用已具有上海地方坐标定义的标准数据的投影信息，在 QGIS 中建立上海地方坐标系。新建数据框，加载上海街道图 . shp（图 4.40）。

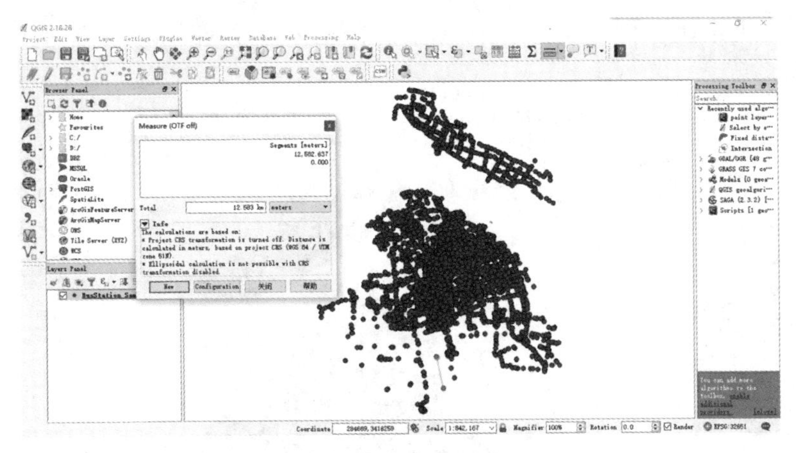

图 4.39 检验

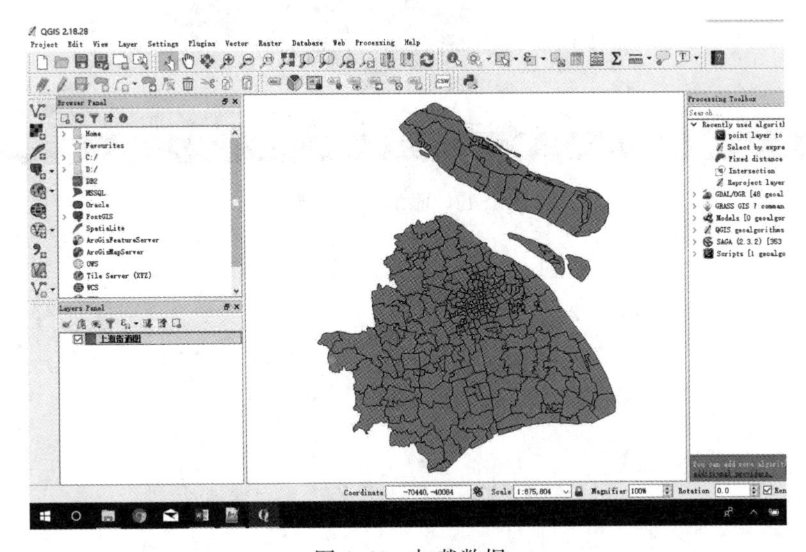

图 4.40 加载数据

右击选择属性，查看图层的坐标参考，可以看到在用户定义坐标下有该坐标参考的参数并复制（图 4.41）。

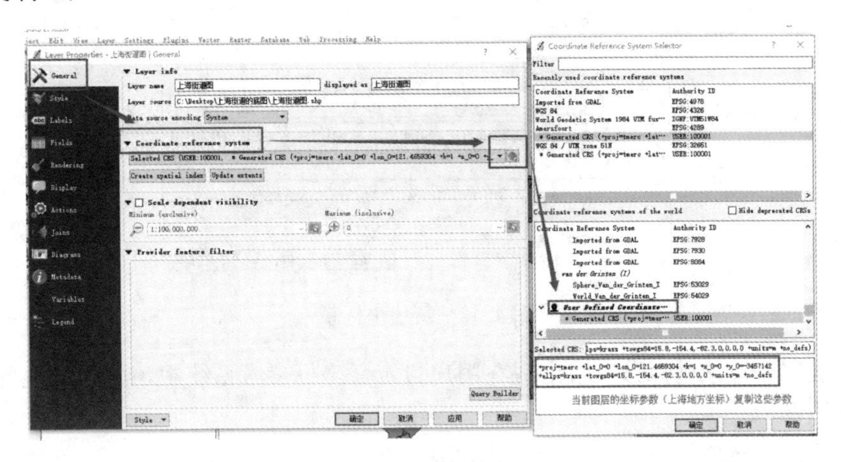

图 4.41 参数选择

在菜单栏上选择 Setting/Custom CRS，添加坐标参考（图 4.42、图 4.43）。

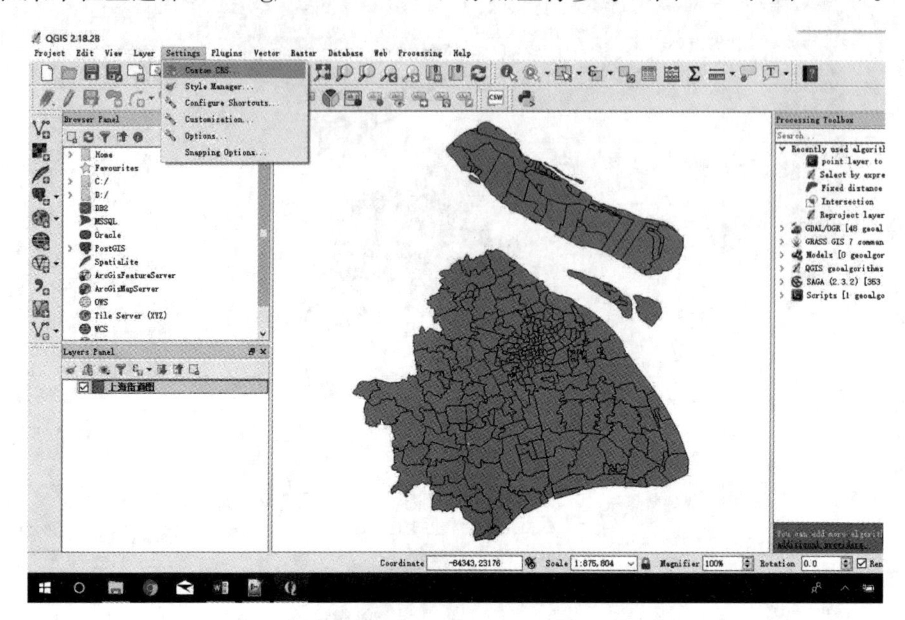

图 4.42 添加坐标参考

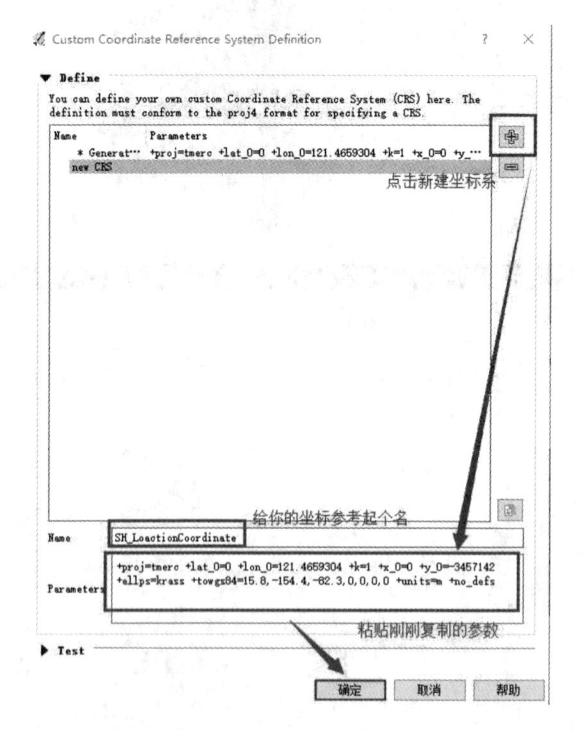

图 4.43 新建坐标系

单击确定后，该坐标参考将出现在用户自定义坐标参考系统中，可为其他的数据投影为该坐标参考。

该方法也是新建某个地方坐标系的方法，具有通用性。

② 重投影。

新建数据框，加载上一节中导出的 UTM 或 WGS84 的公交站点数据，在菜单上选 Processing/Toolbox，在右侧出现悬停的处理工具箱，搜索工具：Peproject layer（图 4.44）。

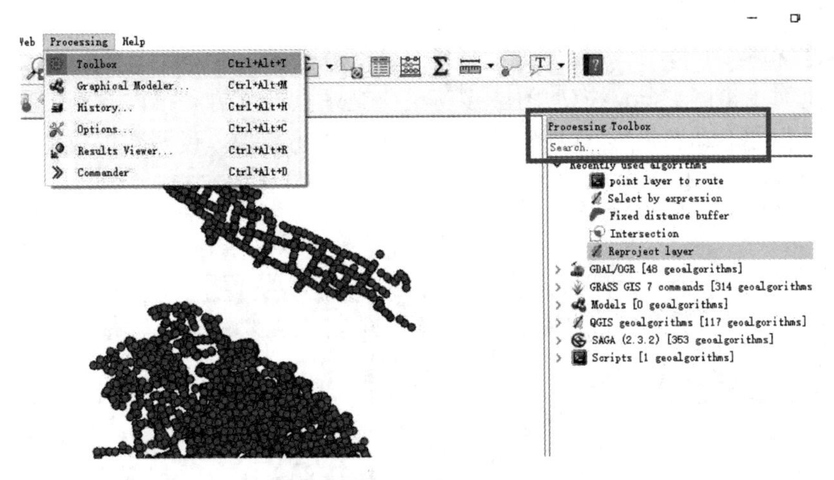

图 4.44　搜索工具箱

双击 Reproject layer 工具，弹出对话框（图 4.45）。

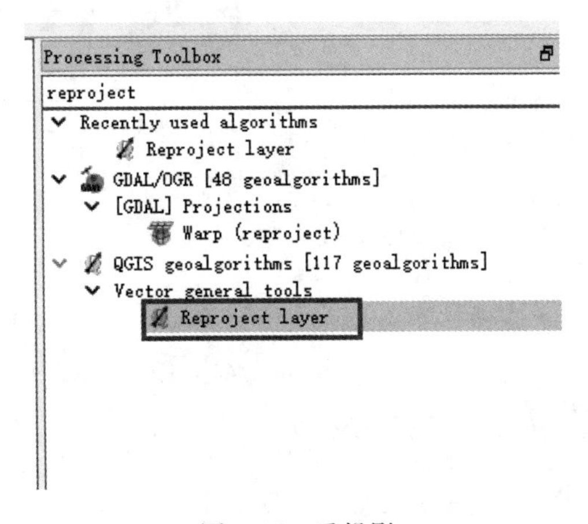

图 4.45　重投影

可以看到该工具的功能说明：该算法重投影一个矢量文件，它创建一个新图层，具有与输入层相同的要素，但是几何图形被重新投影到一个新的 CRS 中（图 4.46）。

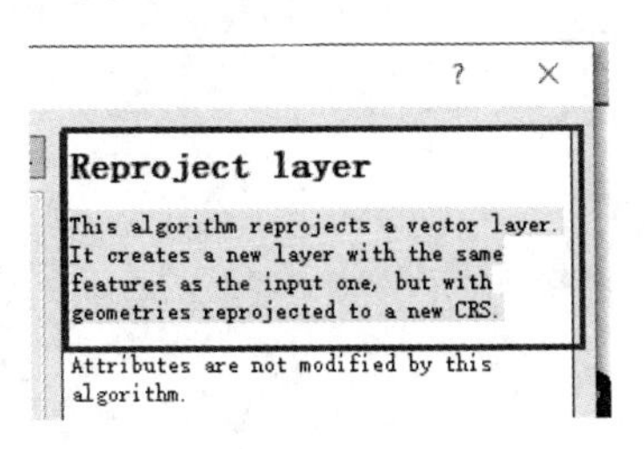

图 4.46　工具说明

选择输入层为需要重投影的图层，即公交站点，在 target CRS 中选择刚刚定义的上海地方坐标（可在过滤器中输入自定义的名字，也可在用户定义坐标系中查找），单击确定，选择保存为新图层，保存路径并运行（图 4.47～图 4.49）。

运行完后图层被加载至当前数据框下，新建一个数据框，重新加载重投影结果（图 4.50）。

③ 数据检验。

打开上海街道图 .shp，拖动图层移动至公交站点的下方，可以看到，具有相同投影的两层数据在非动态投影（OTF off）的情况下成功叠加，说明数据成功转换至上海地方坐标系（图 4.51）。

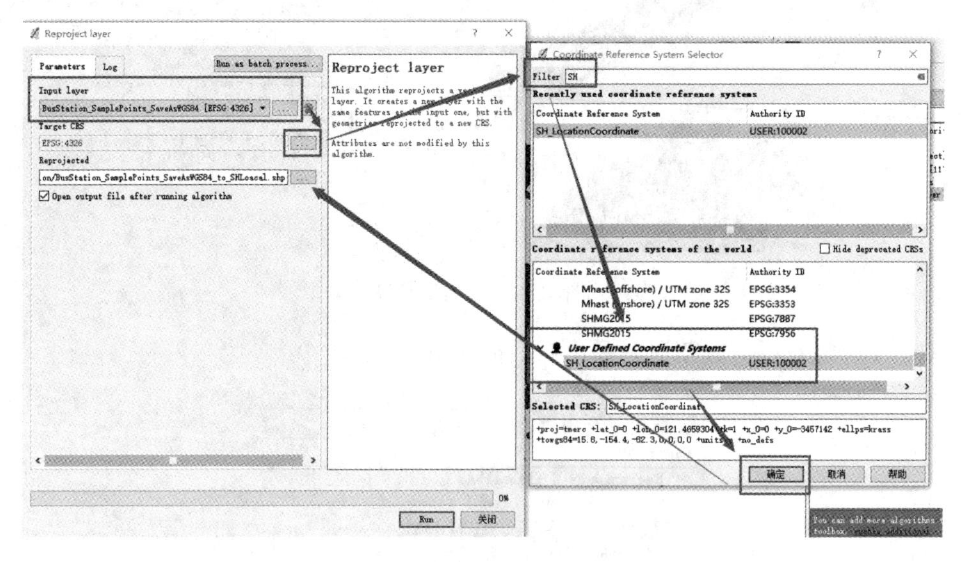

图 4.47　参数选择

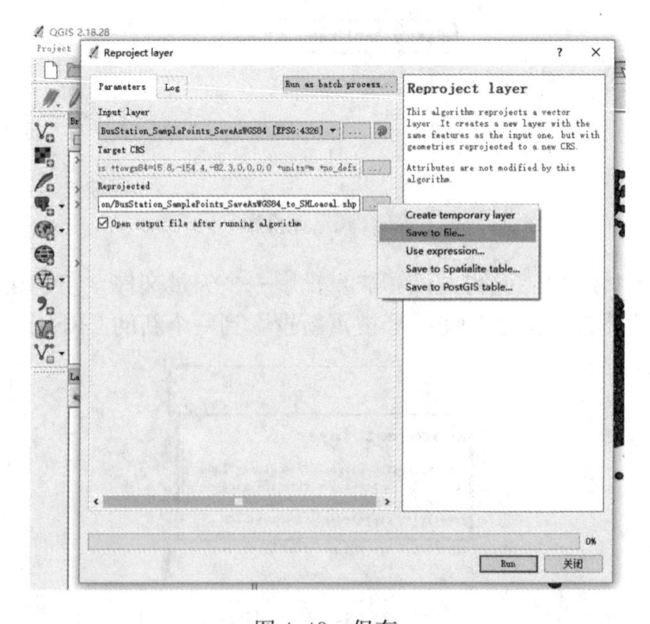

图 4.48　保存

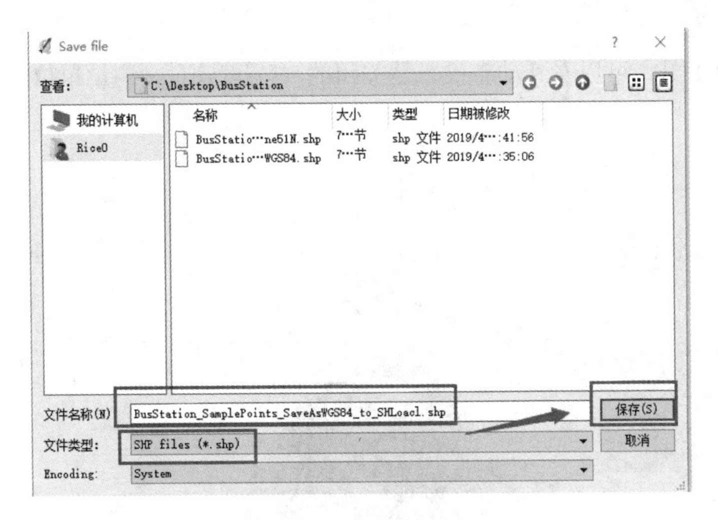

图 4.49 保存

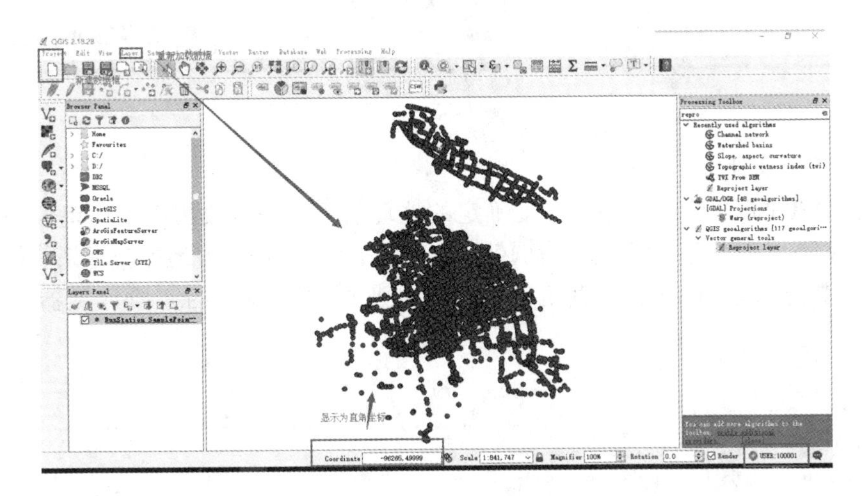

图 4.50 重新加载

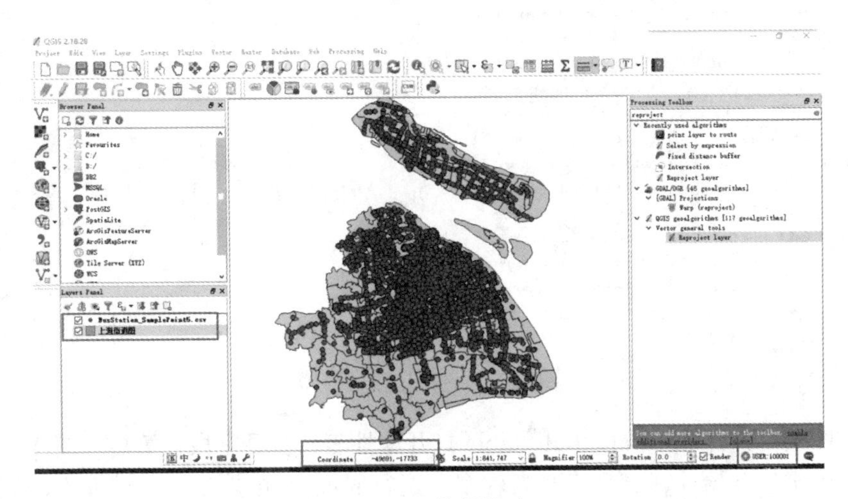

图 4.51 数据检验

④ 测距。

选择测距工具，可以看到动态投影是关闭的（OTF off），测量单位是米，选择公交站点层，测距（图 4.52）。

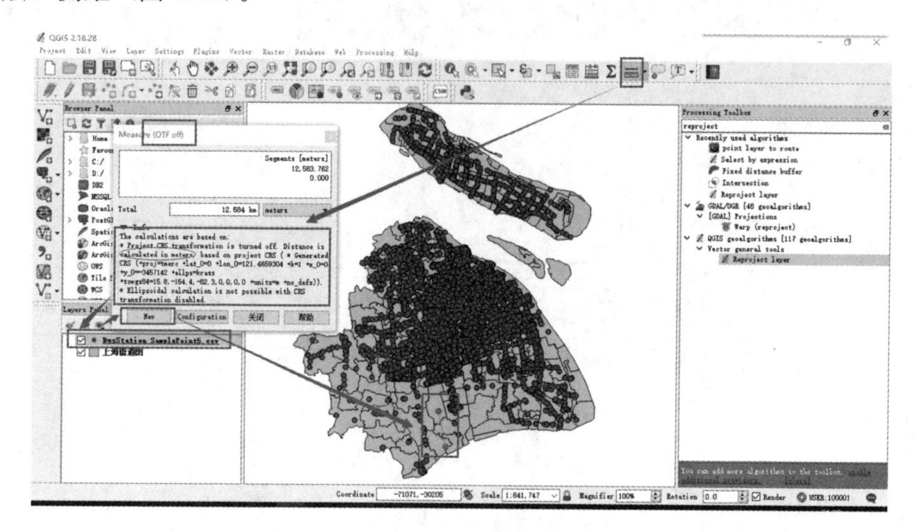

图 4.52 测距

⑤ 计算上海地方坐标。

公交站点坐标采集时是用经纬度确定的地理位置，一旦改用以米为单位的投影系统，x 与 y 不再表示经纬度坐标，而转换成直角坐标。使用上海地方坐标系统投影的数据，x、y 即表示为上海地方直角坐标，可以通过属性表中的字段计算器计算出来（图 4.53）。

BusStation_SamplePoint5.csv :: Features total: 26873, filtered: 26873, selected: 0

	NAME	KIND	longitude	latitude
1	808B	808B	121.563069999···	31.1649199999···
2	808B	808B	121.563190000···	31.1658000000···
3	8?8?	808B	121.572680000···	31.1685599999···
4	808B	808B	121.579689999···	31.1705100000···
5	808?	808B	121.335660000···	31.0554999999···
6	808?	808B	121.335999999···	31.0555200000···
7	808?	808B	121.337379999···	31.0587000000···
8	808?	808B	121.335170000···	31.0584200000···
9	838B	808B	121.303420000···	31.0434400000···
10	808B	808B	121.440140000···	31.2248200000···
11	808B	808B	121.439449999···	31.2236900000···
12	80? ·	808B	121.435910000···	31.2244800000···
13	80? ·	808B	121.436570000···	31.2245500000···
14	8дB ·	808B	121.385130000···	31.0577700000···
15	80? ·	808B	121.390950000···	31.0626600000···
16	808B ·	808B	121.398579999···	31.0756300000···

Show All Features

图 4.53 选择字段计算器

右击图层，选择 open attribute table 打开属性表，打开字段计算器（图 4.54）。

单击确定后开始计算（由于要素较多，运行时间可能较长）。y 计算方法同理。计算结果如图 4.55 所示，保存编辑，并切换至非编辑状态（第一个图标）。

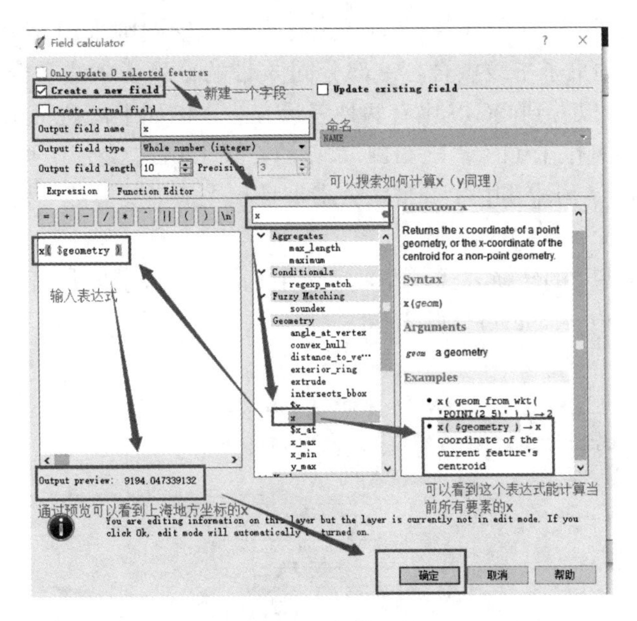

图 4.54　参数选择

BusStation_SamplePoint5.csv :: Features total: 26873, filtered: 26873, selected: 0

记得保存

	NAME	KIND	longitude	latitude	x	y
1	···	808B	121.563069999···	31.1649199999···	9194	-7822
2	808B	808B	121.563190000···	31.1658000000···	9205	-7724
3	8?8?	808B	121.572680000···	31.1685599999···	10110	-7417
4	808B	808B	121.579689999···	31.1705100000···	10778	-7201
5	808?	808B	121.335660000···	31.0554999999···	-12501	-19950
6	808?	808B	121.335999999···	31.0555200000···	-12469	-19948
7	808?	808B	121.337379999···	31.0587000000···	-12337	-19596
8	808?	808B	121.335170000···	31.0584200000···	-12548	-19626
9	838B	808B	121.303420000···	31.0434400000···	-15580	-21283
10	808B	808B	121.440140000···	31.2248200000···	-2524	-1184
11	808B	808B	121.439449999···	31.2236900000···	-2590	-1310
12	80? ·	808B	121.435910000···	31.2244800000···	-2927	-1222
13	80? ·	808B	121.436570000···	31.2245500000···	-2865	-1214
14	8дB ·	808B	121.385130000···	31.0577700000···	-7779	-19703
15	80? ·	808B	121.390950000···	31.0626600000···	-7223	-19161
16	808B ·	808B	121.398579999···	31.0756300000···	-6494	-17724

Show All Features

图 4.55　计算结果

（4）导出为 CGCS2000 国家大地坐标系数据

① 坐标系定义。

CGCS2000 是（中国）2000 国家大地坐标系的缩写，该坐标系是通过中国 GPS 连续运行基准站、空间大地控制网以及天文大地网与空间地网联合平差建立的地心大地坐标系统。2000（中国）国家大地坐标系以 ITRF 97（国际地球参考框架）为基准，参考框架历元为 2000 年。

CGCS 在 QGIS 中也在横轴墨卡托的分类下方，采用高斯克吕格分带投影。1∶50 万、1∶25 万、1∶10 万、1∶5 万及 1∶2.5 万的地形图采用 6°分带投影，自 0 子午线起每隔经差 6 自西向东分带，依次编号 1，2，3，…。我国 6°带中央子午线的经度，由 69°起每隔 6°而至 135°，共计 12 带（12～23 带），带号用 N 表示，中央子午线的经度用

$L0$ 表示，它们的关系是：$L0=6N-3$；更大比例的地形图则采用 3°分带，它的中央子午线一部分同 6°带中央子午线重合，一部分同 6°带的分界子午线重合，我国带共计 22 带（24～45 带）。可以看到 QGIS 中有两种表示方法，例如上海位于东经 120°52′—121°45′，在这个范围的有位于 118.5°E—121.5°E 的 CM 120E，表示中央经线为东经 120°；zone 40，表示带号为 40［其中 3°分带：分带带号＝当地中央经线÷3；6°分带：分带带号＝（当地中央经线＋3）÷6］。

和前面三节的提及的转换方式一样，可选用 Save as…功能或 reproject layer 实现投影转换。以下为 reproject layer（图 4.56）。

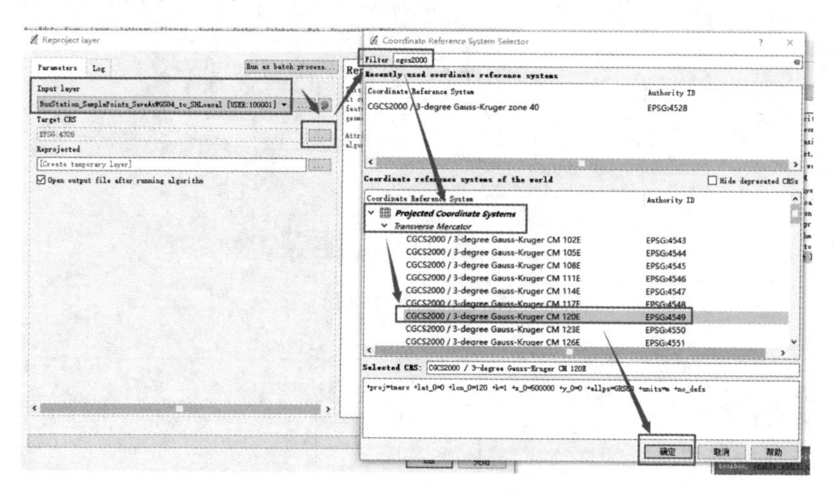

图 4.56　重投影参数

可以看到参数中带有东伪偏移值 x _ 0=500000，我国规定将高斯一克吕格投影各带纵坐标轴西移 500km，因此高斯-克吕格投影东伪偏移值为 500km，目的是确保这个带内的测量坐标都是正值（图 4.57）。

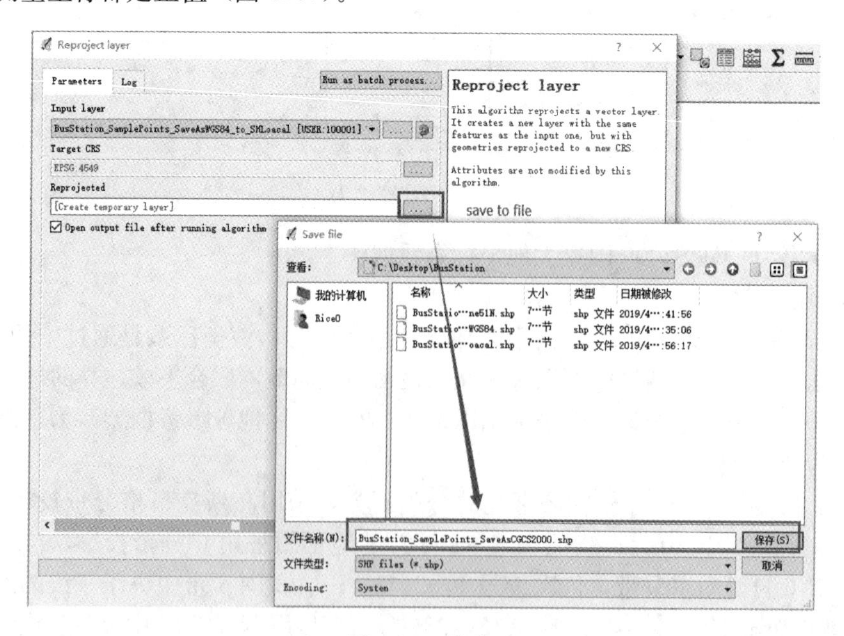

图 4.57　保存

转好后新建一个数据框，重新加载数据（图 4.58）。

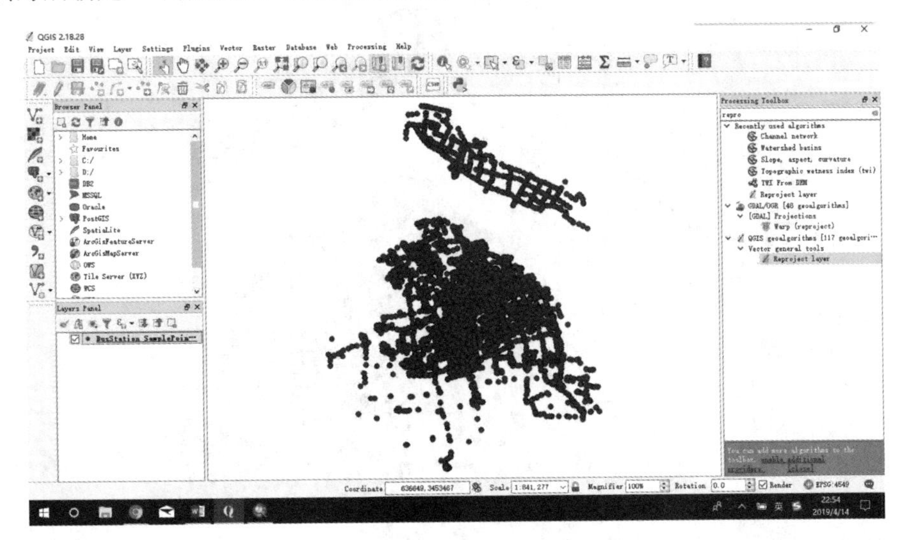

图 4.58　重新加载

② 数据检验。

右击图层名查看属性，坐标显示为直角坐标（图 4.59）。

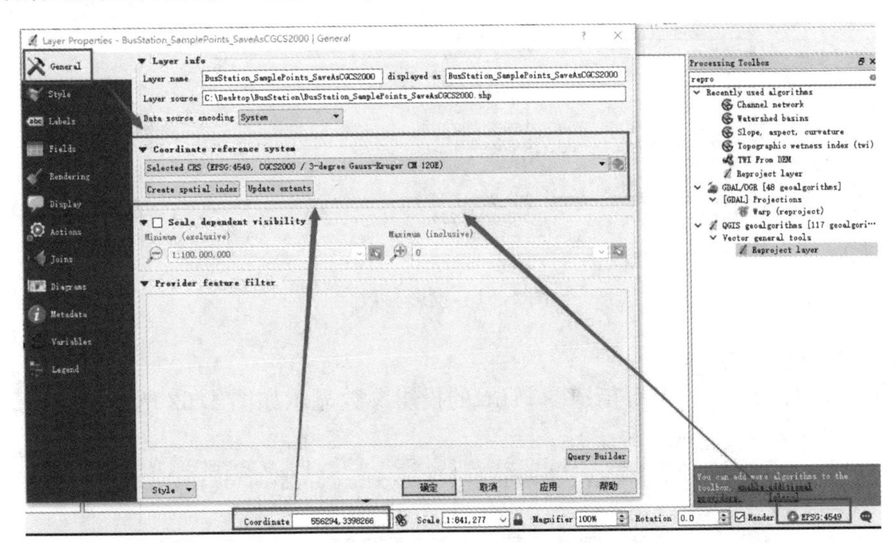

图 4.59　确认坐标系

③ 测距（图 4.60）。

(5) 对 .prj 文件的思考

在 ArcGIS 中，上海街道图 .shp 的投影参数显示如图 4.61 所示。

投影：高斯克吕格；

中央经线：121.4659304；

北伪偏移：－3457142；

椭球体：GCS _ Beijing1954；

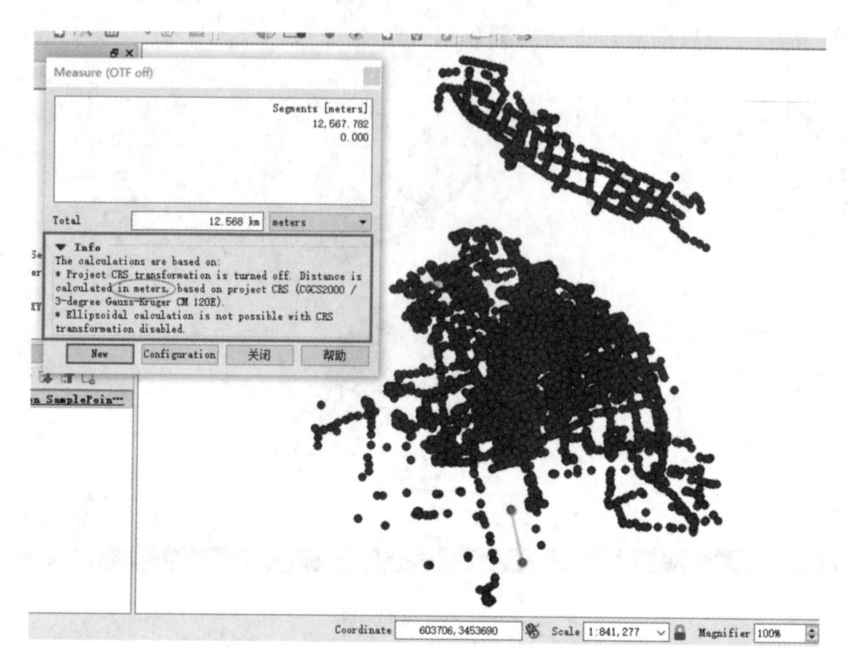

图 4.60　测距

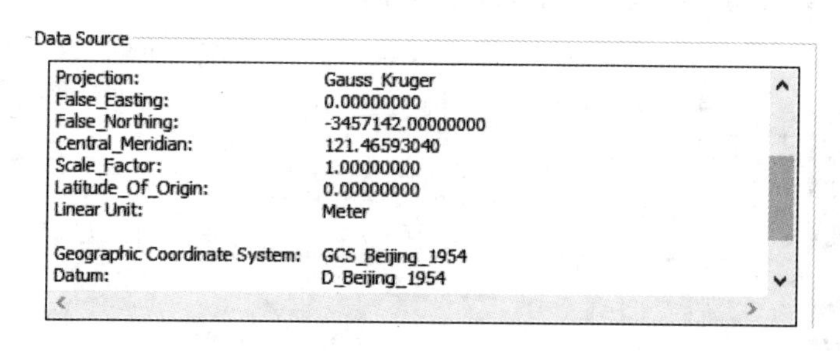

图 4.61　投影参数

基准面：D _ Beijing1954。

而导入到 QGIS 中，上海街道图 . shp 的投影参数显示如图 4.62 所示。

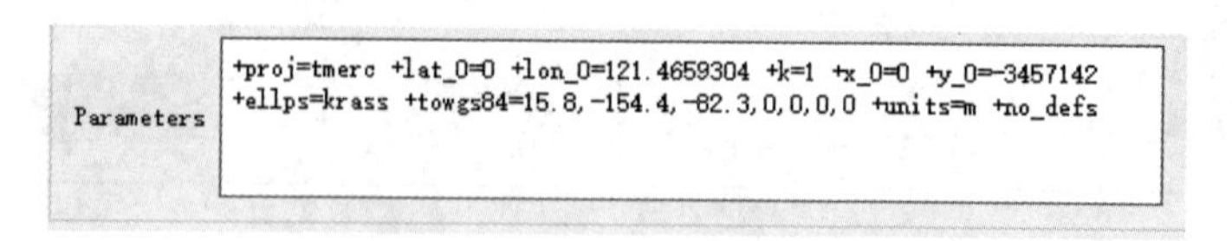

图 4.62　投影参数

投影：横轴墨卡托；

中央经线：121.4659304；

北伪偏移：－3457142；

椭球体：克拉索夫斯基。

可以发现，同一张图的坐标参考在两个软件中的参数不一致。

在使用上海街道图对公交站点数据重投影之后，它们在 QGIS 中具有了相同的参数，但将公交站点导入 ArcGIS 时发现公交站点的投影参数和上海街道图的参数不一致，并且需要建立动态投影才能叠加（图 4.63）。

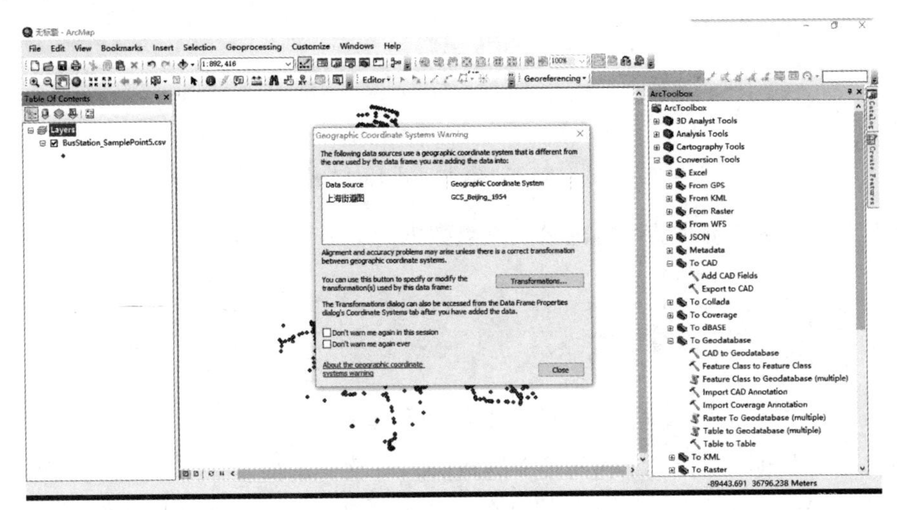

图 4.63　坐标系警告

打开公交站点的属性表（图 4.64）。

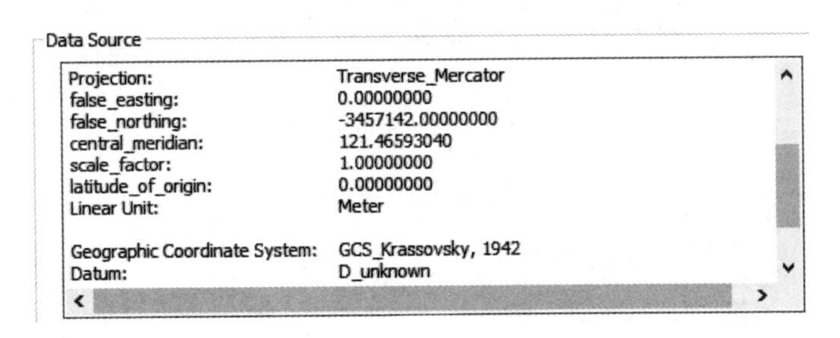

图 4.64　属性表

投影：横轴墨卡托；
中央经线：121.4659304；
北伪偏移：－3457142；
椭球体：克拉索夫斯基 1942；
基准面：未知。

可以发现投影参数与上海街道图在 ArcGIS 中的参数不一致。GIS 数据在投影之后会生成一个 .prj 文件，它存储了数据的投影信息，用记事本打开可看到投影参数，如图 4.65 所示。

BusStation_SamplePoints_SaveAsU...	2019/4/14 20:41	DBF 文件	14,(
BusStation_SamplePoints_SaveAsU...	2019/4/14 20:41	PRJ 文件	
BusStation_SamplePoints_SaveAsU...	2019/4/14 20:41	QPJ 文件	
BusStation_SamplePoints_SaveAsU...	2019/4/14 20:41	AutoCAD 形源代码	7
BusStation_SamplePoints_SaveAsU...	2019/4/14 20:41	AutoCAD 编译的形	2

图 4.65　PRJ 文件

使用记事本打开上海街道图.prj（图 4.66）。

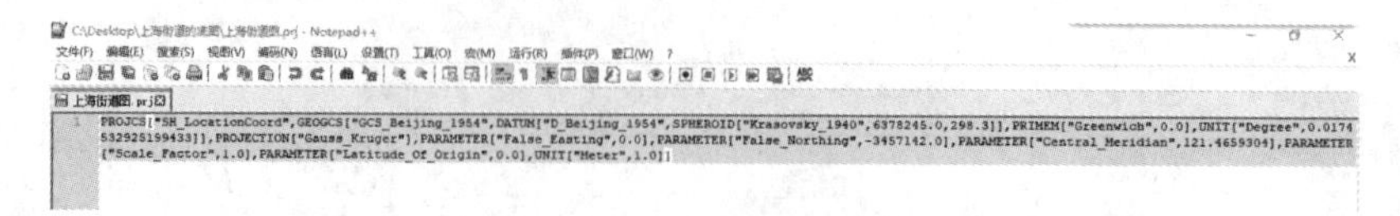

图 4.66　记事本打开 PRJ 文件

再打开投影为上海地方坐标的公交站点数据的.prj 文件（图 4.67）。

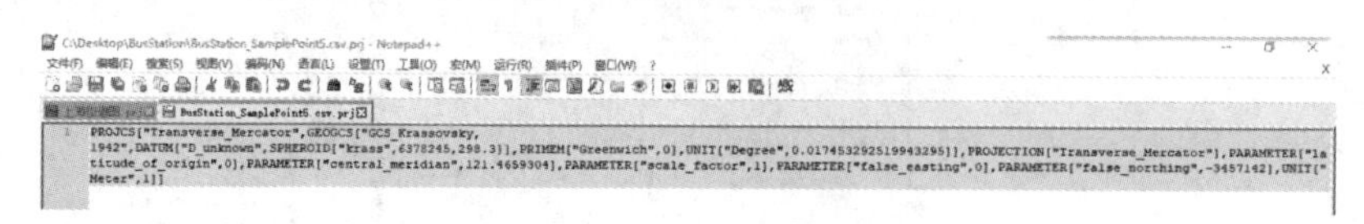

图 4.67　记事本打开 PRJ 文件

对比可以发现，重投影至相同投影的两份.prj 文件的内容并不一致，从 QGIS 写出的.prj 为 QGIS 中对该投影定义的参数，可以发现，该投影中基准面显示为未知（图 4.68）。

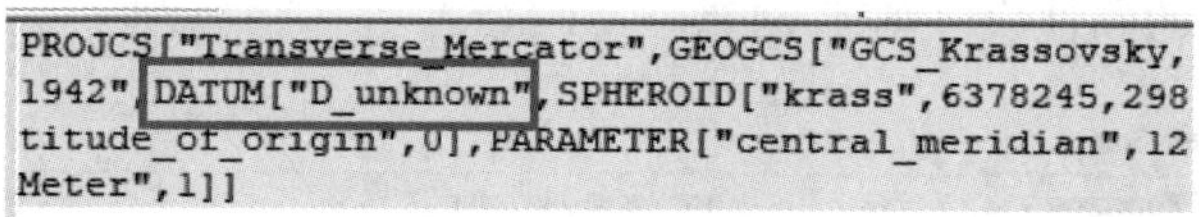

图 4.68　对比投影信息

在 QGIS 中，找到 Beijing1954（图 4.69）。

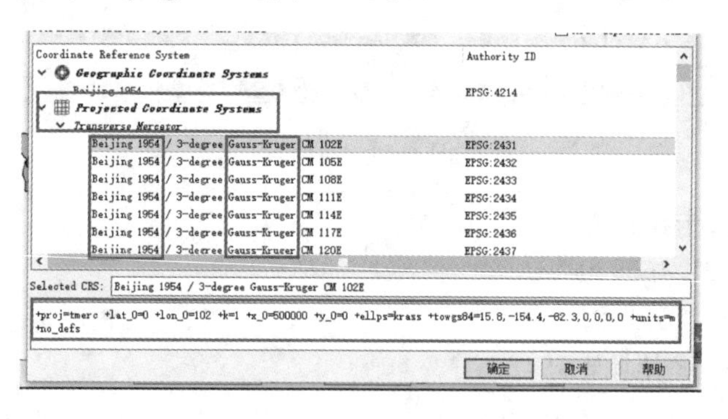

图 4.69　Beijing1954 坐标系

该投影没有基准面参数，并且投影和椭球体的名称也与 ArcGIS 的不同。ArcGIS 生成上海地方坐标参数如图 4.70 所示。

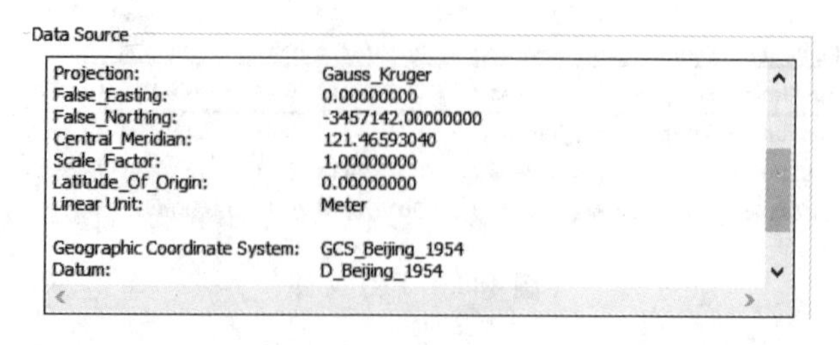

图 4.70　数据源信息

QGIS 转上海地方坐标标准数据导入 ArcGIS 中的坐标参数（图 4.71）。

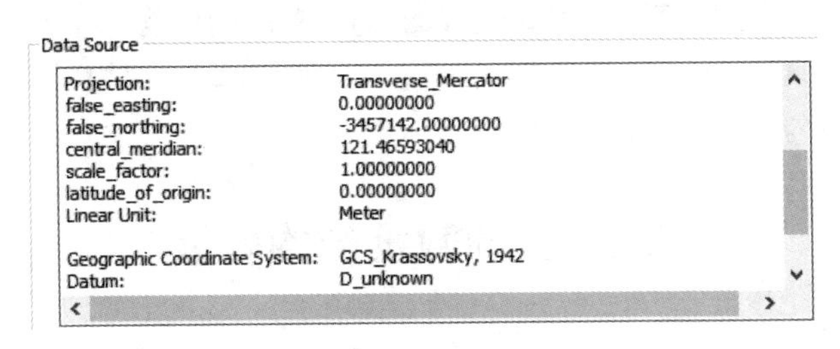

图 4.71　数据源信息

高斯克吕格投影也叫横轴墨卡托投影，Beijing1945 椭球体即为克拉索夫斯基，中央经线与北伪偏移均一致。

复制上海街道图 . prj 的内容粘贴至重投影的公交站点的 . prj（覆盖原内容），保存。重新在 ArcGIS 中加载公交站点数据，可以看到坐标系统已更改为上海街道图的投影信息（图 4.72）。

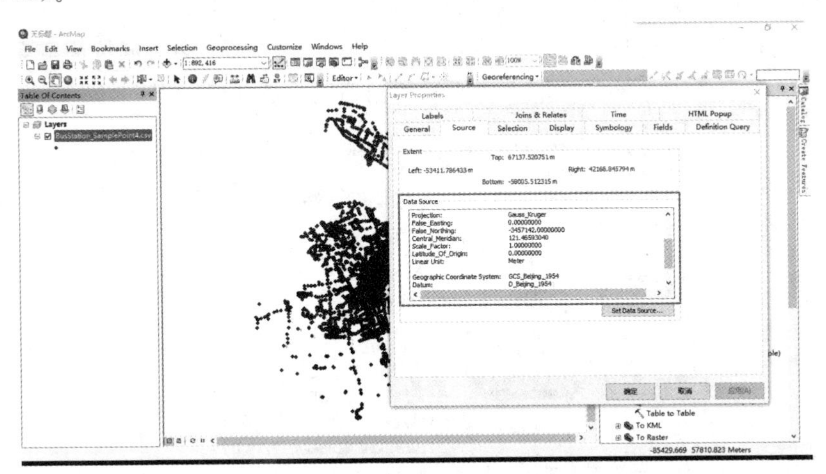

图 4.72　查看投影

加载上海街道图，不再弹出投影不一致的警告（图 4.73）。

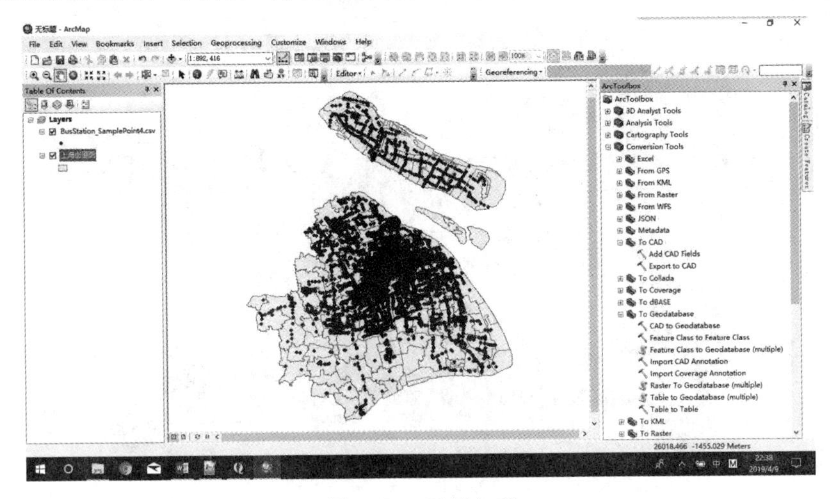

图 4.73　重新加载

由此可知，由于QGIS和ArcGIS中对投影参数定义不一致，在导入上海街道图时QGIS用它的方式读入投影信息，因此生成的.prj文件的内容不同，而导致在QGIS中重投影的数据在ArcGIS中不能正确叠加。但不管使用哪个软件，同一区域的所有图层的.prj文件都应该内容完全相同。

4.2 空间数据结构转换

4.2.1 矢量与栅格数据的转换

栅格和矢量的格式转换工具可以通过进入Raster/Conversion来访问。这些工具称为栅格化（矢量到栅格）和多边形化（栅格到矢量）。与之前使用的栅格裁剪工具一样，这些工具也是基于GDAL的，并在对话框底部显示命令。

多边形化将栅格转换为多边形层。根据栅格的大小，转换可能需要一定时间。当这个过程完成后，QGIS会弹出一个完成窗口。例如，对于快速测试，可以将重新分类的土地覆盖栅格转换为多边形。所得到的向量多边形层包含多个多边形特征，它具有一个属性，并将其命名为lc；该属性取决于原始的栅格值（图4.74、图4.75）。

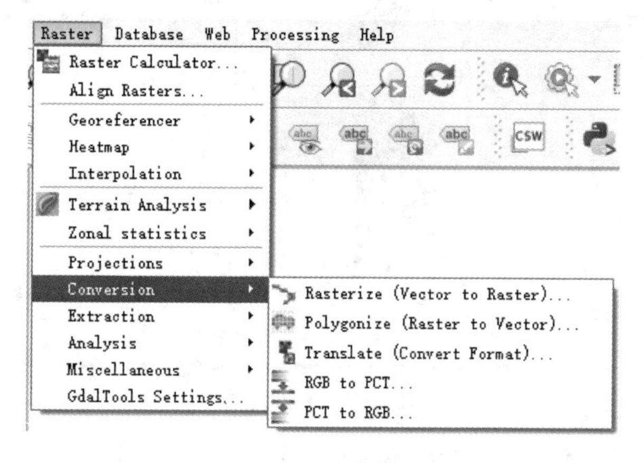

图4.74　格式转换

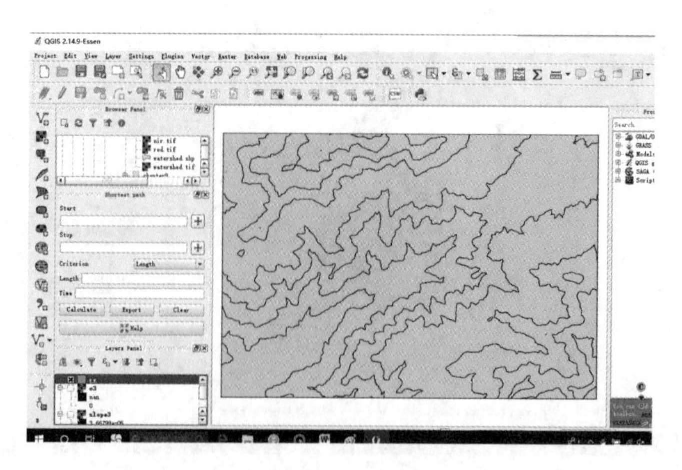

图4.75　加载数据

使用栅格化工具非常类似于使用多边形工具。唯一的区别是，栅格化工具可以指定生成的栅格的大小（以像素/单元格为单位）；还可以指定属性 field，它将为栅格单元格值提供输入，如图 4.76 所示。在这种情况下，alaska. shp 的 cat 属性是没有意义的，但可以了解这个工具是如何工作的（图 4.76、图 4.77）。

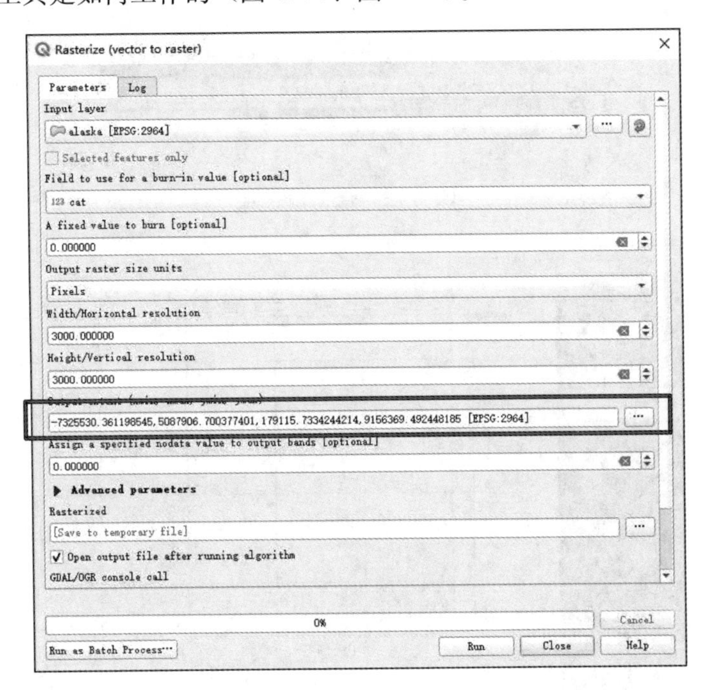

图 4.76　栅格化

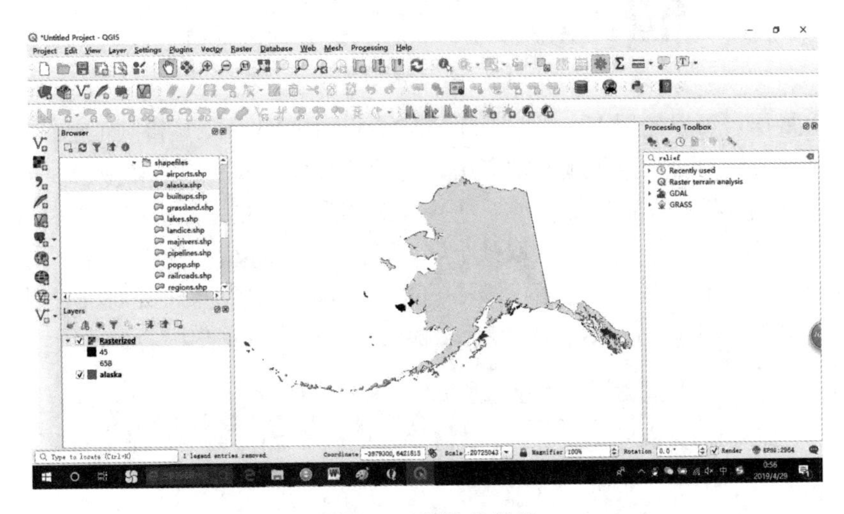

图 4.77　栅格化结果

4.2.2　访问栅格和矢量层统计信息

每当获得一个新的数据集时，检查层统计信息来了解它包含的数据是很有用的，比如最小值和最大值、特性的数量等等。QGIS 提供了多种工具来探索这些价值。

栅格层统计数据在图层属性对话框中很容易找到，特别是在下面的选项卡中（图 4.78）：

① 元数据。此选项卡显示最小和最大单元格值，以及单元格值的平均值和标准差。

② 直方图。此选项卡显示栅格值的分布。使用鼠标放大直方图以查看详细信息。图 4.79 显示了陆地覆盖数据集的放大直方图。

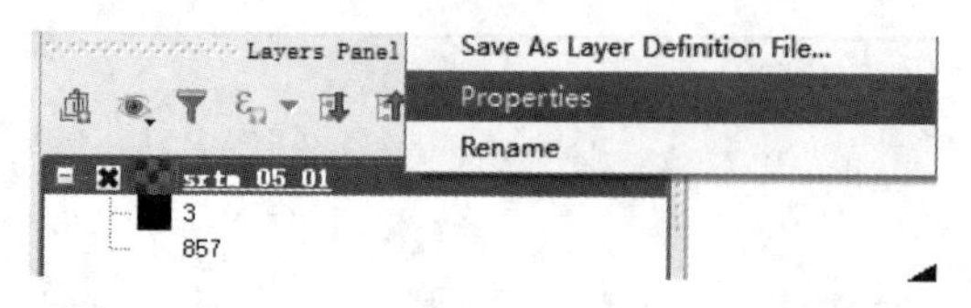

图 4.78　查看元数据

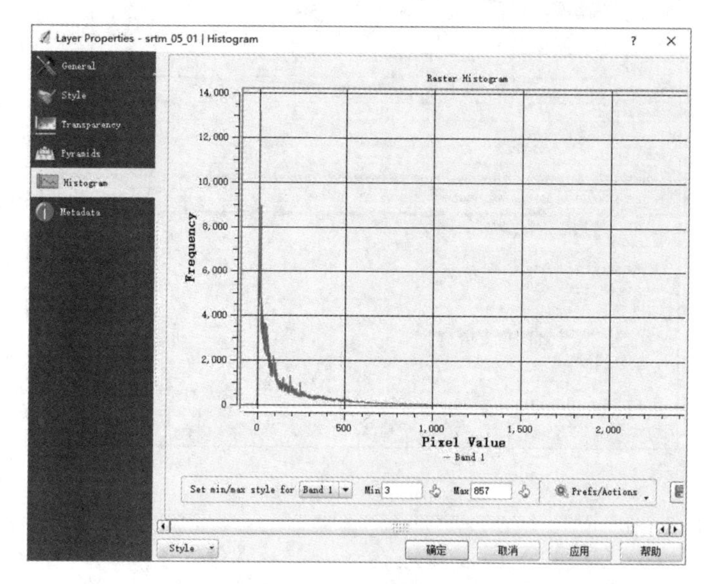

图 4.79　查看直方图

对于矢量层，可以使用 Vector/Analysis Tools 中的两个工具得到汇总统计：

（1）基本统计对于数值领域非常有用。它计算参数，如平均值和中值，最小值和最大值，特征计数 n，唯一值的数量等，为一个层的所有特征或只为选定的特征。

（2）List unique values 用于获取某个字段的所有唯一值。

在这两种工具中，都可以使用〈Ctrl＋C〉轻松地复制结果，并将其粘贴到文本文件或电子表格中。图 4.80～图 4.83 展示了探索机场样本数据集内容的例子。

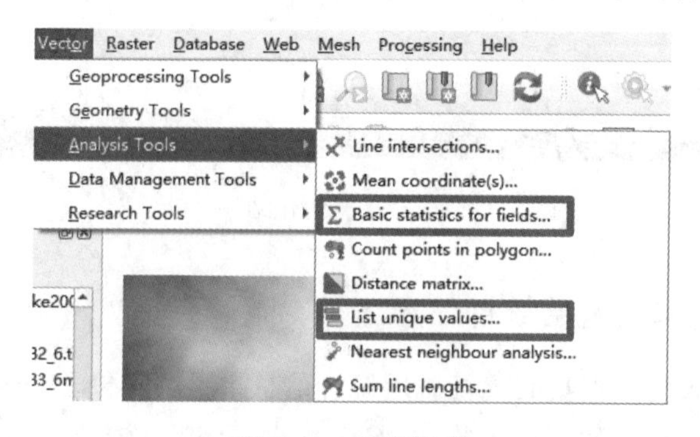

图 4.80　汇总统计

Basic statistics：双击刚刚操作得到的结果，跳到网页显示（图 4.81～图 4.82）。

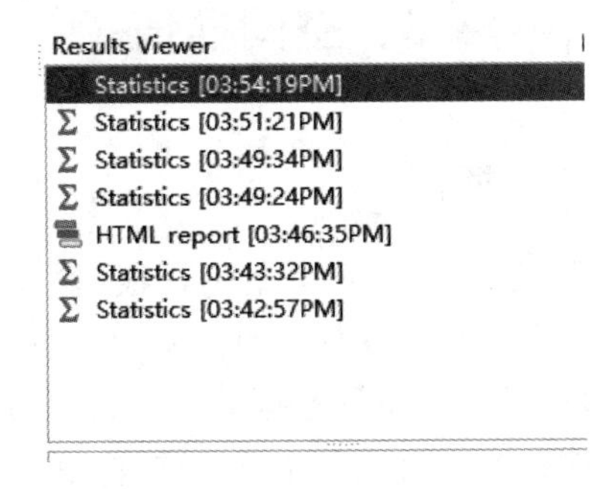

图 4.81　基本统计

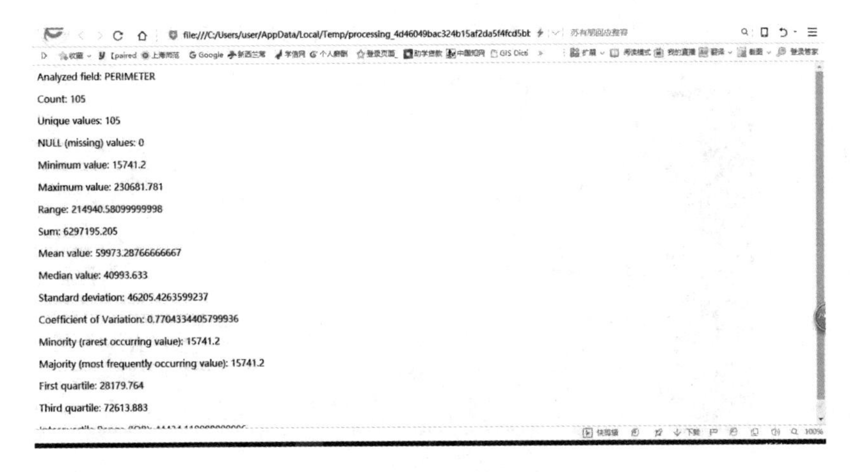

图 4.82　基本统计

基本统计工具的另一种替代方法是统计面板，可以通过主菜单/View/Panels/Statistics Panel 来激活它。如图 4.83 所示，这个面板可以定制来显示感兴趣的统计数据。

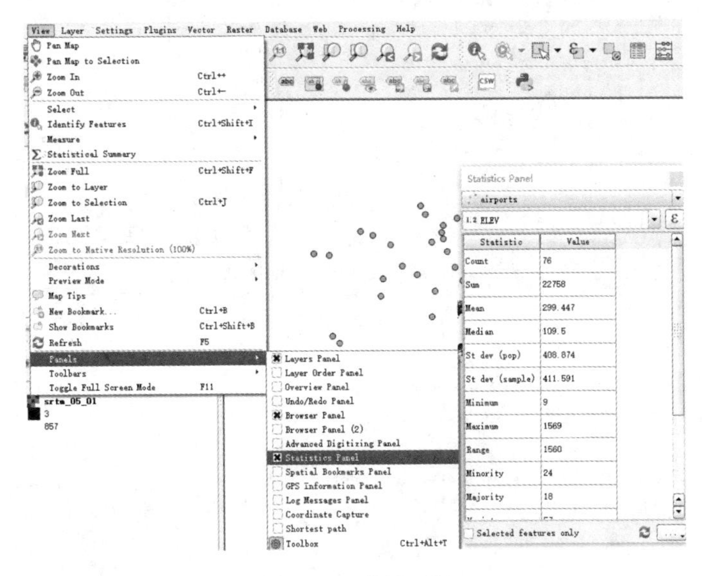

图 4.83　统计面板

4.3 空间插值

4.3.1 反距离权重（IDW）插值

Interpolation 是一种思想，通过一组已知的值，根据附加点与这些已知值的接近程度来估计它们的值。此部分展示了如何在使用有已知值的点位置来创建价值估计的连续曲面（栅格）。典型的例子包括基于气象站数据的天气数据估计（如温度或降雨图）、基于田间取样部分的作物产量估计，以及本例中基于取样点的高程估计。

通过 Plugin Manager 激活 Interpolation Plugin 插件（图 4.84）。

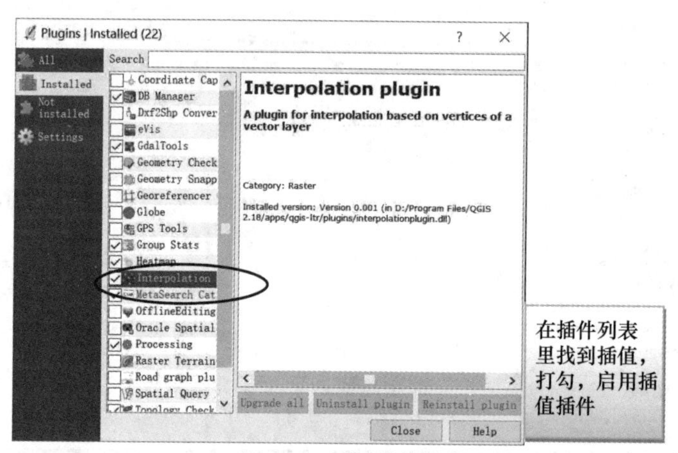

图 4.84　激活插件

加载具有数值列的点层，表示感兴趣的特性。对于这个部分，使用 poi _ name _ wake. shp 和 elev _ m 列，其中包含每个点的标高（以米为单位）（图 4.85）。

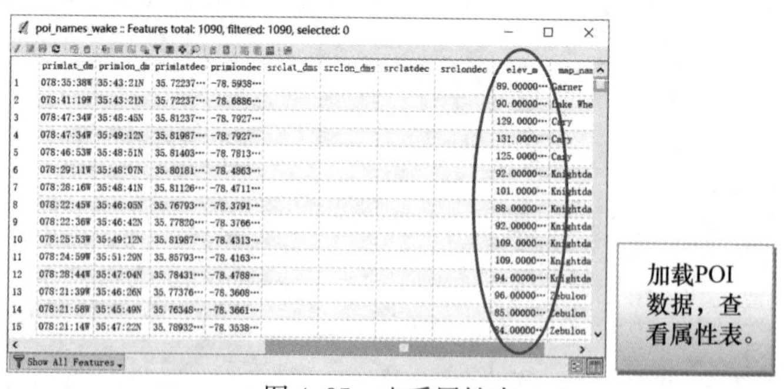

图 4.85　查看属性表

① 从加载 poi _ name _ wake 开始。

② 放大到图层范围（图 4.86）。

图 4.86　导航

③ 通过导航到 Raster/Interpolation/Interpolation，打开插值工具（图 4.87）。

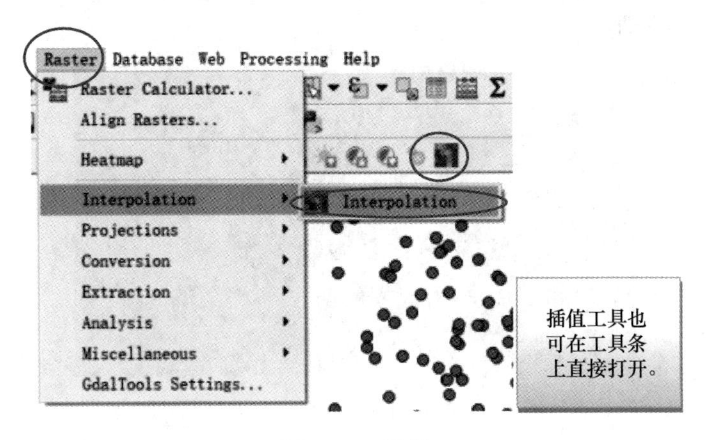

图 4.87 插值

注：它在 Raster 菜单上；源数据必须是矢量，但结果是栅格。

④ 选择 poi _ name _ wake 作为 Input。

⑤ 选择 elev _ m 作为 Interpolation attribute。

⑥ 单击 Add 按钮，选择应出现在左侧的框中。

⑦ 选择 Inverse Distance Weighted（IDW）作为插值方法。

⑧ 现在，设置 Extent 和 Cell Size 属性。在 Cellsize X 和 Cellsize Y 中，输入 100 和 100。这迫使输出单元格为当前投影的 100×100 单位。

注：通常如果是为了分析，将尝试匹配感兴趣的区域或其他光栅层。在这种情况下，只为寻找尺寸合理的单元格。由于地图在 UTM 中，因此希望单元格是表示公制单位的整数；100m×100m 使解释结果更容易。

⑨ 单击中间的 Set to current extent 按钮。

⑩ 若要设置输出路径以保存结果，在 Output file 旁边，单击标记为“...”。

⑪ 选择文件夹并键入一个没有文件扩展名的名称，如 idw100m（结果将是一个 ASCII raster.asc 文件）。

注：右上角的扳手工具会改变 P 值，它是分母中的指数，与更远的点相比，直接设定一个点对附近位置的影响大小。

⑫ 检查所有设置，然后单击 OK 按钮，如图 4.88 所示。

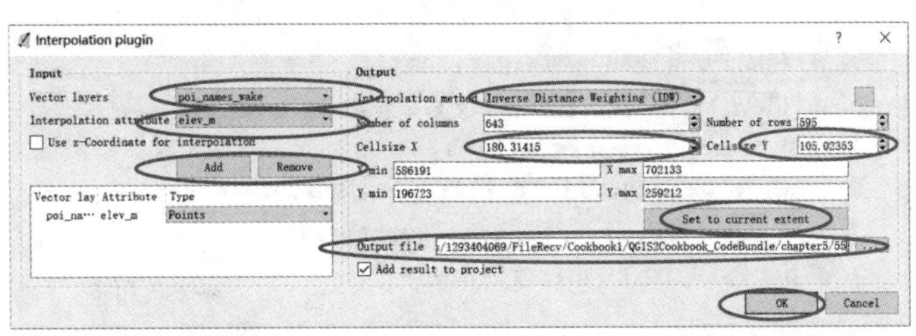

选择输入图层和字段，并添加，设置插值方法，x、y的单元格大小，并设置到当前范围，设置输出文件的名称和路径。

图 4.88 插值参数设置

⑬ 耐心等待结果，单元格的大小越小，列和数据点的数量越多，计算所需的时间就越长，如图 4.89 所示。

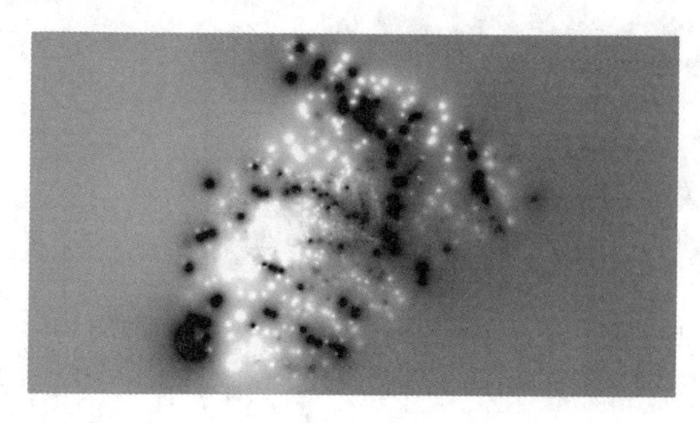

图 4.89　插值

基本思想是，在给定的单元格中，取所有附近点的平均值，这些点按它们与单元格的距离加权，以便估计当前位置的值。Inverse Distance Weighted（IDW）更进一步，将更多的权重赋予更接近给定单元的值，而对更远的值赋予更小的权重。该函数使用指数因子 P，从而大大增加了远距离点上更近点的作用（图 4.90）。

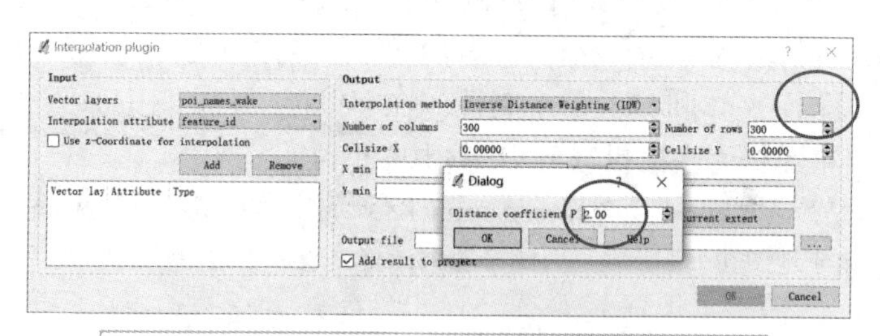

单击插值方法后的小方块，打开设置P的对话框。

图 4.90　反距离权重插值

如果结果不完全符合预期，有些参数是可以调整，这些参数主要是 P 值和单元格的大小。如果仍没有得到想要的结果，在 SAGA、GRASS 和 GDAL 工具箱下，还有其他一些可在处理过程中访问的插值工具，这些工具允许操作更多的公式参数来细化结果（图 4.91）。

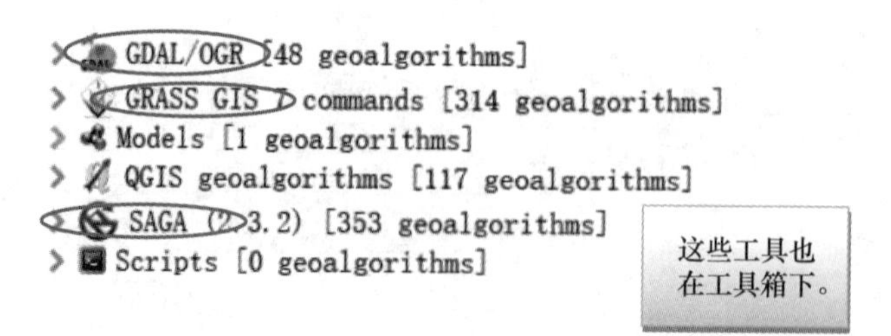

图 4.91　其他工具

最后根据数据显示，IDW 可能插值效果并不理想。实际上在这里的例子中，可以看到孤立点周围有不同的圆圈。这通常不是一个好的结果，需要一个更顺利的过渡到达附近的点。如果有任何控制现场取样开始，定期间隔的网格往往会提供更好的结果。

对于源数据没有控制或者没有得到想要的结果的情况，可以进一步研究其他更复杂的公式，以补偿样本的倾斜、强方向性、障碍物和不规则间距，例如样条或克里格，或Triangulated Irregular Networks（TINs）。在确定最佳参数的方法和诊断工具背后有大量的科学和统计数据。对于这个部分来说，这是一个过于复杂的话题，但它在地理统计学的书籍中有很好的报道。

4.3.2 克里金（Kriging）插值

克里金插值法是一种基于统计学的插值方法，又称空间局部插值法，原理是以区域化变量为基础，以变异函数为基本工具，对未知样点进行线性无偏、最优化估计。主要包括计算样本变异函数、根据变异函数对待估计数据建模、利用所建模型进行克里金插值估计和估计方差四大部分。

① 在 QGIS 中导入 DEM 和点高程数据（以大理市为例），如图 4.92 所示。

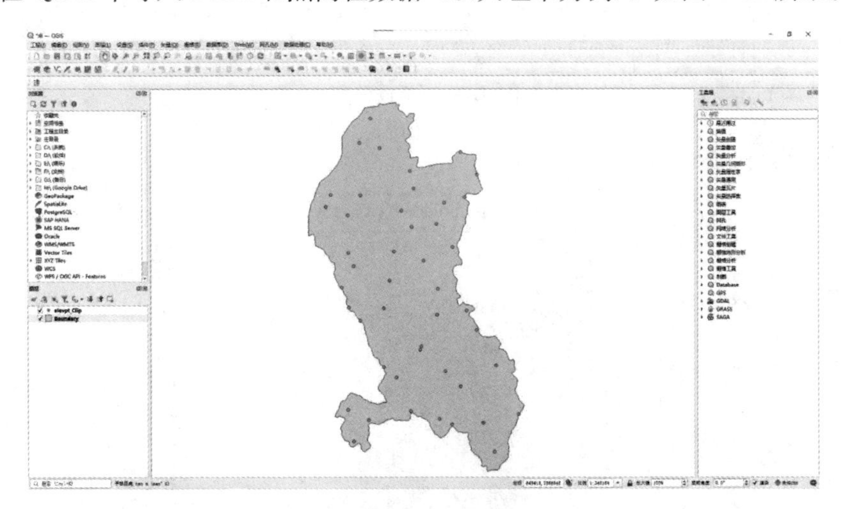

图 4.92 加载数据

② 在左下角搜索栏输入 Simple Kriging，选择使用克里金插值法，如图 4.93 所示。

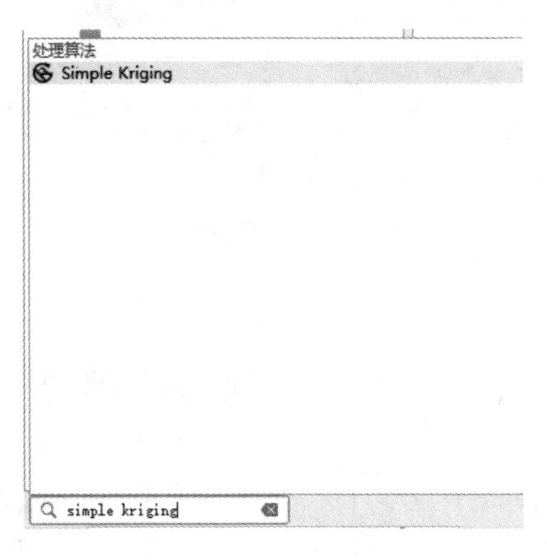

图 4.93 克里金插值

③ 打开后进行如下操作，并在对话界面进行如图 4.94 所示的相应的参数设置。

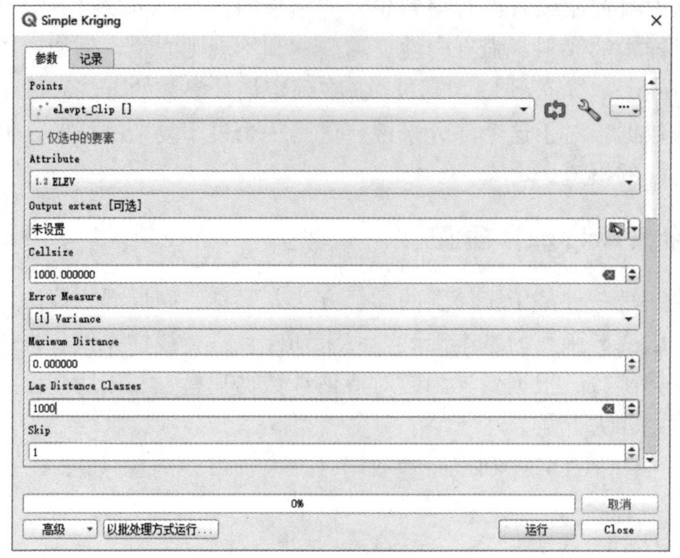

图 4.94 参数设置

④ 单击运行，结果如图 4.95 所示。

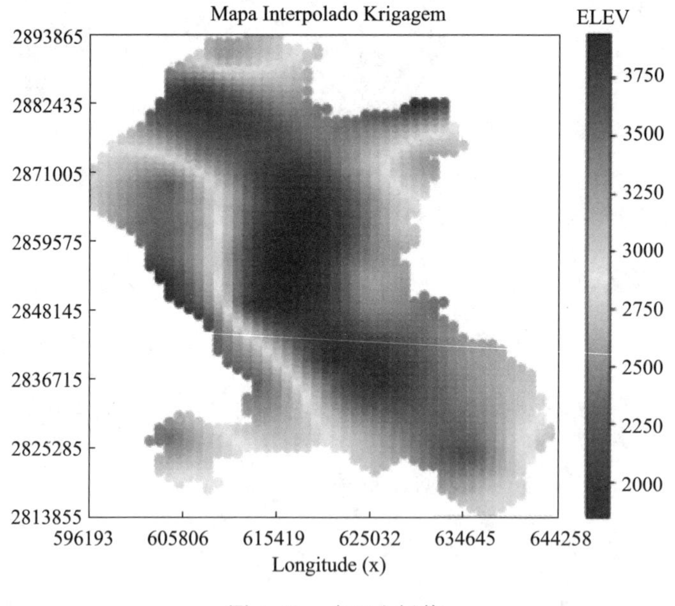

图 4.95 克里金插值

4.4 多元空间数据融合

多元空间数据融合是指将来自多个来源或多个传感器的地理空间数据集成在一起，以创建更全面、更丰富的地理信息。这种融合可以包括不同类型、不同分辨率、不同时间或不同空间范围的数据。多元空间数据融合的目标是提高数据的质量、可用性和信息价值，以支持更广泛的应用。

4.4.1　不同数据类型融合

数据类型融合包括将不同类型的地理数据整合在一起。例如，将遥感图像与地理信息系统（GIS）数据、地形数据、气象数据等结合，以获得更全面的地理信息。除了不同数据源外，数据类型融合还可以涉及不同维度的数据，例如时间、空间和属性。通过将时间序列数据、多层次的空间数据和多属性数据融合在一起，可以进行更深入的地理分析，如气候变化研究、城市规划和资源管理。

4.4.2　不同分辨率融合

有时候不同数据源具有不同的空间分辨率。多元空间数据融合可以将高分辨率数据与低分辨率数据结合，以获得更高的空间细节和全局视图。低分辨率数据通常覆盖更广泛的区域，但在细节上不如高分辨率数据精确。这里包括卫星观测中的全球遥感数据或传感器网络中的监测数据。高分辨率数据通常提供更详细的空间信息，例如更小的地物、更精细的地貌特征和更精确的位置信息。这种数据多来自卫星遥感、空中摄影或无人机图像。分辨率融合可以利用高分辨率数据的细节来增强地理信息。例如，在城市规划中，高分辨率的空中摄影图像可以用于建筑物检测，而低分辨率的土地覆盖数据可用于城市扩张分析。分辨率融合通常需要使用一系列数据处理方法，例如超分辨率技术、多分辨率分析、波段融合和分辨率匹配算法。这些方法有助于从不同分辨率的数据中提取有用的信息。通过融合高分辨率和低分辨率数据，可以增强数据的质量和可用性。这对于提高决策制定、资源管理和环境监测的准确性非常重要。

4.4.3　不同时空数据融合

时空融合是地理信息科学和地理信息系统（GIS）中的关键概念，它强调了将时间和空间两个维度的数据整合在一起，以便更好地理解和分析地理现象。时空融合允许我们将不同时间点的数据集成为一个完整的时间序列，以跟踪和分析地理现象随时间的演变。这对于监测地表变化、自然灾害预测、气象和气候研究等应用非常重要。通过时空融合，可以检测和分析地理现象的趋势和模式，如城市扩张、森林覆盖变化、海洋表面温度的季节性变化等。这有助于决策者更好地理解和应对地理问题。在自然灾害管理中，时空融合可以用于监测和预测灾害事件，如洪水、火灾、地震等。通过整合历史数据和实时数据，可以提高灾害响应的效率和准确性。这对于全球环境研究和政策制定至关重要。时空融合通常需要使用各种数据融合技术，包括时序分析、遥感图像时间序列分析、地理信息系统中的时空查询等。这些技术有助于将时间和空间数据有机地整合在一起。

4.4.4　数据融合方法

（1）光谱域处理

光谱域处理方法是一组用于处理遥感或光谱数据的技术，旨在从光谱信息中提取有关物体、地表或现象的有用信息。

① 光谱索引：这些方法使用特定的光谱波段或波段组合来计算各种光谱指数，例如植被指数（NDVI）、水体指数（NDWI）和土壤指数（NDSI）。这些指数可以用于检测植被健康、水体分布和土壤特性。

② 主成分分析（PCA）：PCA 是一种统计技术，用于将多光谱波段数据转换为较少数量的主成分或特征，以减少数据的维度并提取主要光谱信息。这有助于数据可视化和分类。

③ 光谱拟合和光谱库匹配：这些方法涉及将已知光谱库与光谱数据进行匹配，以确定样本中存在的物质或组分。

④ 光谱重采样：当需要将不同波段的数据进行比较或集成时，光谱重采样可用于将光谱数据转换为相同的波段或分辨率。

（2）空间域处理

① 滤波：滤波技术用于平滑、增强或检测图像中的特定特征。常见的滤波方法包括均值滤波、中值滤波、高斯滤波和边缘检测滤波。

② 图像增强：图像增强技术旨在改善图像的视觉质量，以使特定特征更易于识别。这包括直方图均衡化、对比度拉伸和直方图匹配等方法。

③ 波谱角度变换：这些方法使用不同的光谱变换技术，如 Fourier（傅立叶）变换、小波变换等，改变数据的表示方式以突出特定信息。

5　地理空间数据分析技术

5.1　矢量数据分析

本章将介绍一些最常见的 GIS 分析案例。其中包括最佳选址、使用插值、创建热图以及计算区域统计等方面。

5.1.1　缓冲区分析与叠置分析

最佳选址是一个相当常见的问题，例如，当规划商店或仓库地点或寻找新的公寓时。在此部分中，需要了解如何使用 Processing Toolbox 选项中的工具手动执行最佳站点选择，同时还将看到如何通过创建处理模型来自动化此工作流。

在本部分中的最佳地点选择中，结合不同的矢量分析工具，在威克县找到符合以下标准的可能位置。

（1）地点靠近一个大湖（距离 500m 以内）。

（2）地点靠近一所小学（距离 500m 以内）。

（3）地点在离高中合理的距离内（距离 2km 以内）。

（4）地点至少离一条主干道 1km（距离 1km 以外）。

要进行这一练习，请加载这些数据集：lakes. shp、school _ wake. shp 和 Road sma-inor. shp。

由于测试数据中的所有数据集已经使用相同的 CRS，所以能够正确地进行分析。如果使用的是不同的数据，必须首先将所有数据集中到同一个 CRS 中。在这种情况下，请参阅第一章的数据输入和输出部分。

下面介绍如何使用 Processing Toolbox 选项执行最佳站点选择。

（1）缓冲区分析

① 首先，必须过滤湖泊层，得到大湖。为此，从处理工具箱中使用 Select by Expression 工具，选择湖泊层，并在表达式文本框中输入 “Area” ＞1000000 和 “FTYPE” ＝ ‘LAKE/POND’，如图 5.1 所示。

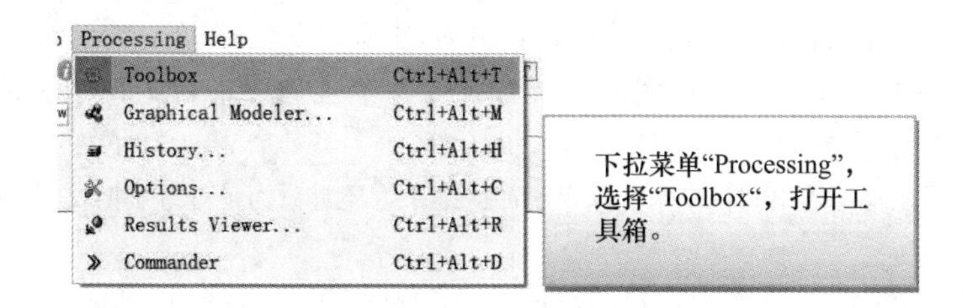

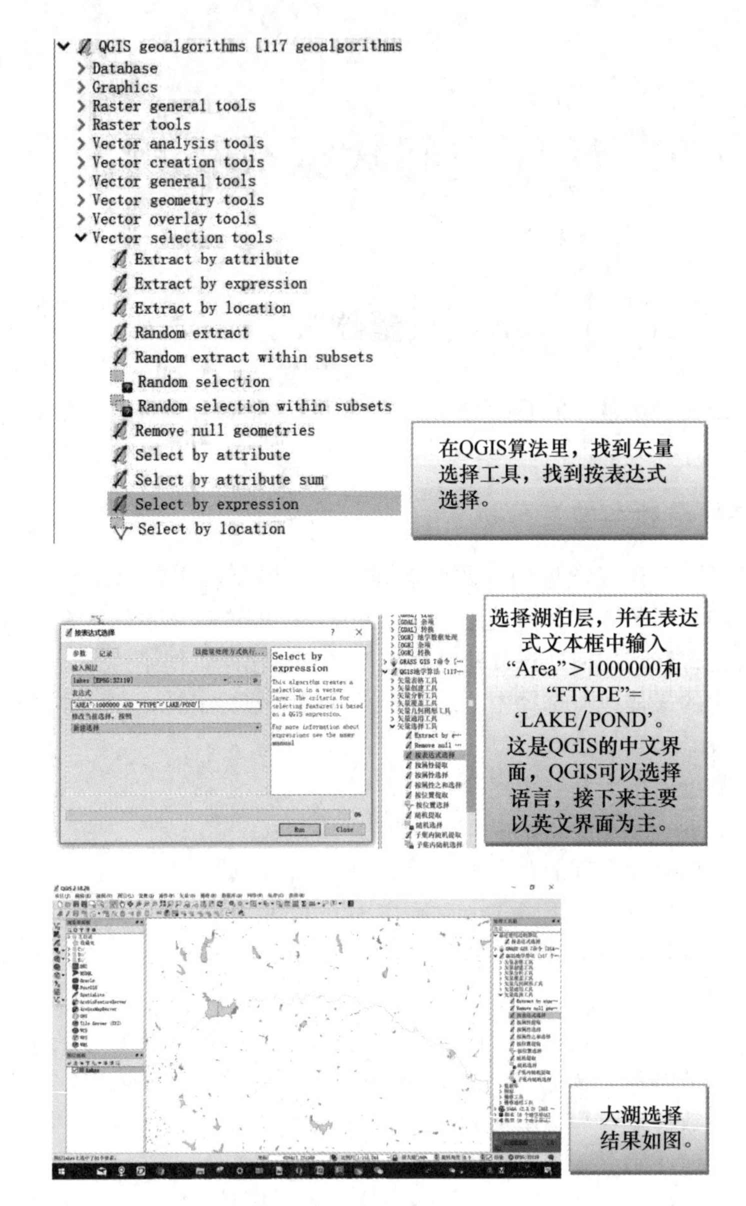

图 5.1　湖泊面积过滤结果展示

② 接下来，创建表现湖泊、学校和道路附近地区的缓冲区。使用 Processing Toolbox 选项中的 Fixed distance buffer 创建以下缓冲区：

a. 对于湖泊，选择 500m 的 Distance，并通过选中框设置 Dissolve result，如图 5.2 所示。通过溶解可以确保重叠的缓冲区将合并成一个多边形，否则每个缓冲区将保留为结果层中的一个单独要素。

注：可以选择是指定输出文件来永久保存缓冲区结果，还是只为了处理临时文件将缓冲区输出文件字段保留为空。

b. 要创建小学缓冲区，如图 5.3 所示，首先使用 Select by Expression 工具选择“GLEVEL” = “E” 的学校，然后使用缓冲区工具，操作与对湖泊缓冲区所做的一致。

c. 使用“GLEVEL” = “H”和 2000m 的缓冲距离对高中重复这一过程。

d. 最后，对于道路，创建一个 1000m 的缓冲区。

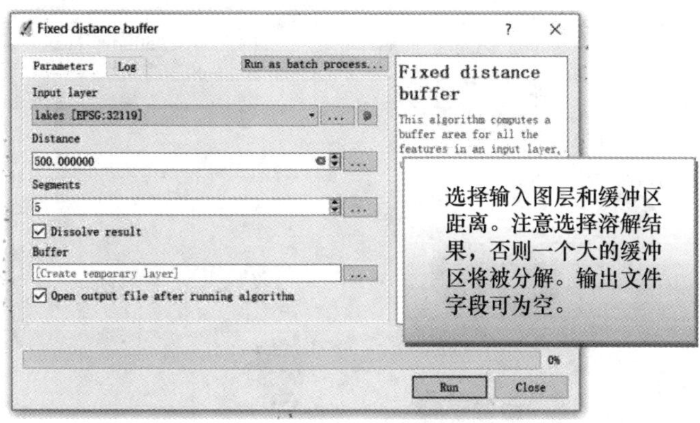

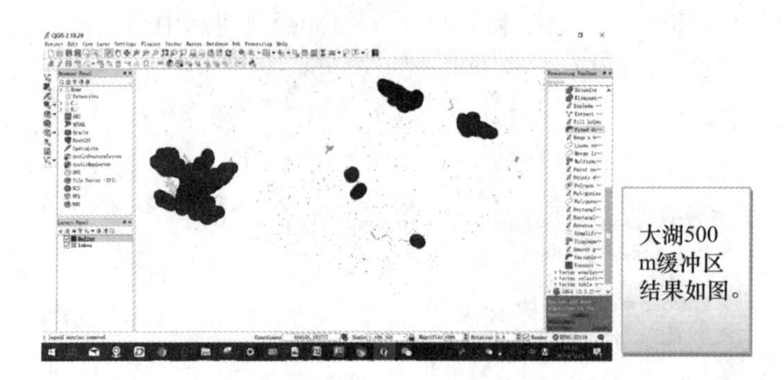
大湖500
m缓冲区
结果如图。
Vector geometry
Add geometry attributes
Aggregate
Boundary
Bounding boxes
Buffer
Centroids
QGIS3.6的缓冲
区分析在矢量几
何下的缓冲区。

图 5.2 溶解

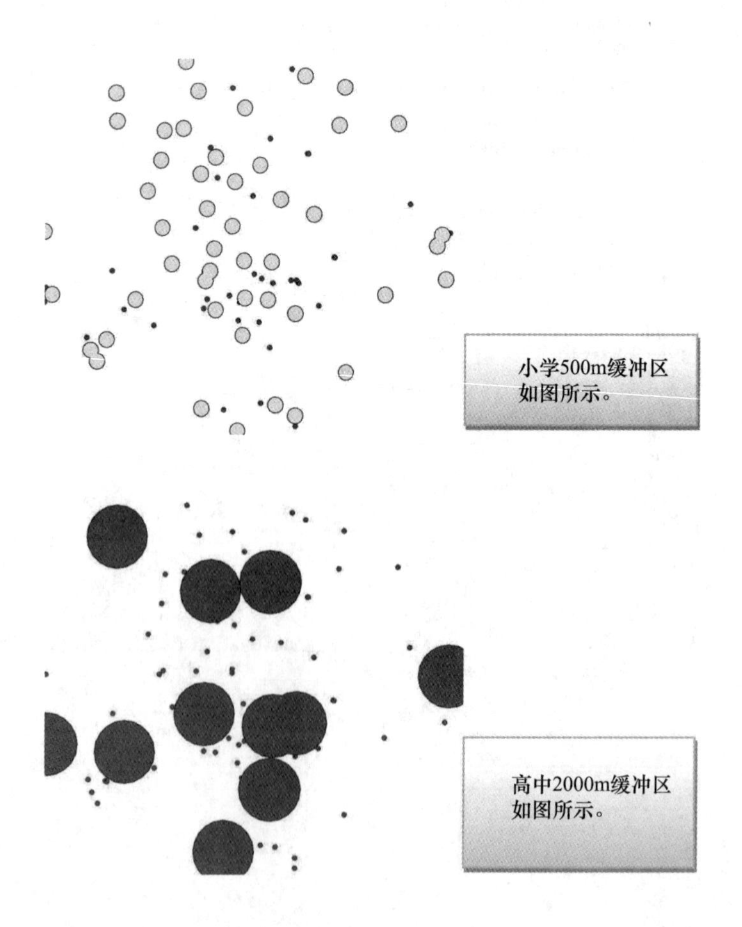
小学500m缓冲区
如图所示。
高中2000m缓冲区
如图所示。

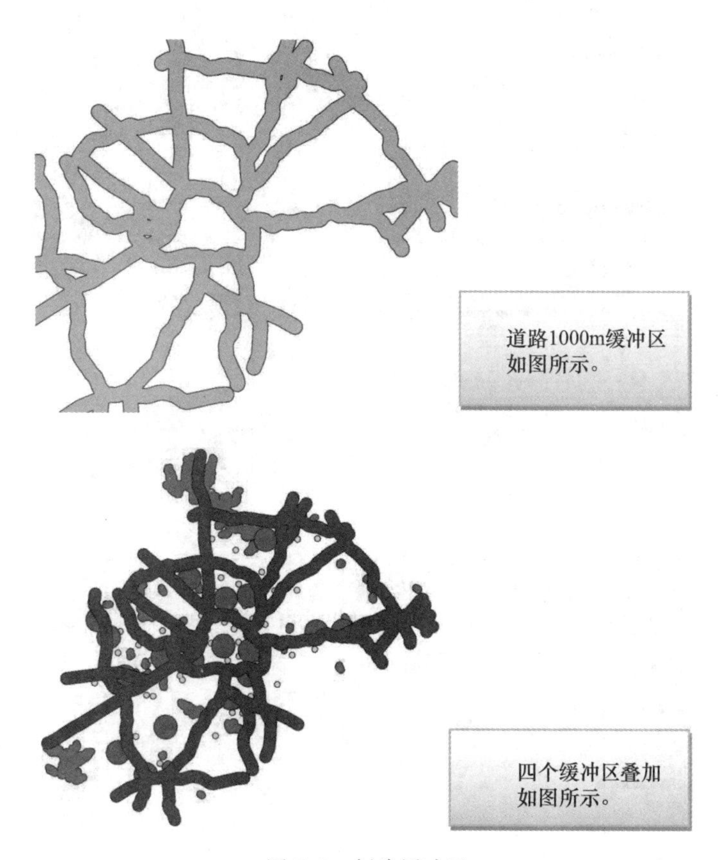

图 5.3 创建缓冲区

(2) 叠置分析

① 在所有这些缓冲区准备就绪之后，就可以合并它们（图 5.4）来实现以下规则：

a. 在小学和高中周围的缓冲区上使用来自 Processing Toolbox 选项的 Intersection 工具，以获得这两种学校类型附近的区域。

b. 在湖泊周围的缓冲区上使用 Intersection 工具和前一步的结果将结果限制在湖边地区。使用 Difference 工具将主要道路（即缓冲道路层）周围的区域从前面（交叉）步骤的结果中移除。

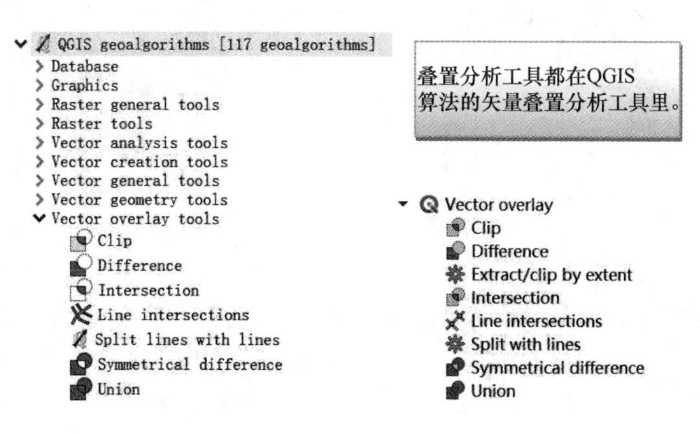

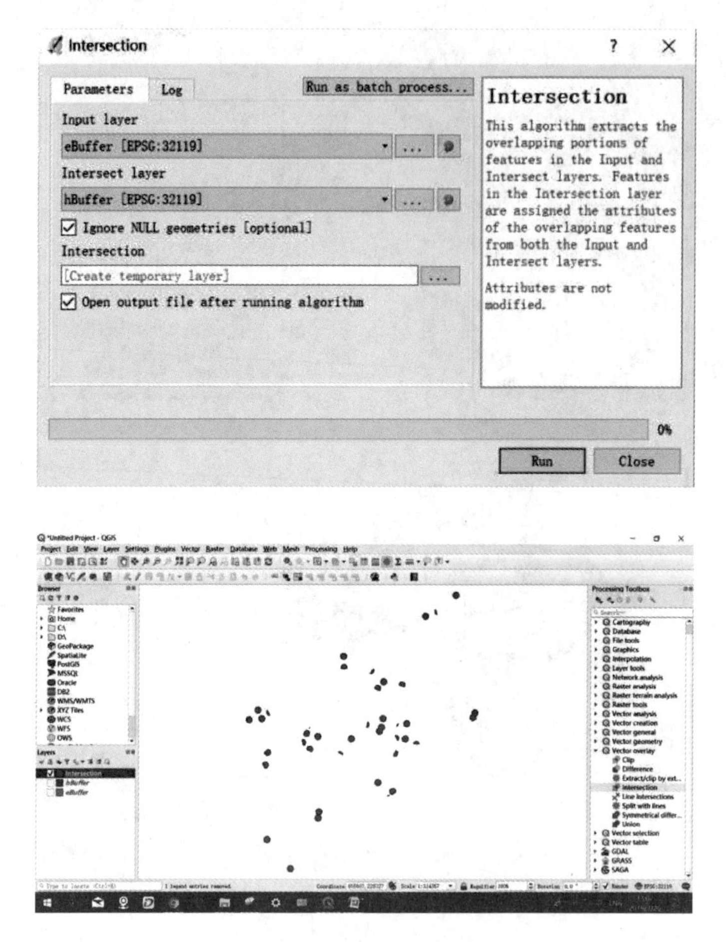

图 5.4　合并缓冲区

② 检查结果层以查看符合以前指定的所有标准的潜在站点，会发现只有一个区域靠近小学和高中，符合要求，如图 5.5 所示。

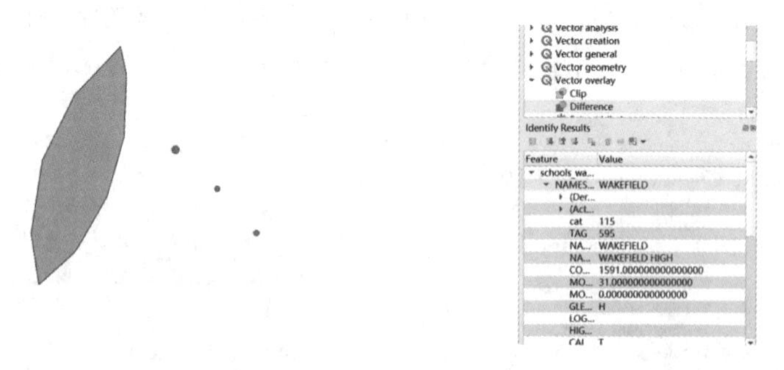

图 5.5　检查结果层

在第一步使用 Intersection 建模的要求，首选地点将接近一个小学和高中。稍后，在步骤（3）中，Difference 工具能够移除靠近主要道路的区域。图 5.6 概述了可用于类似分析的可用矢量分析工具。例如，Union 可以用来模拟要求，例如“至少接近一所小学或高中”。另外，Symmetrical Difference 将导致“接近小学或高中，但不是两者兼备”。

（3）自动化模型建立

如果幸运的话，便能够顺利地找到了一个符合所有标准的可能站点。但是情况并不尽如此，可能需要不停尝试调整标准以找到匹配的站点，而在这期间，使用不同的设置一次又一次地重复这些步骤是非常乏味和耗时的。因此，创建一个处理模型来自动化这个任务是个好方法。

模型（图 5.6）基本上包含了在手动过程中使用的工具，如下所示：

（1）使用两个 select by expression 实例来选择小学和高中。正如图 5.6 所示，使用 Select “GLEVEL” ＝ ‘E’ 和 Select “GLEVEL” ＝ ‘H’ 来命名这些模型步骤。

（2）为小学计算固定距离缓冲器 500m。这个步骤称为 Buffer “GLEVEL” ＝ ‘E’。

（3）为高中计算 2000m 的固定距离缓冲区。这个步骤称为 Buffer “GLEVEL” ＝ ‘H’。

（4）使用“按表达式选择”（指 Select big lakes 步骤）选择大湖泊，并使用 500m 的固定距离缓冲区（指 Buffer lakes 步骤）对其进行缓冲。

（5）使用 Fixed distance buffer 缓冲道路（指 Buffer roads 步骤）。缓冲区大小由名为 road _ buffer _ size. 的数字模型输入控制。您可以将这种使用附加输入控制模型参数的方法扩展到该模型中的所有其他缓冲区步骤。（为了保持模型截图的可读性，在此只选择演示一个示例。）

（6）使用 Intersection 获取学校附近的区域（指 Intersection：near schools 步骤）。

（7）使用 Intersection 获取学校和湖泊附近的区域（指 Intersection：schools and lakes 步骤）。

（8）使用 Difference 移除道路附近的区域（指 Difference：avoid roads step 步骤）。

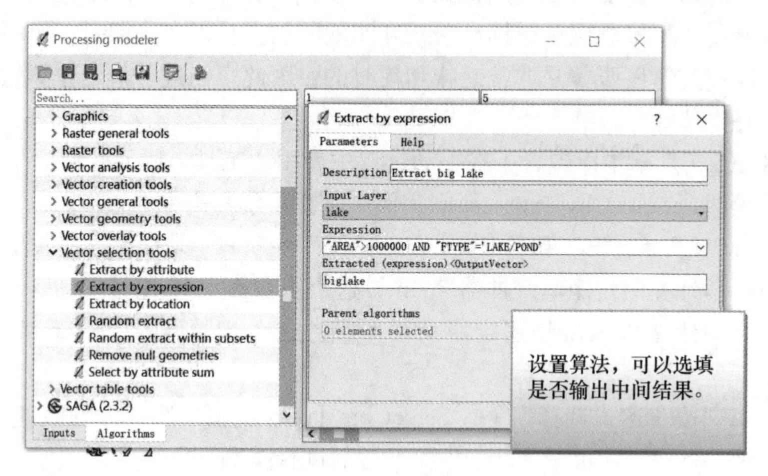
Processing modeler
Search...
Graphics
Raster general tools
Raster tools
Vector analysis tools
Vector creation tools
Vector general tools
Vector geometry tools
Vector overlay tools
Vector selection tools
Extract by attribute
Extract by expression
Extract by location
Random extract
Random extract within subsets
Remove null geometries
Select by attribute sum
Vector table tools
SAGA (2.3.2)
Inputs
Algorithms
Extract by expression
Parameters
Help
Description
Extract big lake
Input Layer
lake
Expression
"AREA">1000000 AND "FTYPE"='LAKE/POND'
Extracted (expression)<OutputVector>
biglake
Parent algorithms
0 elements selected
设置算法，可以选填是否输出中间结果。

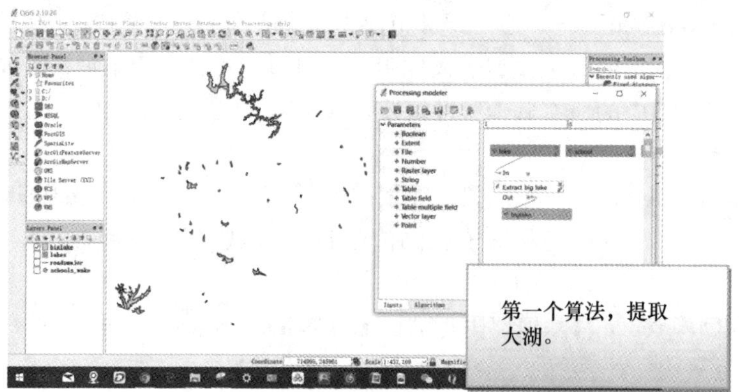
第一个算法，提取大湖。

图 5.6　建立自动化模型

最后的模型如图 5.7 所示。

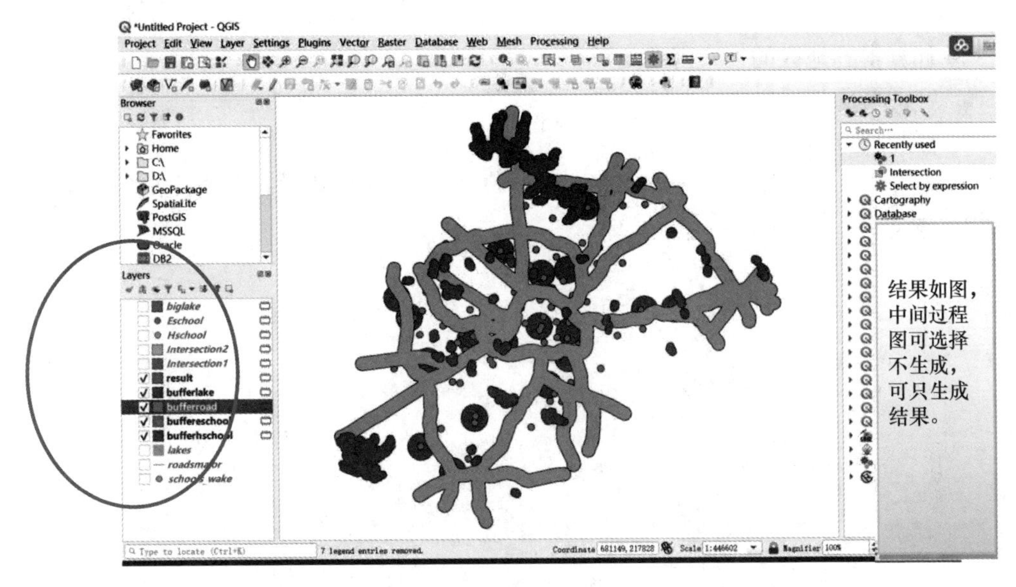

图 5.7　模型结果展示

可以通过 Processing Toolbox 选项运行此模型，甚至可以在其他模型中使用它作为构建块。值得注意的是，该模型以缓冲结果的形式（近小学、近高中等）产生中间结果。虽然这些中间结果在开发和调试模型时很有用，但在最后最好能够删除它们，这可以通过编辑缓冲区步骤和删除 Buffer〈OutputVector〉名称来完成。

5.1.2　分区密度制图

分区密度制图是一种常用的改进人口分布图的技术。默认情况下，人口是使用人口普查数据显示的，人口普查数据通常可供地理单位使用，例如人口普查区，其边界不一定反映人口的实际分布情况。为了更好地模拟人口分布，分区密度地图使我们能够绘制相对于土地利用的人口密度图。例如，通过将人口普查区（如水体或空置土地）从普查区移除，可以更准确地分配由普查区组织的人口数。

在这个部分中，使用关于人口密集的城市地区的数据，以及关于水体的数据来完善人口普查数据。

要遵循此操作，请加载 census _ wake2000 _ pop. shp 中的人口数据，以及城市地区和湖泊。

由于样本数据中的所有数据集已经使用了相同的 CRS，因此可以直接进行分析。如果使用的是不同的数据，那么首先必须将所有数据集放到同一个 CRS 中。

为了建立一个新的和更好的人口分布图，首先从人口普查区中移除无人居住的地区。然后通过执行以下步骤重新计算人口密度值，以反映对空间几何上的更改。

① 使用 Processing Toolbox 选项中的 Clip（或者使用 Vector/Geoprocessing tools 下的 Clip，两种方式没有区别，结果是相同的），在人口普查域和城市地区层上创建一个新的数据集，其中只包含在城市地区内的普查区域中的那些部分。

② 通过使用 Difference 工具去除水体（湖泊层），进一步细化前一步的结果，如图 5.8 所示。

③ 计算得到地区的人口密度如下：

a. 启用编辑。

b. 打开 Field calculator。

c. 使用" _POP2000" /（$Area/1000000）公式计算新的人口密度（每平方千米居民）（图 5.9）。

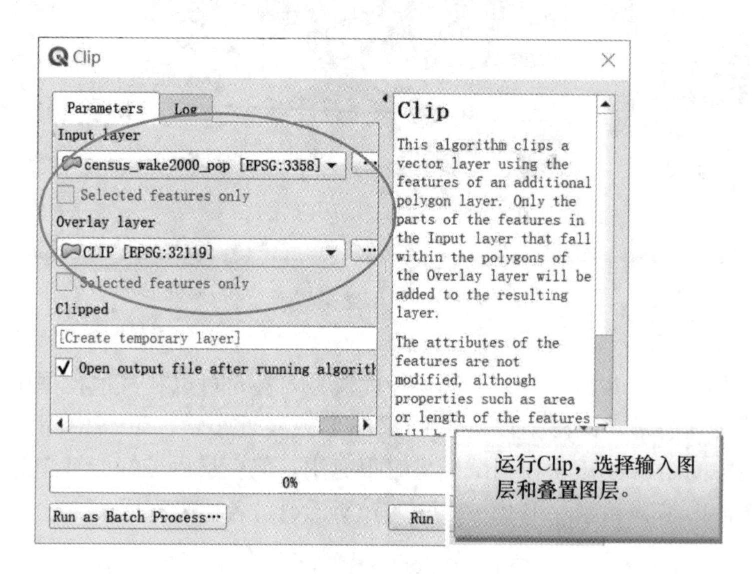

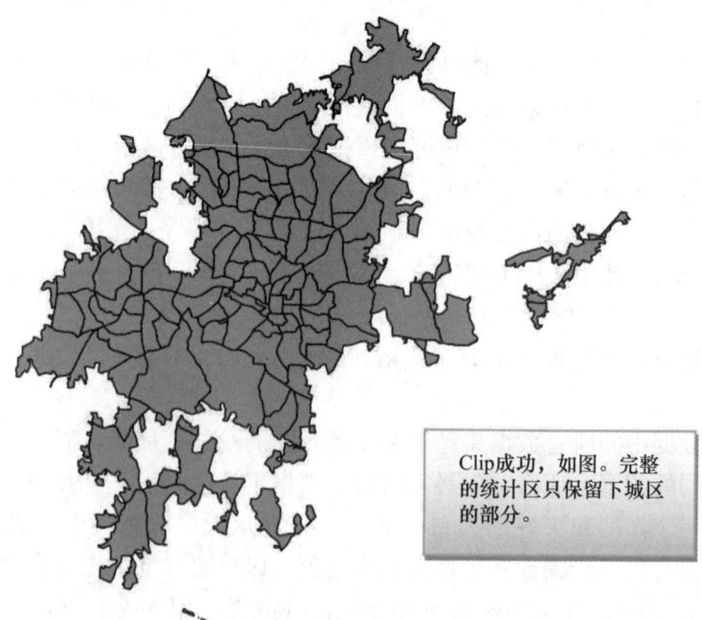

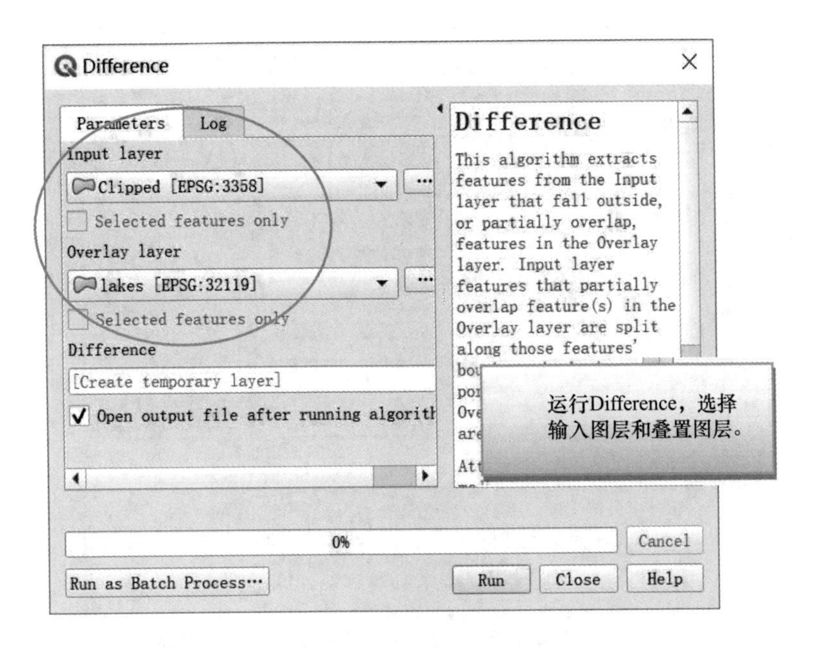
Difference
Parameters
Log
Input layer
Clipped [EPSG:3358]
Selected features only
Overlay layer
lakes [EPSG:32119]
Selected features only
Difference
[Create temporary layer]
Open output file after running algorith
Difference
This algorithm extracts features from the Input layer that fall outside, or partially overlap, features in the Overlay layer. Input layer features that partially overlap feature(s) in the Overlay layer are split along those features'
运行Difference，选择输入图层和叠置图层。
0%
Cancel
Run as Batch Process…
Run
Close
Help

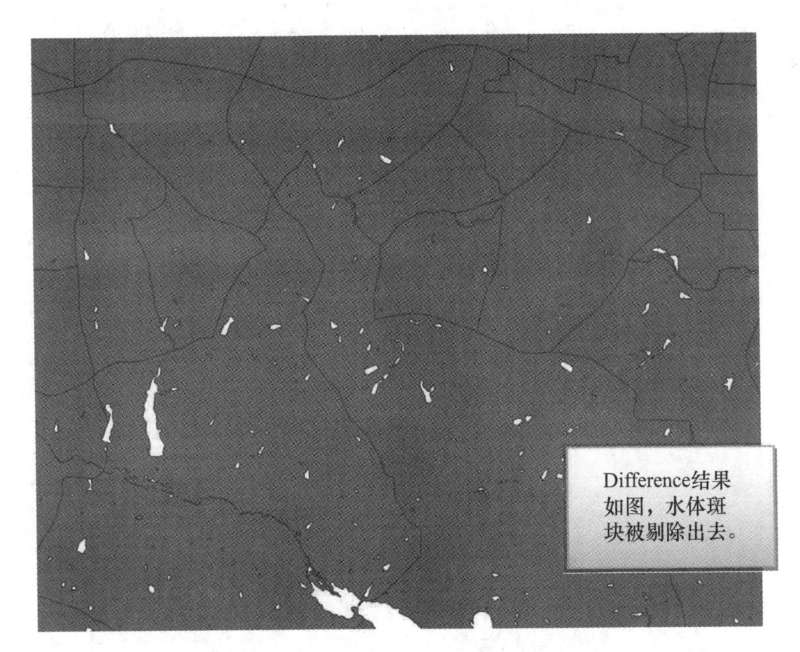
Difference结果如图，水体斑块被剔除出去。

图 5.8　去除水体（湖泊层）

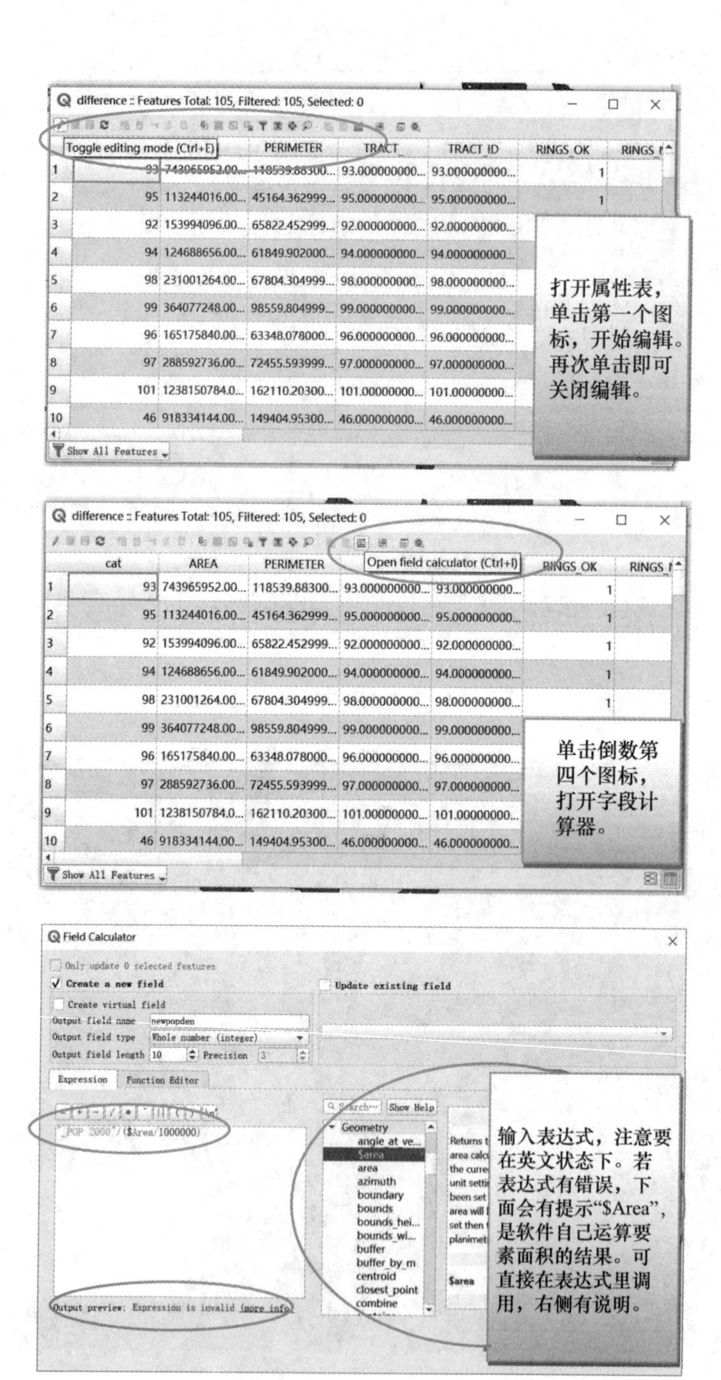

difference :: Features Total: 105, Filtered: 105, Selected: 0
Toggle editing mode (Ctrl+E)
打开属性表，单击第一个图标，开始编辑。再次单击即可关闭编辑。
Open field calculator (Ctrl+I)
单击倒数第四个图标，打开字段计算器。
Field Calculator
Create a new field
Update existing field
Output field name newpopden
Output field type Whole number (integer)
输入表达式，注意要在英文状态下。若表达式有错误，下面会有提示"$Area"，是软件自己运算要素面积的结果。可直接在表达式里调用，右侧有说明。

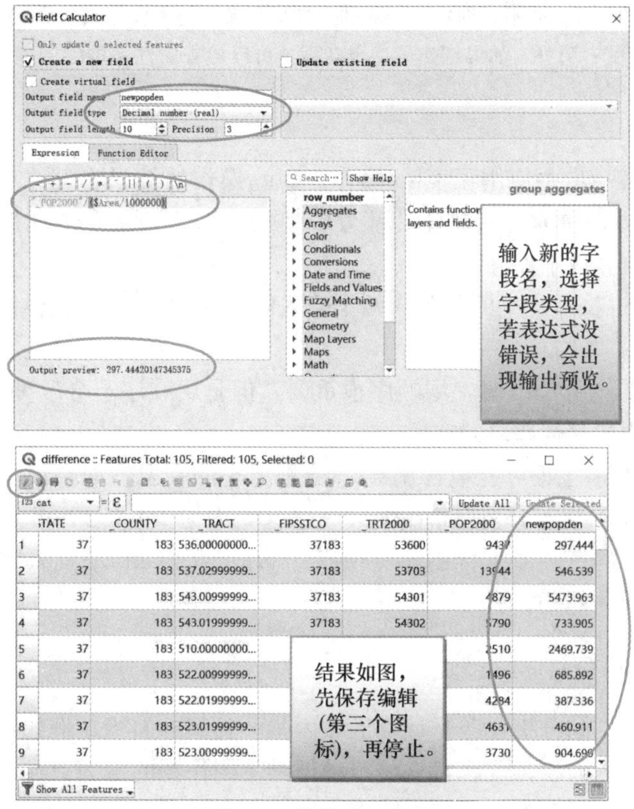

图 5.9　计算人口密度

④ 停用编辑并保存更改。

在完成之后，可以使用分级渲染器可视化结果，例如，自然中断（Jenks）分类模式。Jenks 自然中断分类旨在通过最大化不同类之间的差异，将值排列为“自然”类，同时减少生成类中的差异。图 5.10 显示了原始人口普查数据（右上侧）和根据数据绘制后的人口密度（右下侧）。

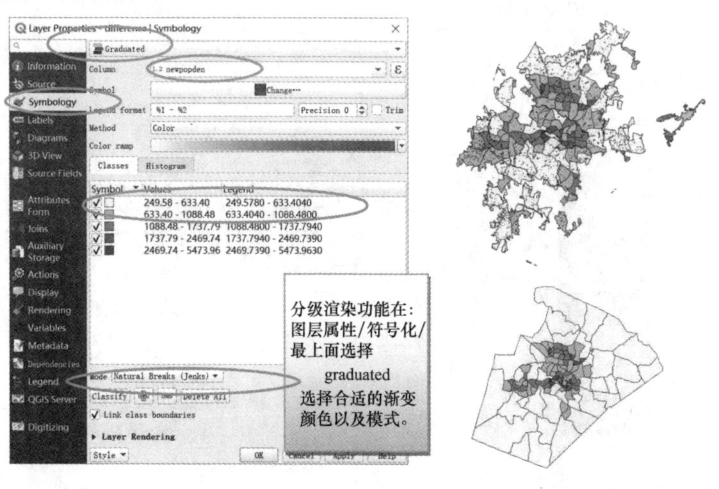

图 5.10　人口密度差异对比

注：值得注意的是，在此不必创建一个新列。如果只希望将密度值用于样式设置，也可以在样式配置中直接输入表达式；另外，如果创建了一个新列，可以检查属性表中的密度值，导出它们，或者进一步分析它们。

小结：

在此部分的第一步中使用了 Clip 操作。Clip 操作的结果看起来非常类似于 Intersection 工具的结果，在本章的前面的部分中使用了这个结果，选择最佳位置。比较这两个结果，将会看到以下差异。

由 Intersection 操作产生的层包含两个输入层的属性，而 Clip 操作的结果仅包含第一输入层的属性。

这也意味着在使用 Clip 时，层顺序很重要，但是层顺序不会改变 Intersection 的输出（除了属性表中的属性顺序）。

Intersection 结果也很可能包含比 Clip 结果更多的要素（如果使用样本数据：人口普查区和城市地区，则为 164，而不是 105）。这是因为 Intersection 工具需要为交叉的普查区和城市地区的每一个组合创建一个新的功能，而 Clip 工具只删除不属于任何城市地区的普查区域的部分。

5.1.3 计算区域统计

另一项经典的空间分析任务是计算区域内某一类型的面积，例如，某个县内被某些土地利用类型覆盖的面积，或在特定城市种植的不同作物的份额。在这个部分中，可以计算邮政编码地区的地质数据统计，特别是在每一个邮政编码区域内计算每种类型岩石的总面积。

要进行此部分，请从样本数据中加载 zipcode _ wake. shp 和 geology. shp。另外，使用 Plugin Manager 安装并激活 GroupStats 插件，如图 5. 11 所示。

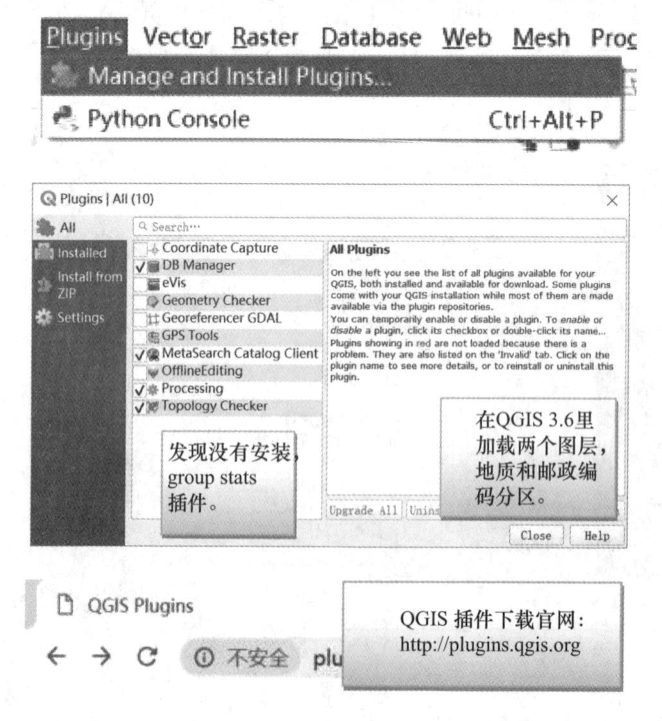

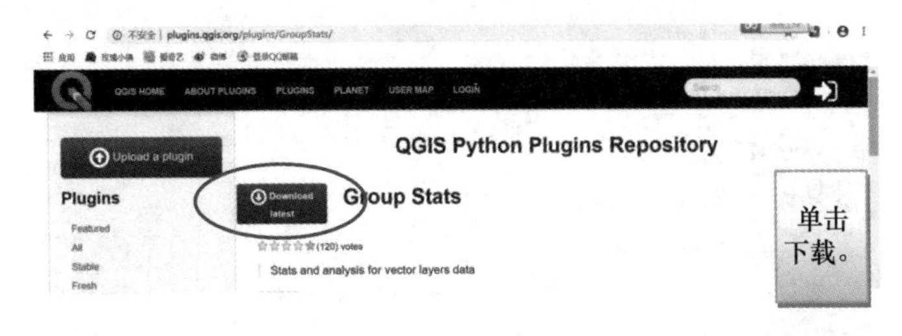
QGIS Python Plugins Repository
Upload a plugin
Plugins
Download latest
Group Stats
Stats and analysis for vector layers data
单击下载。

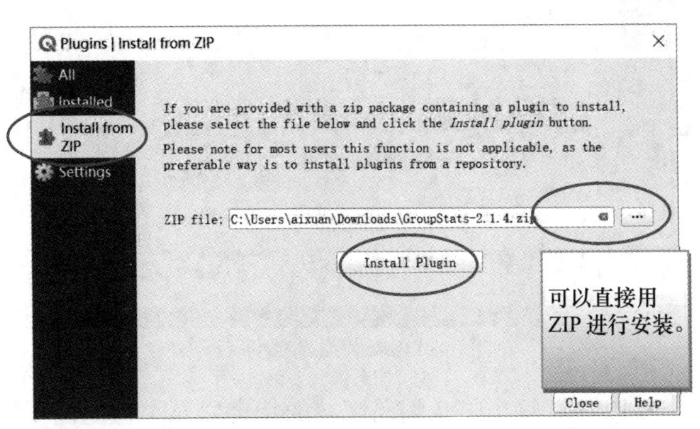
Plugins | Install from ZIP
All
Installed
Install from ZIP
Settings
If you are provided with a zip package containing a plugin to install, please select the file below and click the Install plugin button.
Please note for most users this function is not applicable, as the preferable way is to install plugins from a repository.
ZIP file: C:\Users\aixuan\Downloads\GroupStats-2.1.4.zi
Install Plugin
可以直接接用ZIP进行安装。
Close
Help

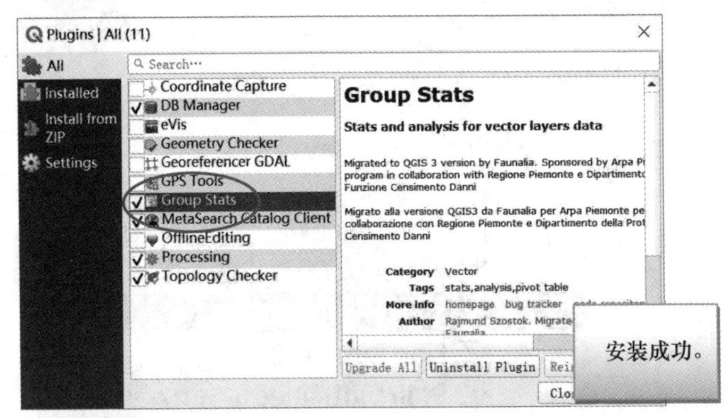
Plugins | All (11)
All
Installed
Install from ZIP
Settings
Search…
Coordinate Capture
DB Manager
eVis
Geometry Checker
Georeferencer GDAL
GPS Tools
Group Stats
MetaSearch Catalog Client
OfflineEditing
Processing
Topology Checker
Group Stats
Stats and analysis for vector layers data
Category Vector
Tags stats,analysis,pivot table
More info homepage bug tracker
Author Rajmund Szostok.
Upgrade All
Uninstall Plugin
安装成功。

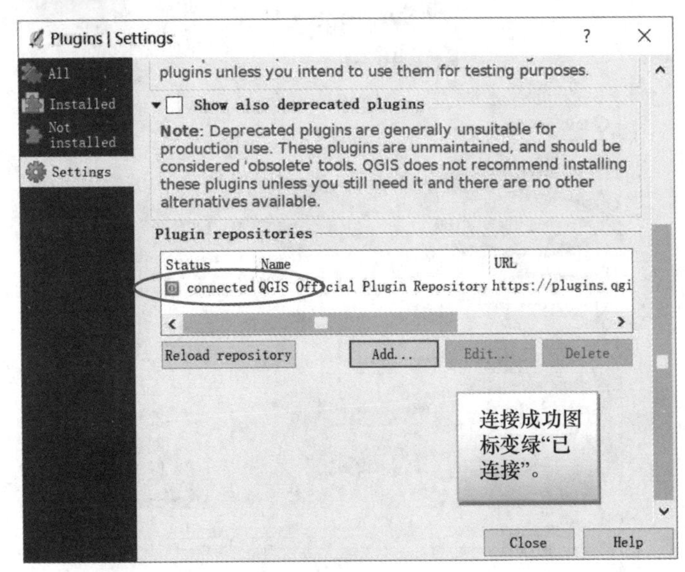
Plugins | Settings
All
Installed
Not installed
Settings
plugins unless you intend to use them for testing purposes.
Show also deprecated plugins
Note: Deprecated plugins are generally unsuitable for production use. These plugins are unmaintained, and should be considered 'obsolete' tools. QGIS does not recommend installing these plugins unless you still need it and there are no other alternatives available.
Plugin repositories
Status
Name
URL
connected QGIS Official Plugin Repository https://plugins.qgi
Reload repository
Add...
Edit...
Delete
连接成功图标变绿"已连接"。
Close
Help

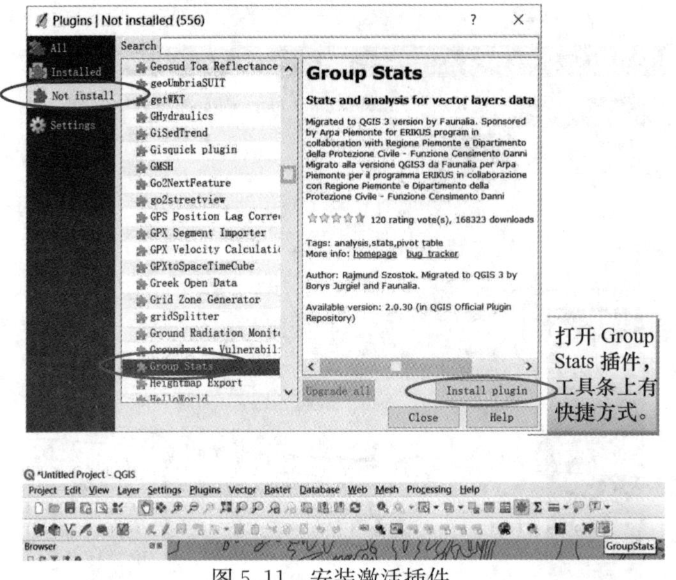

图 5.11　安装激活插件

使用以下步骤，可以计算每个邮政编码区域的特定岩石类型的面积：

① 使用 Processing Toolbox 选项中的 Intersection 工具或从 Vector 菜单中计算邮政编码区域和地质区域之间的交叉区域，如图 5.12 所示。

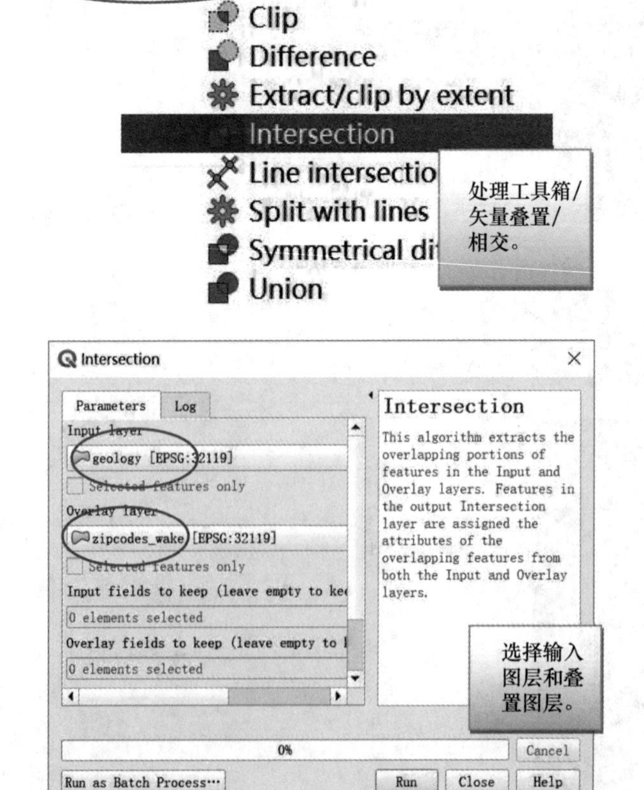

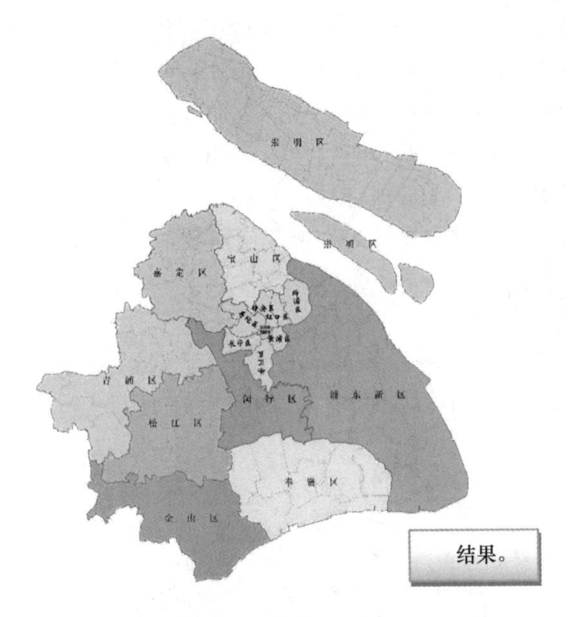

图 5.12 计算交叉区域

② 使用 GroupStats 插件，可以计算每个岩石类型的总面积和每个邮政编码区域内岩石类型的情况，如图 5.13 所示。

a. 选择 Intersection 结果层作为 Layer。

b. 将 zipcode 字段拖到 Rows 输入区域，并将 GEO _ name 字段拖到 Columns 输入区域。

c. 将 sum 函数和 Area 值拖到 Value 输入区域。

d. 单击 Calculate 开始计算。

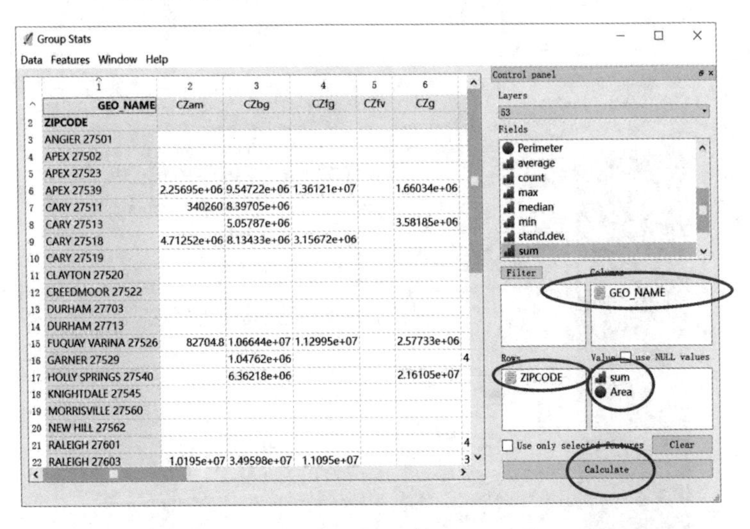

图 5.13 GroupStats 插件的计算

GroupStats 插件将通常称为枢轴表的功能引入到 QGIS 中。枢轴表是一种数据摘要工具，它通常存在于应用程序中，如电子表格或商业智能软件中。如本例所示，透视表可以从输入表聚合数据。此外，GroupStats 插件还提供了扩展的几何功能，例如多边形输入层的 Area 和 Perimeter，或线层的 Length。因为不需要先使用 Field calculator 将这些几何值添加到属性表中，这使得使用插件更加方便。

值得注意的是，需要将以下两个条目放入 Value 输入区域：

（1）聚合函数，如和、平均值或计数。

（2）值字段（来自输入层的属性表）或几何函数，包括那些进行聚合的数据。

5.1.4 估算密度热图

从样本数据中加载 poi _ name _ wake. shp POI 数据集。确保在 Plugin Manager. 中启用了默认随 QGIS 附带的 Heatmap 插件，如图 5.14 所示。

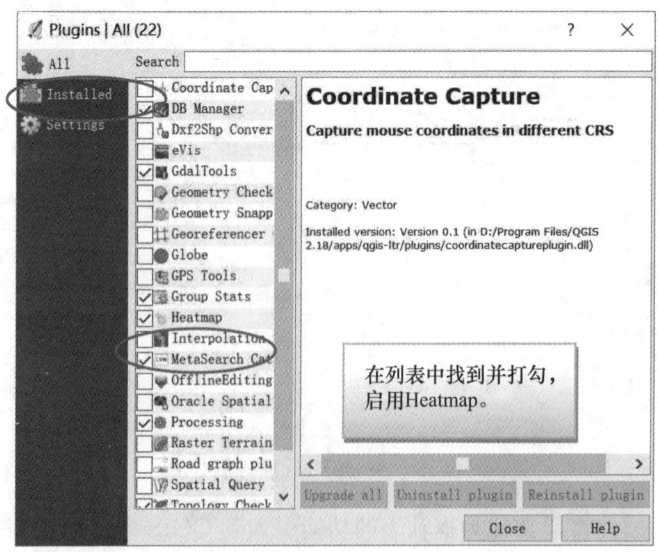

图 5.14　启用 Heatmap 插件

使用以下步骤，可以计算 POI 热图：

① 从 Raster 菜单中启动 Heatmap 插件，如图 5.15 所示。

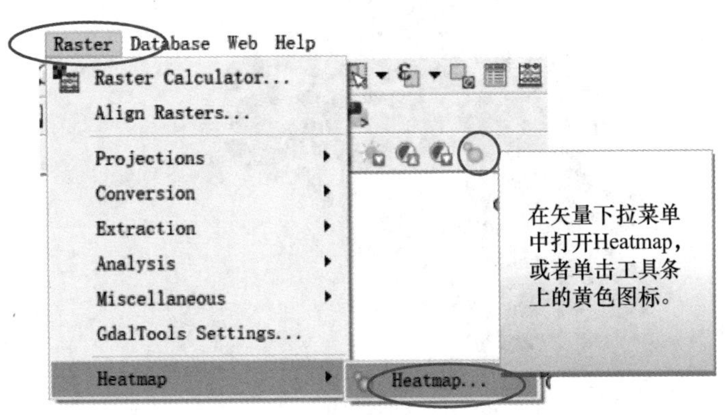

图 5.15 启动 Heatmap 插件

② 确保选择 poi _ name _ wake 作为 Input point layer。

③ 为 Output raster 选择一个位置和文件名。这里不需要指定文件扩展名，因为这将根据选定的 Output format 自动添加。GeoTIFF 通常是首选。

④ 选择 1000 meters 的搜索 Radius。

⑤ 默认情况下，应激活 Add generated file to map 选项。单击 OK 创建默认热图，如图 5.16 所示。

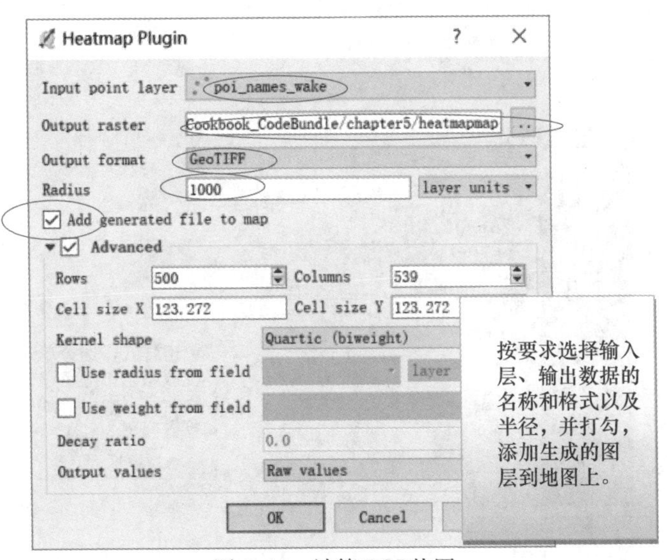

图 5.16 计算 POI 热图

⑥ 默认情况下，热图层将使用 Singleband gray 类型呈现。将呈现类型更改为 Singleband pseudocolor，并将斜坡赋予适合的颜色以提高可视化效果，如图 5.17 所示。

注：如果要控制输出光栅的大小，只需启用 Advanced 部分，并相应地调整 Rows 数和 Columns 数或 Cell size X 和 Cell size Y。注意，更改行和列将自动重新计算单元格的大小，反之亦然（图 5.18）。

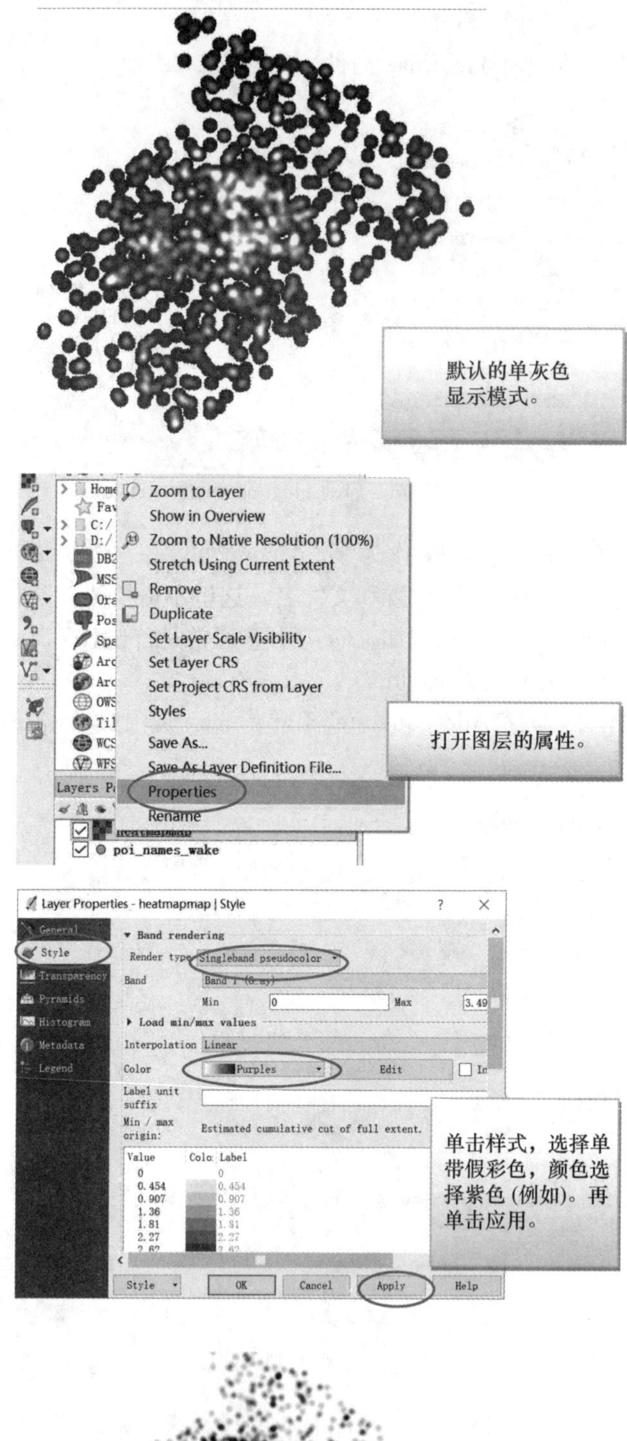

图 5.17　更改热图层呈现类型

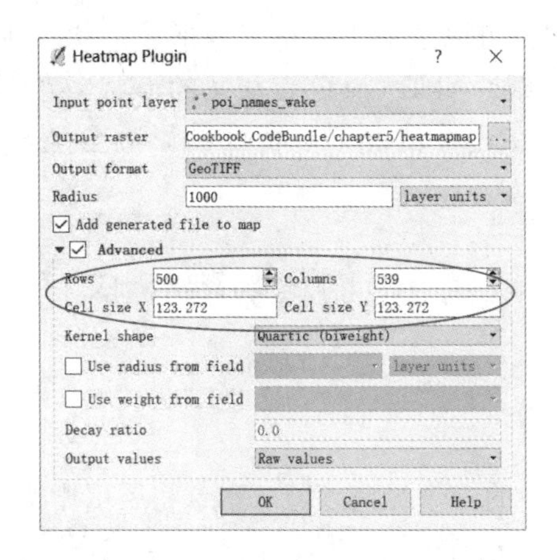

图 5.18　控制输出光栅的大小

搜索半径（也称为内核带宽）决定了热图的平滑程度，因为它设置了每个点周围的距离，从而感受到了该点的影响。因此，较小的半径值会导致显示更精细细节的热图，而较大的值则会导致更平滑的热图。

除了内核带宽之外，还有不同的内核形状可供选择。内核形状控制点影响着随距离的增加而减小的速率。在 Heatmap 插件中可用的内核形状可以在图 5.19 中看到。例如，Triweight 内核（第一个位于最后一行）创建的热点比 Epanechnikov 内核（底部的第二个）更小，因为 Triweight 权重形状对点的距离越近具有的影响越大。

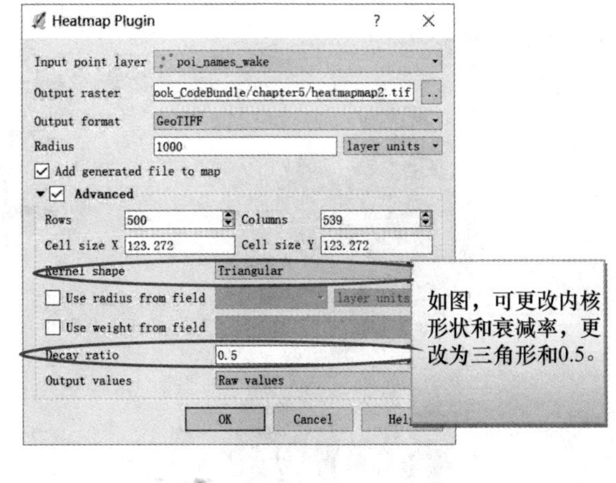

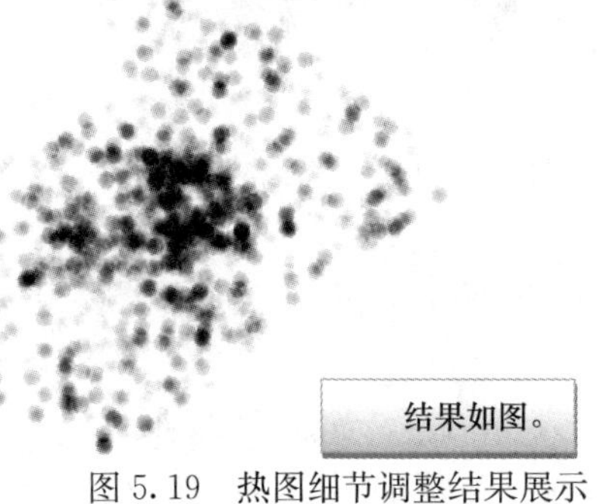

图 5.19　热图细节调整结果展示

利用 Decay ratio 设置，可以进一步调整三角形核形状。在图 5.17 中，可以看到 0（实心红线）、0.5（虚线黑线）和 1（黑色点线）的形状，它等于均匀的内核形状，甚至可以指定大于 1 的值。在这种情况下，特征的影响会随着距离的增加而增加，如图 5.19所示。

5.2 栅格数据分析

5.2.1 三维分析

栅格分析是 GIS 分析中的一个经典领域。本章将展示栅格分析中一些最重要和最常见的任务。高程数据通常作为栅格层存储，在这种格式下，它特别适合进行大量的分析。因此，地形分析传统上一直是栅格分析的主要领域之一，在此将会展示一些与数字高程模型（DEM）相关的最常见操作，从简单的分析（如坡度计算）到更复杂的分析（如河网划分或流域提取）。

（1）栅格计算器

栅格计算器是 GIS 中最灵活、最通用的工具之一。这允许执行基于栅格层的代数操作，并计算新层。

打开 catchment _ area. tif 文件。该文件应该类似于图 5.20 中的图片：

① 打开“处理工具箱”选项，并使用“搜索”框查找名为“栅格计算器”的算法。双击该算法项，如图 5.20 所示。

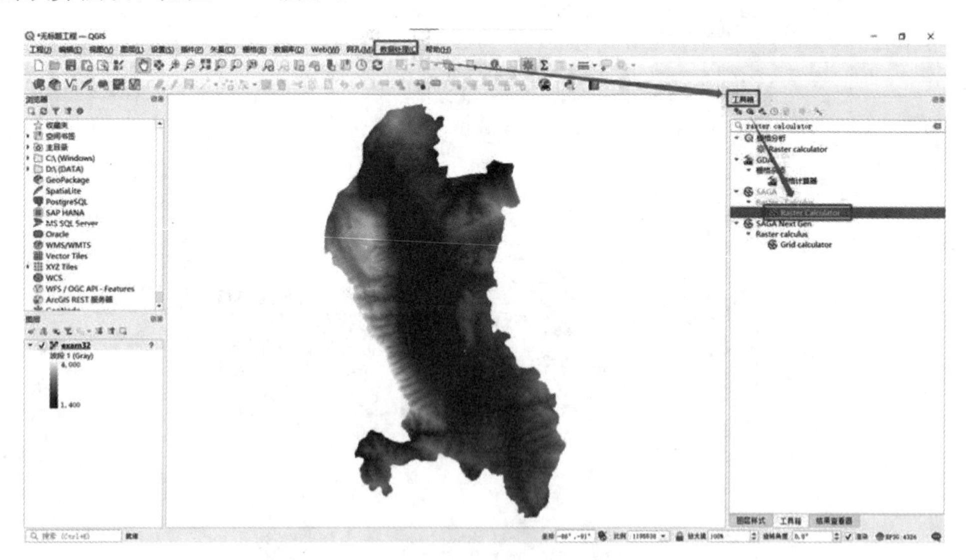

图 5.20　查找“栅格计算器”

② 单击“输入层”字段中的按钮，打开图层选择器。只有一层可用：catchment _ area. 选择这一层。

③ 在 Formula 字段处，输入 ln（a），如图 5.21 所示。

④ 单击“运行”以运行算法。生成的图层将添加到 QGIS 项目中，如图 5.22 所示。

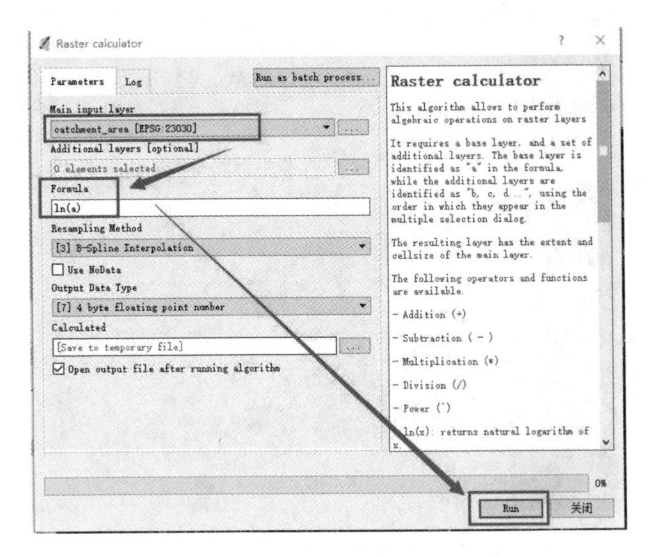

图 5.21 字段计算器参数设置

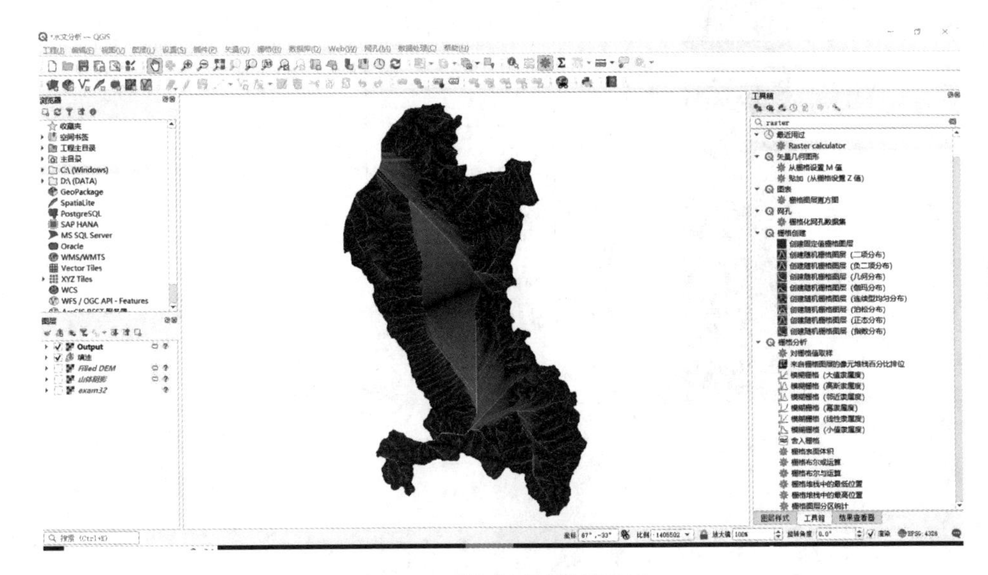

图 5.22 算法运行结果展示

在层选择器中选择的层被称为使用字母顺序的单个字母（第一层为 a，第二层为 b，以此类推）。在这种情况下，因为只选择了一层，所以只将其称为公式中的一个层 a。

公式计算流域区层中每个像元值的自然对数。该层中的值分布不均匀，因为它包含大量具有低值的单元，且仅有少数具有非常大的值的单元。这使得层的渲染在色带中的大部分颜色没有提供信息，甚至没有被使用。

结果层的信息量要大得多，因为应用对数会改变值的分布，从而导致更明显的渲染。

右击图层属性可以查看像元统计的直方图，如图 5.23 所示。

QGIS 包含一个栅格计算器模块之外的处理，可以通过导航找到 Raster/Raster calculator，如图 5.24 所示。

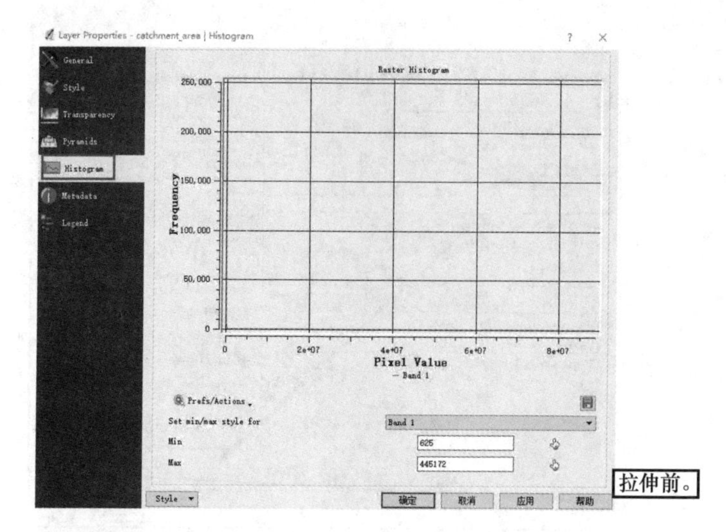

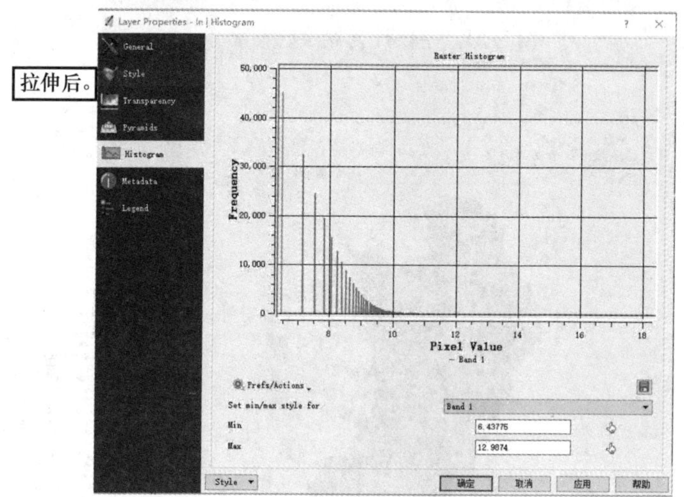

图 5.23 拉伸前后对比

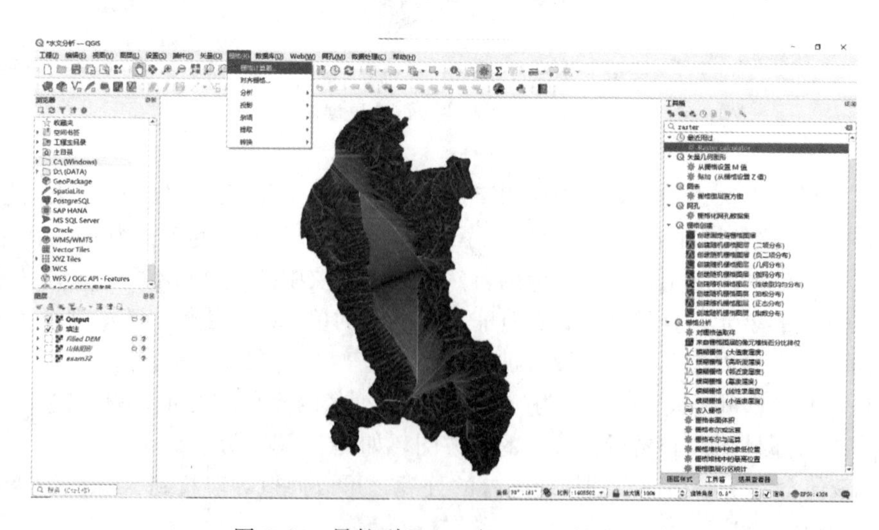

图 5.24 导航到 Raster/Raster calculator

这个界面像一个实际的计算器，它更直观并对用户很友好，也可以使用它来计算对数。这不能在自动化过程中使用，例如脚本或图形模型，它们只适用于处理算法。另一方面，QGIS 内置计算器支持多带层，而处理层仅限于单带层，如图 5.25 所示。

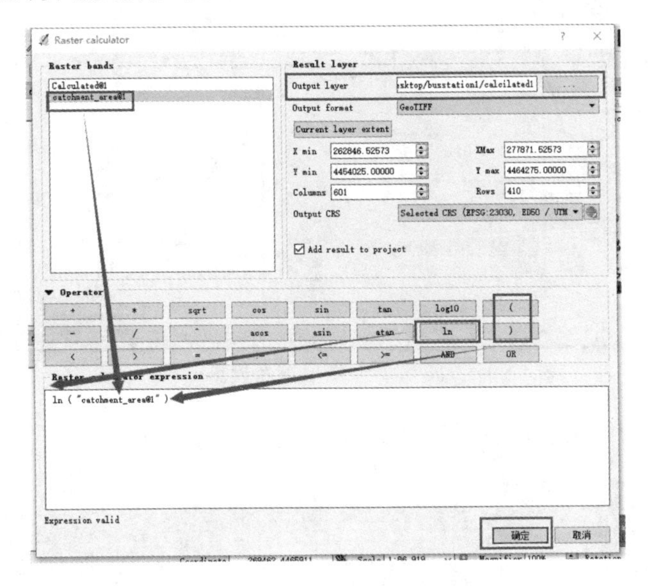

图 5.25　内置计算器设置

计算结果同图 5.22。

(2) 地形分析

接下来将会展示如何在 QGIS 中进行地形分析。地形分析算法在作为输入的 DEM 中具有一定的特性，因此了解它们并在需要时做好 DEM 的准备是非常重要的。

打开 dem_to_prepare.tif 层。这一层包含 EPSG：4326 CRS 中的 DEM 和以英尺为单位的高程数据。这些特征不适合运行大多数的地形分析算法，因此将对这一层进行修改以得到一个合适的层，如图 5.26 所示。

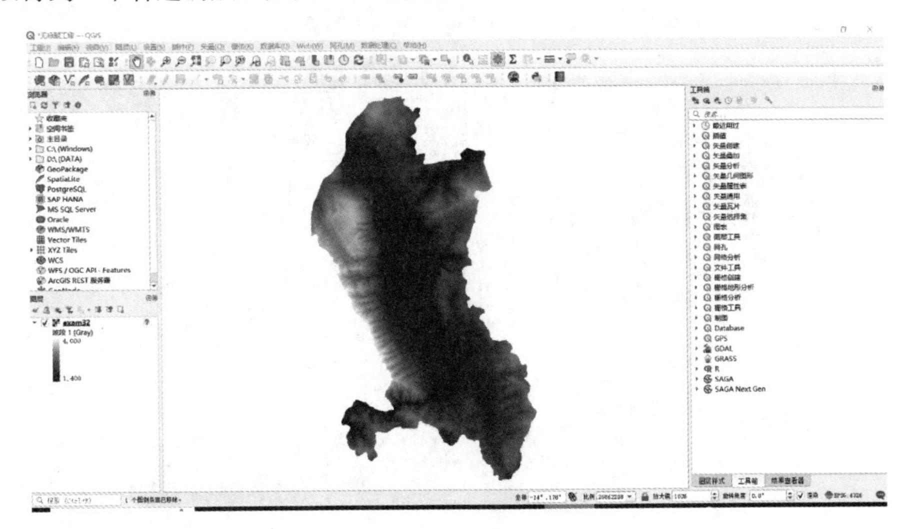

图 5.26　打开数据图层

① 将图层重新投影到 EPSG：3857 CRS（一种投影坐标系），通过右击图层名称，选择 Save as，如图 5.27 所示。

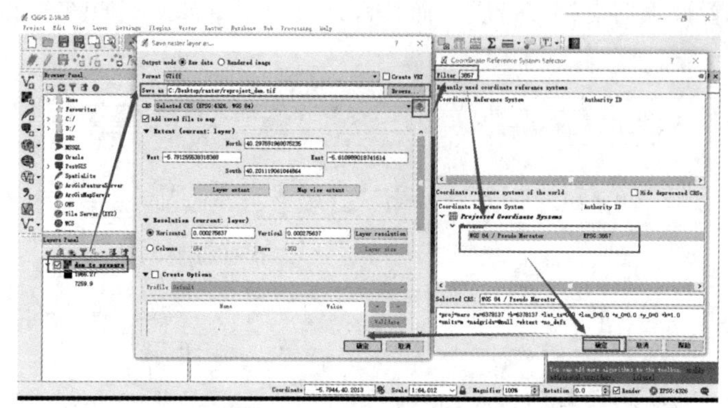

图 5.27　图层重新投影

② 打开重投影结果层，如图 5.28 所示。

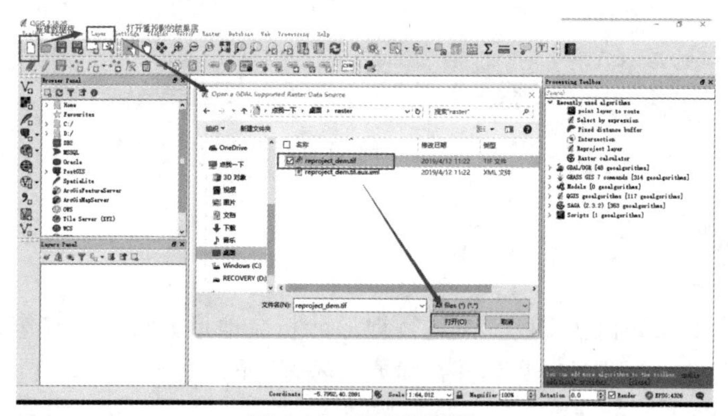

图 5.28　重投影结果

③ 打开处理栅格计算器，选择重投影层作为输入层字段中唯一的栅格输入。在“公式”字段中输入 * 0.3048，运行算法，如图 5.29 所示。

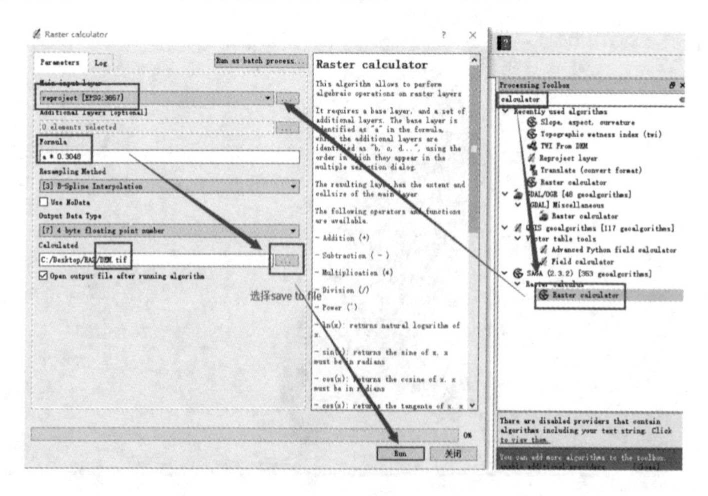

图 5.29　算法运行

计算结果会自动加载至 QGIS，如图 5.30 所示。

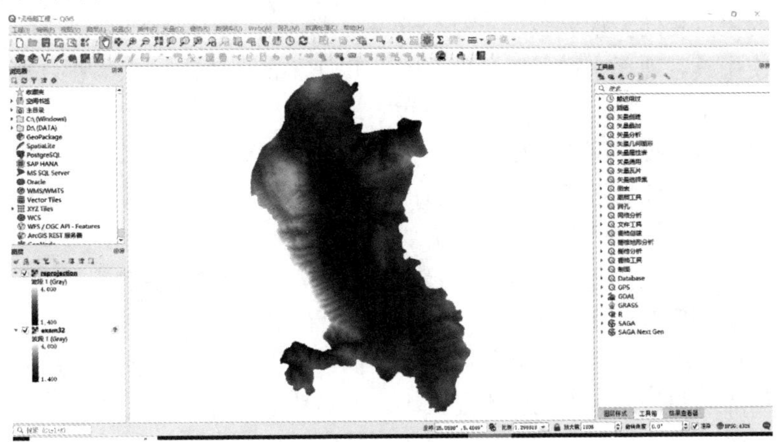

图 5.30 运行结果展示

新建一个数据框加载 DEM，如图 5.31 所示。

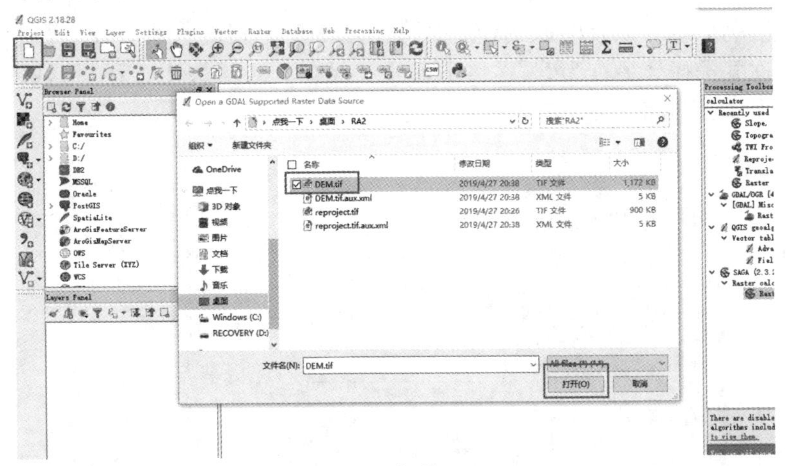

图 5.31 加载 DEM

接下来使用的数据如图 5.32 所示。

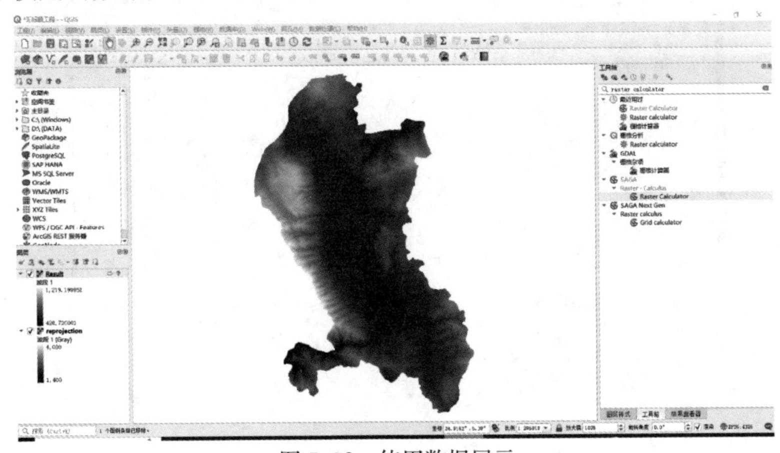

图 5.32 使用数据展示

将要使用的大多数算法假设水平单位（用于度量像元大小的单位）与层中包含的高程值中使用的单位相同。如果该层不符合这一要求，则分析结果将是错误的。

输入层使用具有地理坐标（度）的 CRS。由于不能以度来测量高程，所以该层不能有相同的水平和垂直距离单位，也不准备用于地形分析。

通过将该层重新投影到 EPSG：3857 CRS，可以得到一个以米（m）表示坐标的新层。这是一个更符合计划运行的分析类型的单元。实际上，在重新投影之后，单位仅在赤道附近，但这里的精度已足够。如果需要更精确的计算，则应使用局部投影系统。

下一步是将以英尺为单位的高程值转换为以米为单位的高程值。我们知道 1ft＝0.3048m，只需使用计算器应用这个公式，并转换在重投影层的数值即可。

在运行地形分析算法时，还必须考虑到其他一些因素，以确保结果是正确的。

一个常见的问题是处理不同的像元大小。大多数地形分析算法（以及大多数与地形分析无关的算法）都假设单元格是正方形的。也就是说，它们的水平和垂直值是相同的。这在输入层中是这样的（可以通过检查层属性来验证这一点），但是其他层可能不是这样。

在这种情况下，应该导出该层并定义导出层的单元格的大小，使其具有相同的值。右击图层名称并选择“另存为”。在将出现的“保存”对话框中，在对话框的下部输入单元格的新大小，如图 5.33 所示。

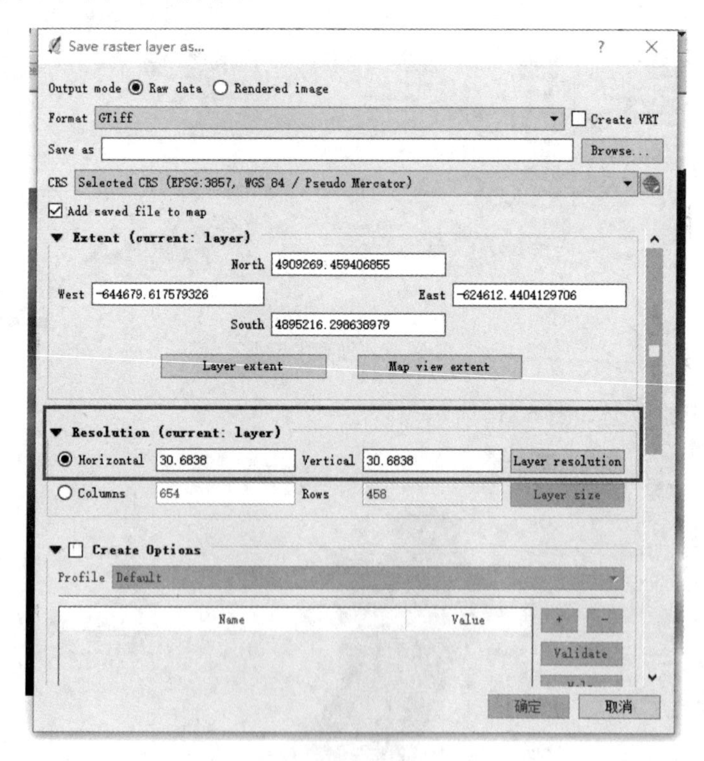

图 5.33　定义单元格大小

（3）坡度坡向计算

坡度是由 DEM 导出的最基本的参数之一。它对应于 DEM 的一阶导数，它代表高程的变化率。它是通过分析每个像元的高度并将其与周围像元的高度进行比较来计算的。此配方将展示如何在 QGIS 中计算坡度。

打开之前准备好的 DEM。

① 在 ProcessToolbox 选项中，找到坡度算法并双击打开它。

② 在“输入图层”字段中选择 DEM。

③ 单击 Run 运行算法，如图 5.34 所示。

将在 QGIS 项目中增加坡度层。

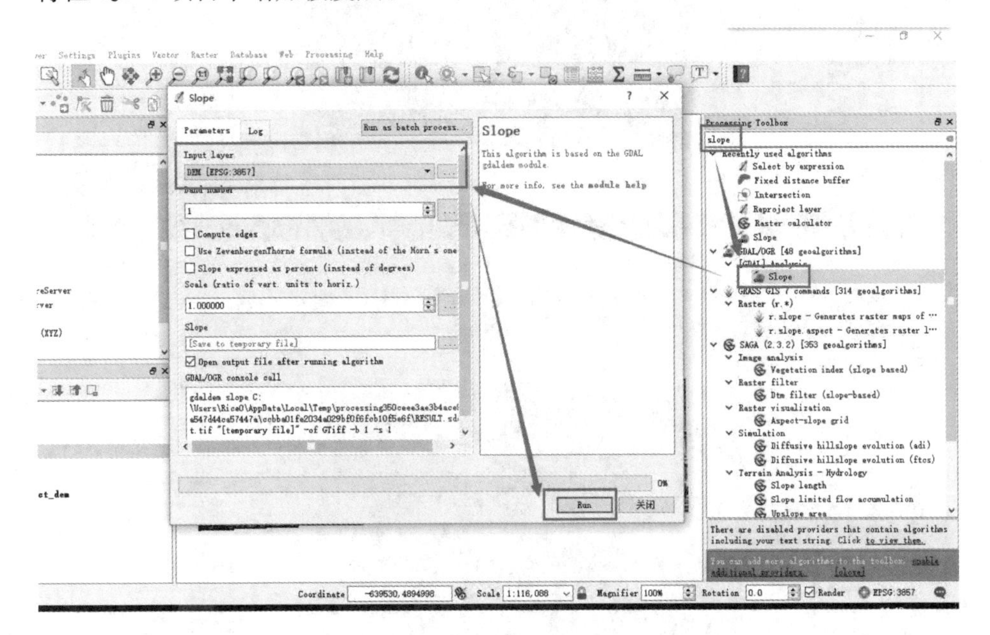

图 5.34 计算坡度

右击图层名，选择属性，结果如图 5.35 所示。

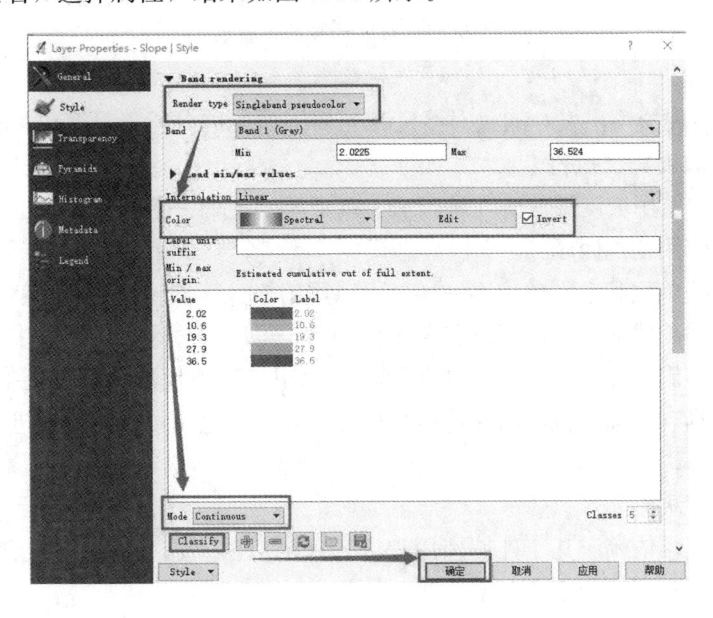

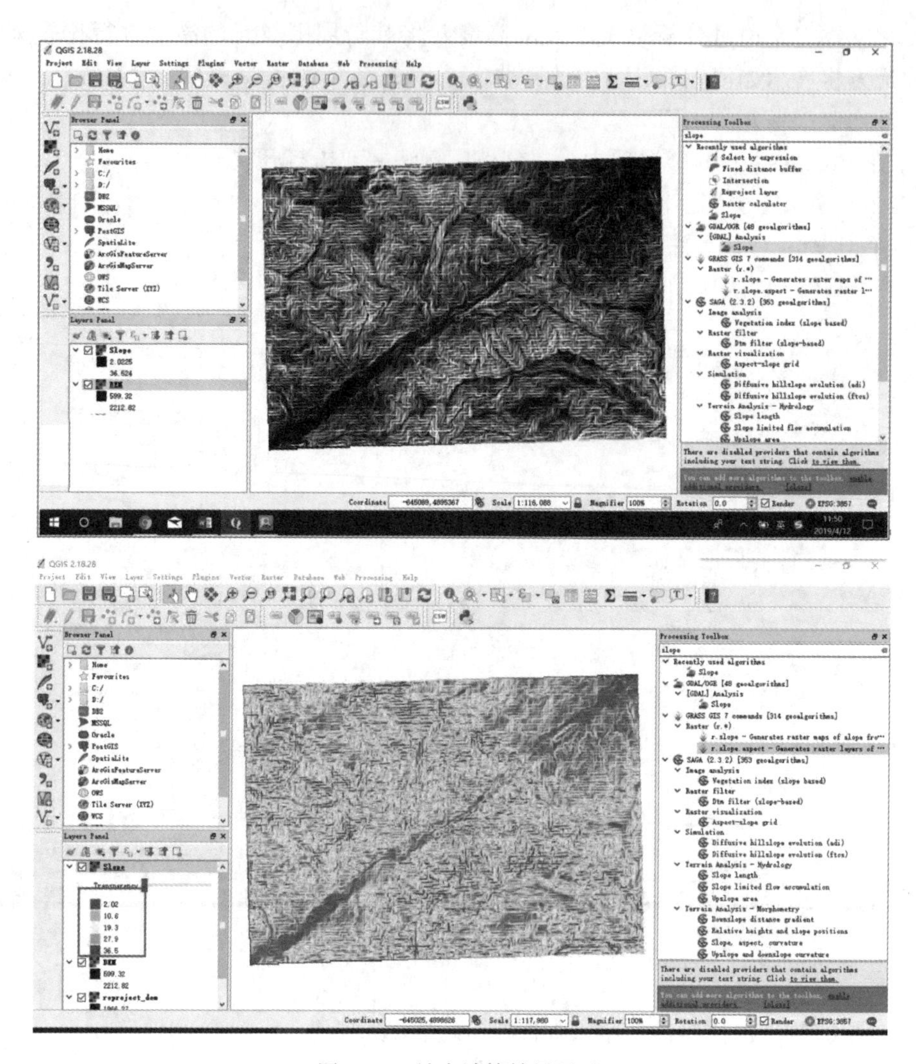

图 5.35　坡度计算结果展示

从 DEM 高程模型出发，通过对给定像元周围像元的分析，计算出坡度。此分析由 GDAL 库中的坡度算法执行。

在 QGIS 中使用坡度算法有几种方法。以下是对此的一些评论和想法。

对高程值使用比例因子：

如果高程的单位和水平单位不一样，可以用栅格计算器转换它们，就像在前面的配方中所做的那样。然而，坡度模块包含一个选项，可以通过在比例字段中输入转换因子来动态地转换它们。注意，这个选项在即将要使用的其他地形分析模块中是不可用的，所以创建一个具有正确单位的图层仍然是很好的方法，它可以不用任何进一步的处理就可以使用。

其他坡度算法：

处理框架包含依赖于几个外部应用程序和库的算法。这些库有时包含类似的算法，因此对于给定的分析，有不止一个选项。

如果使用下拉列表的较低部分将工具箱的表示模式从简化切换到高级，然后在搜索框中键入坡度，将会看到类似于以下屏幕快照的内容，如图 5.36 所示。

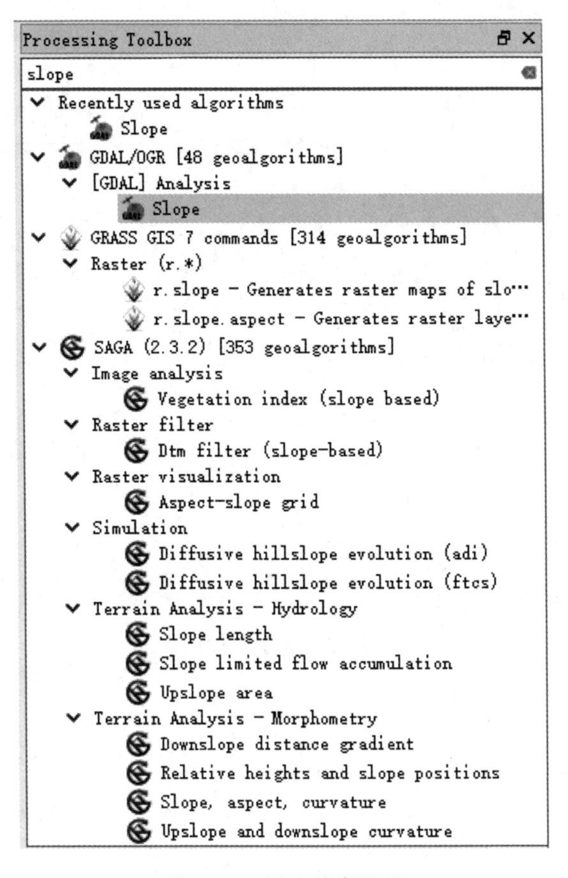

图 5.36 键入坡度展示

（4）计算斜率

使用 GRASS 或 SAGA 算法来计算坡度，需要不同的参数和选项，但它们都执行类似的计算并创建斜坡层。

除了 Processing 工具之外，还可以使用 Raster 地形分析插件执行分析。

尝试 GRASS 下的坡度计算工具 r. slope. aspect，该工具不仅能计算坡度，还可以计算坡向、平面曲率、剖面曲率和一阶、二阶导数。其中坡度有两种表示方法。①degree：即水平面与地形面之间夹角；②percent：即高程增量与水平增量之比的百分数。坡向指地表面上一点的切平面的法线矢量在水平面的投影与过该点的正北方向的夹角对于地面上任意一点来说，坡向表征了该点高程值改变量的最大变化方向。在坡向数据中，坡向值规定为：正北方向为 0°，按顺时针方向计算，取值范围为 0°～360°，如图 5.37 所示。

地面曲率是对地形表面一点扭曲变化程度的定量化度量因子，地面曲率在垂直和水平两个方向上分量称为剖面曲率和平面（切向）曲率。剖面曲率是对地面坡度的沿最大坡降方向地面高程变化率的度量。平面曲率指在地形表面上，具体到任意一点，指过该点沿水平方向切地形表面所得曲线在该点的曲率值。平面曲率描述的是地表曲面沿水平方向的弯曲、变化情况，也就是该点所在的地面等高线的弯曲程度，如图 5.38所示。

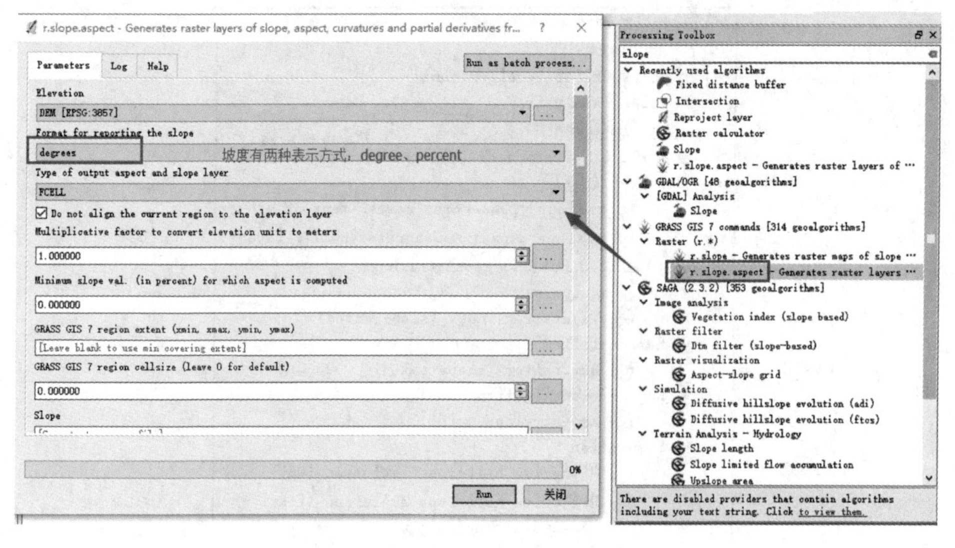

图 5.37　坡度表示方法

图 5.38　地面曲率相关指标

计算结果如图 5.39～图 5.41 所示。

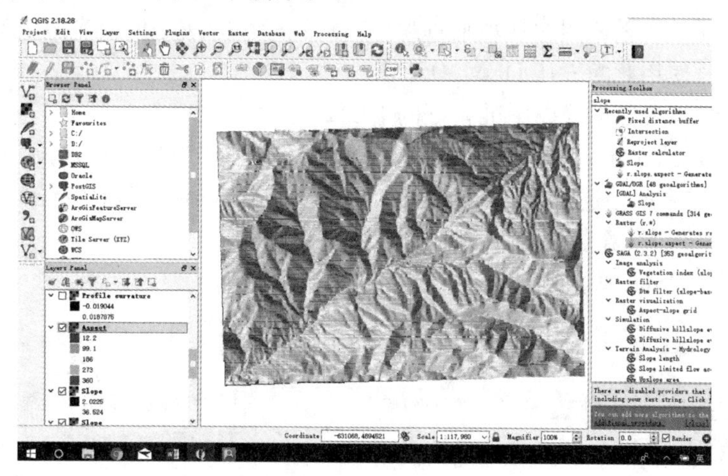

图 5.39 坡向计算结果展示

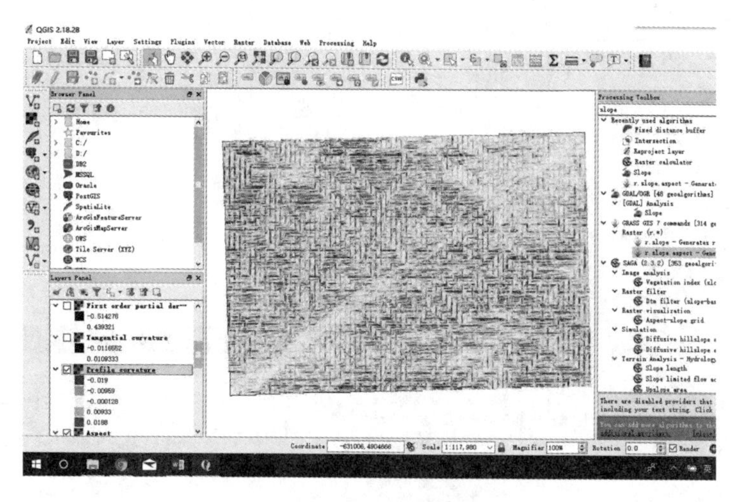

图 5.40 剖面曲率计算结果展示

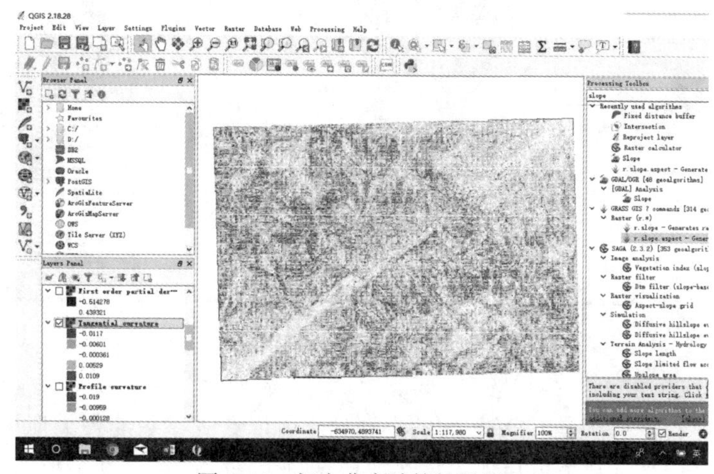

图 5.41 切向曲率计算结果展示

（5）山体阴影

山体阴影通过增强地图的外观来直观地显示地形，方法是模拟光源及其所投射的阴影。这可以通过使用此配方从 DEM 中计算。

打开在准备高程数据配方中准备好的 DEM。

① 在 ProcessToolbox 选项中，找到 Hillshade 算法并双击打开它。

② 在输入层字段中选择 DEM。将其余参数与其默认值保留在一起。

③ 单击 Run 运行算法。

将在 QGIS 项目中添加 Hillshade 层，如图 5.42 所示。

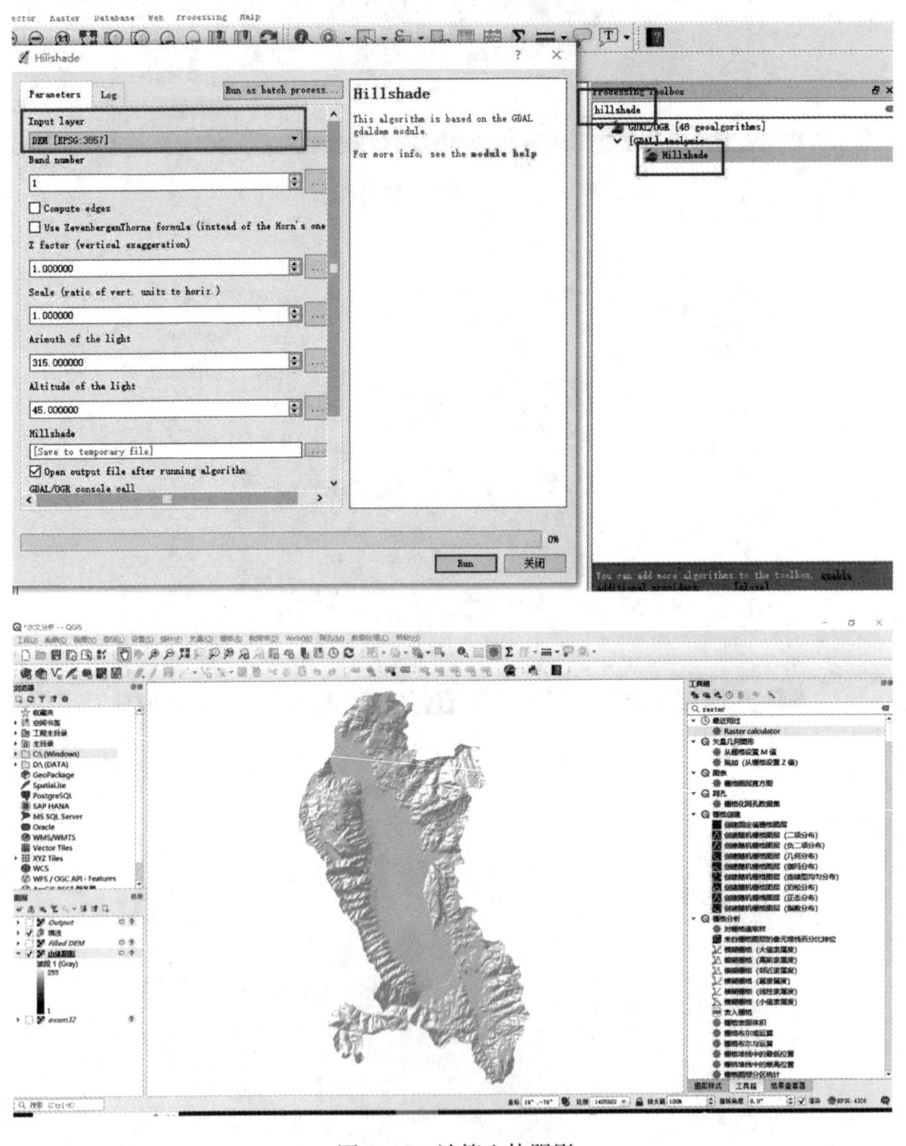

图 5.42　计算山体阴影

与斜率一样，该算法是 GDAL 库的一部分。可以看到参数非常类似于坡度的情况。这是因为坡度是用来计算坡度层的。该算法根据每个像元的坡度和地形的角度，利用由方位角和高度场确定的太阳位置，计算像元接收到的光照。这是基于焦距分析，因此阴影不被考虑，也不是一个真正的照明值，但它们可以被用来渲染和显示地形。

可以尝试更改这些参数的值以更改层的外观。

就坡度而言，可以选择其他选项来计算山体阴影。SAGA 中就有值得一用的工具。

该算法包含一个名为方法的字段。该字段用于选择用于计算山坡值的方法和可用的最后一种方法。光线追踪与其他的不同之处在于它模拟了光的真实行为，分析不是局部的，而是使用 DEM 的全部信息，因为它考虑到了周围浮雕所投下的阴影。由此获得精确的山坡层，但处理时间较长，如图 5.43 所示。

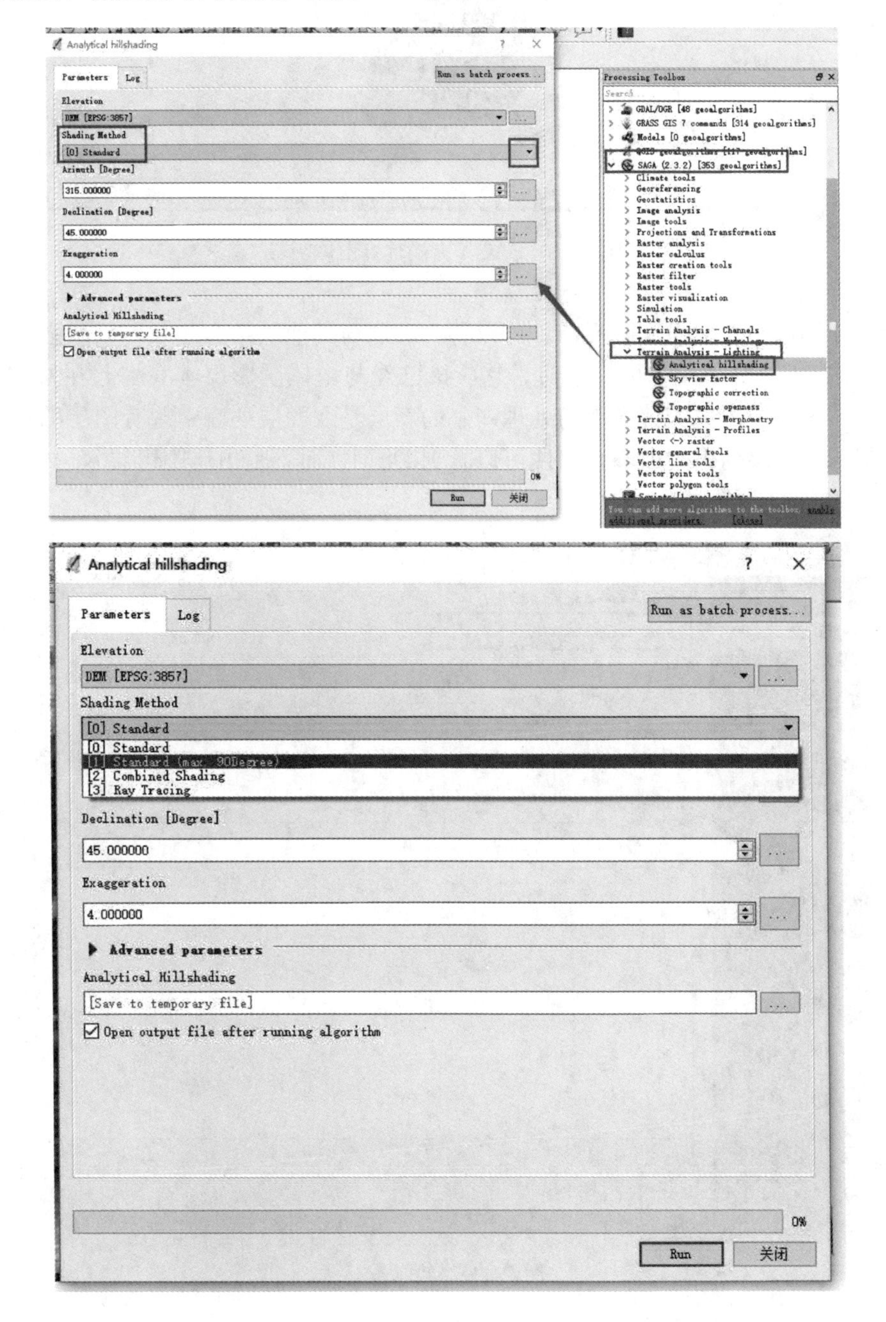

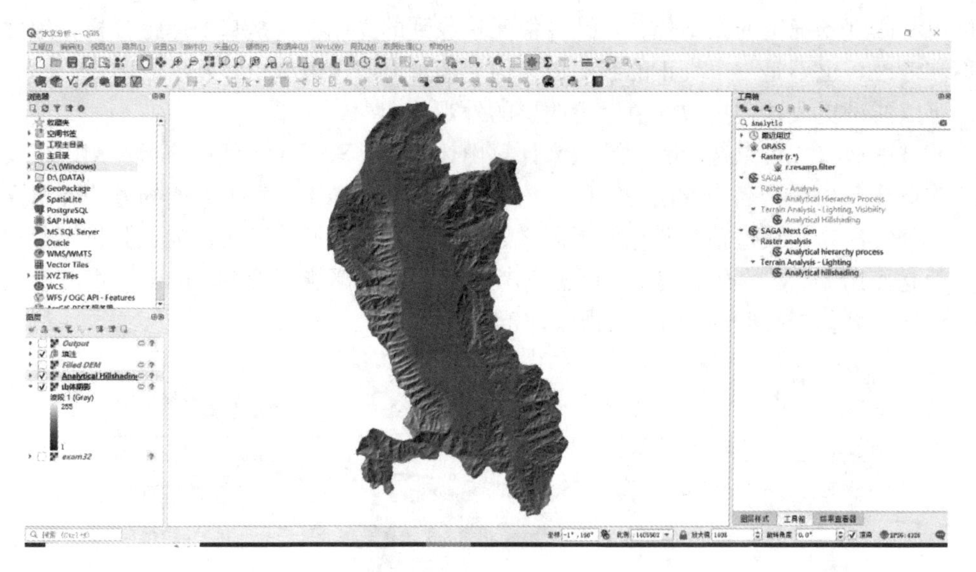

图 5.43　SAGA 方法计算山体阴影

用山体阴影图层增强地图视图。可以将山坡层与其他层结合起来，以增强它们的外观。当使用 DEM 计算山体阴影层时，它应该已经与山体阴影层本身一起在 QGIS 项目中。但是，这将被山坡覆盖，因为处理产生的新层是在图层列表中现有图层的顶部添加的。将其移至图层列表的顶部，以便可以看到 DEM（而不是山体阴影层），并将其样式设置为如图 5.44 所示。

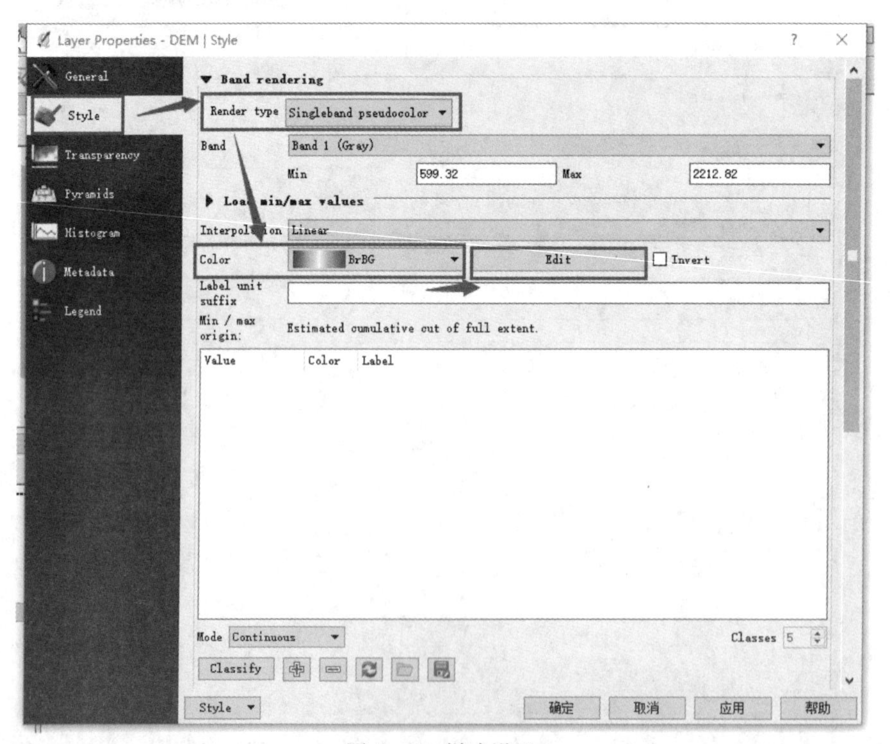

图 5.44　样式设置

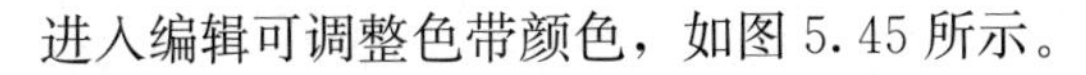

进入编辑可调整色带颜色，如图 5.45 所示。

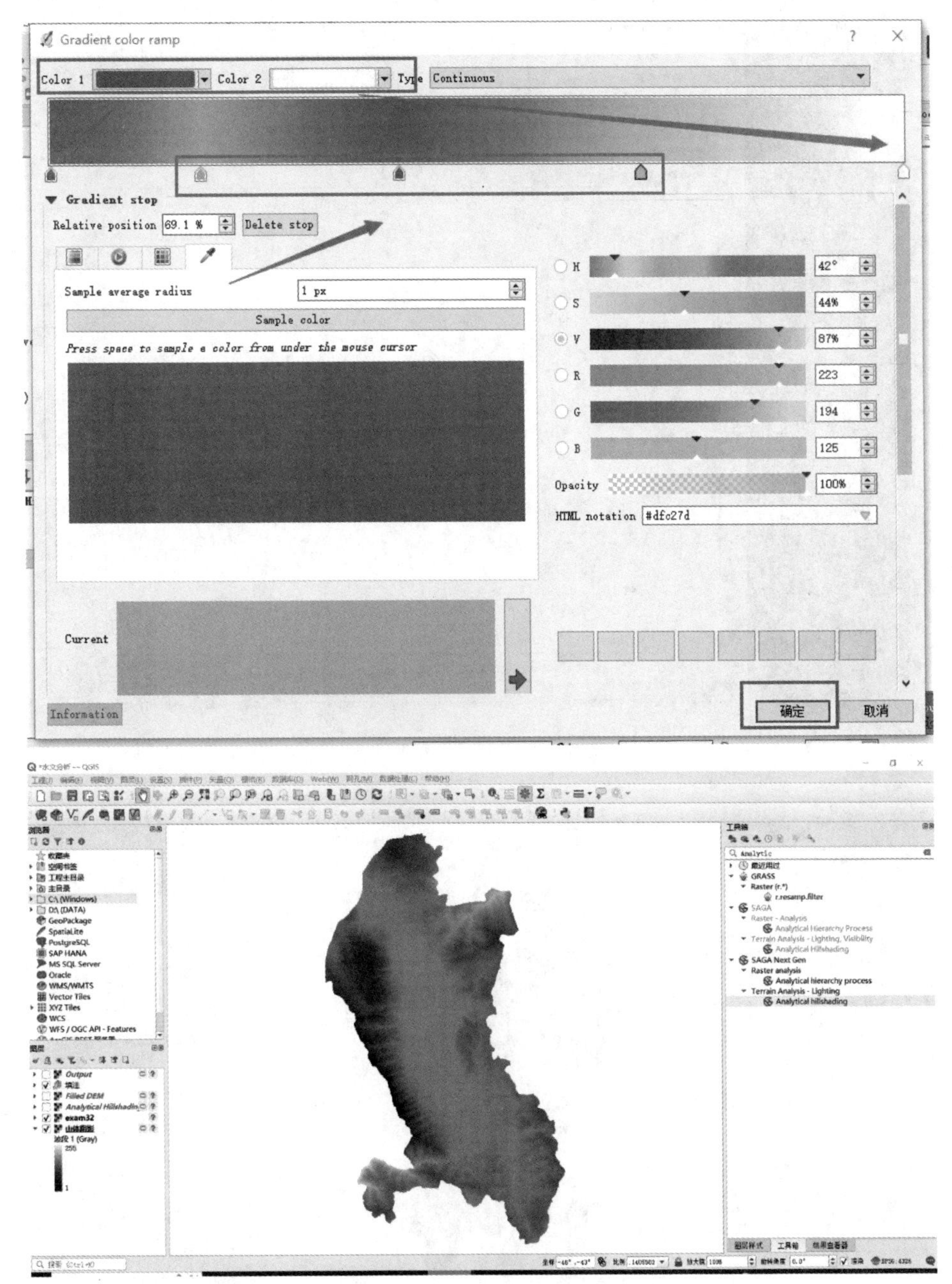

图 5.45　色带调整结果展示

看一下用山体阴影层增强地图视图的步骤：

① 在图层的“属性”对话框中，移动到“透明”部分，并将全局透明度值设置为50%，屏幕快照如图 5.46 所示。

② 现在，应该可以透过 Hillshade 层看到 DEM，它们的组合将看起来如图 5.47 所示。

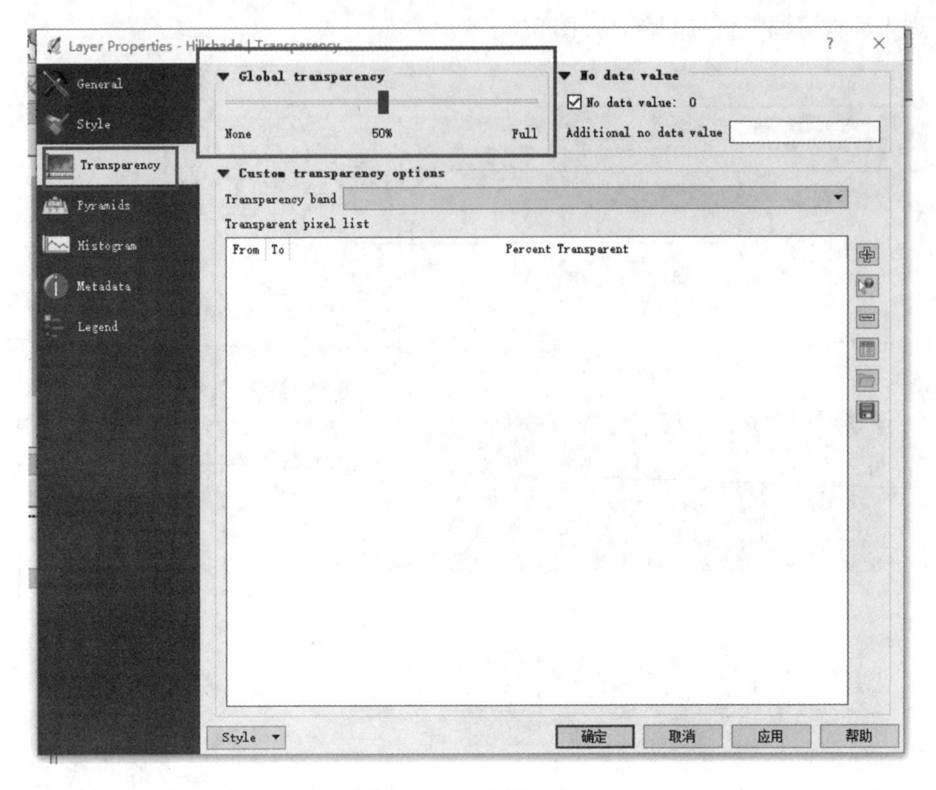

图 5.46　屏幕快照

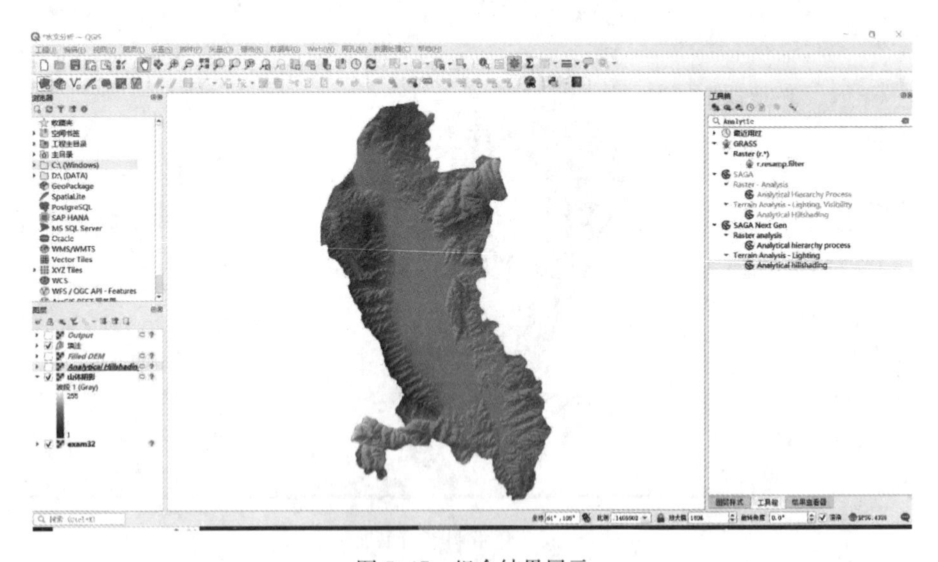

图 5.47　组合结果展示

5.2.2　水文分析

（1）DEM 的一种常见分析方法，来计算水文要素

例如河网或流域。这个章节将展示进行这些分析的步骤。

打开我们在准备高程数据配方中准备的 DEM。

① 在“处理工具箱”选项中，查找 fill sinks 算法，并双击它以打开。

② 在 DEM 字段中选择 DEM 并运行算法。这将生成新的经过滤的 DEM 层。从现在起，将在配方中使用该 DEM 而不是原始 DEM。

计算集水区，如图 5.48 所示。

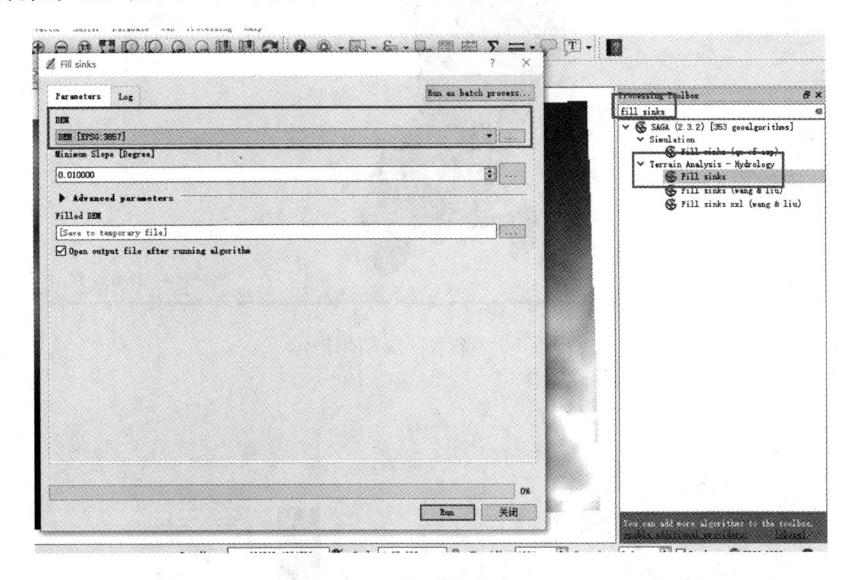

图 5.48　计算集水区

③ 打开 Catchment area 算法并在高程字段中选择 Filled DEM，如图 5.49 展示。

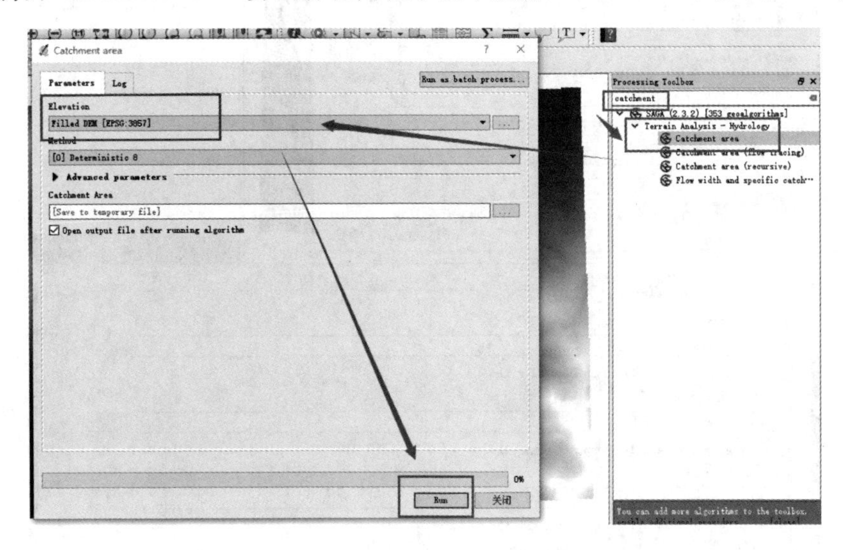

图 5.49　Catchment area 算法设置

④ 运行算法。这将产生一个集水区层，如图 5.50 所示。

⑤ 打开 Channel network 算法并填写它，如图 5.51 所示。

⑥ 运行算法。这将根据集水区从 DEM 中提取河网，然后将其生成为栅格层和矢量层，如图 5.52 所示。

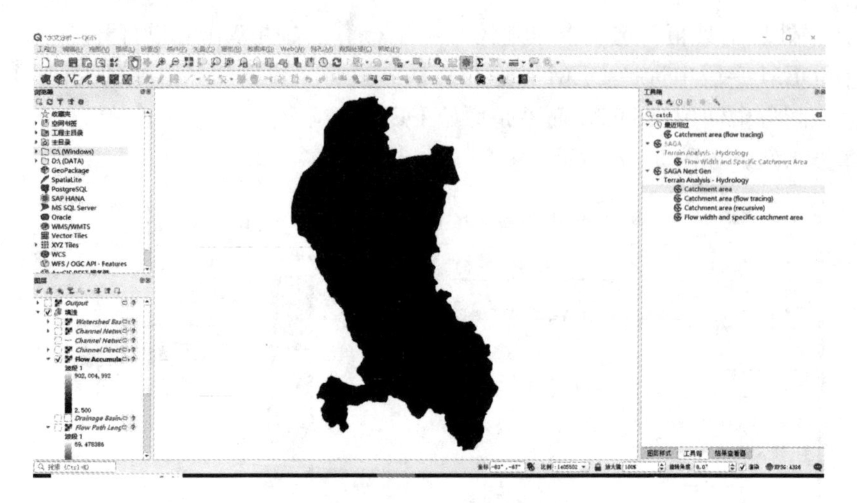

图 5.50　集水区层结果展示

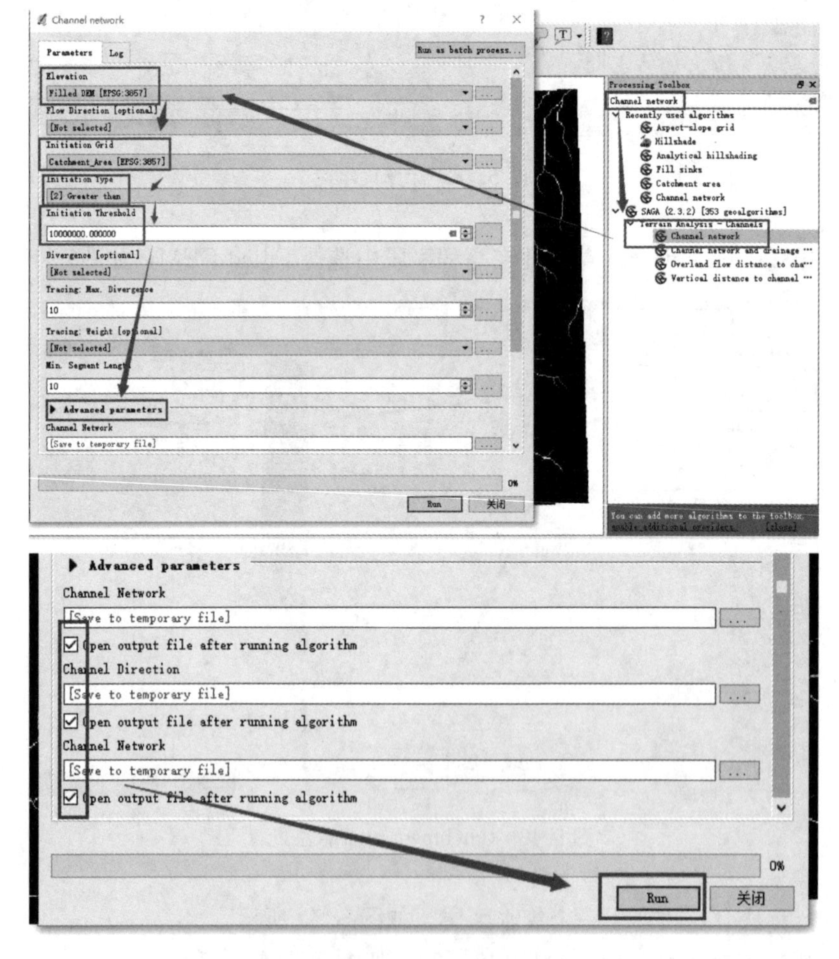

图 5.51　填写 Channel network 算法

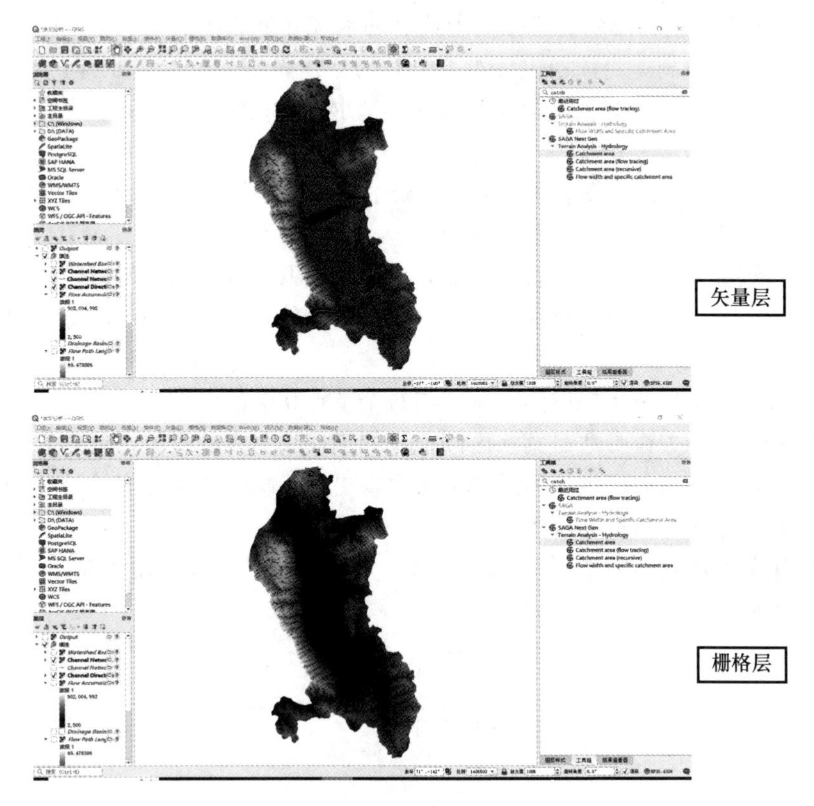

图 5.52 矢量层和栅格层图层展示

⑦ 打开 Watershed basins 算法并填充它，如图 5.53 所示。

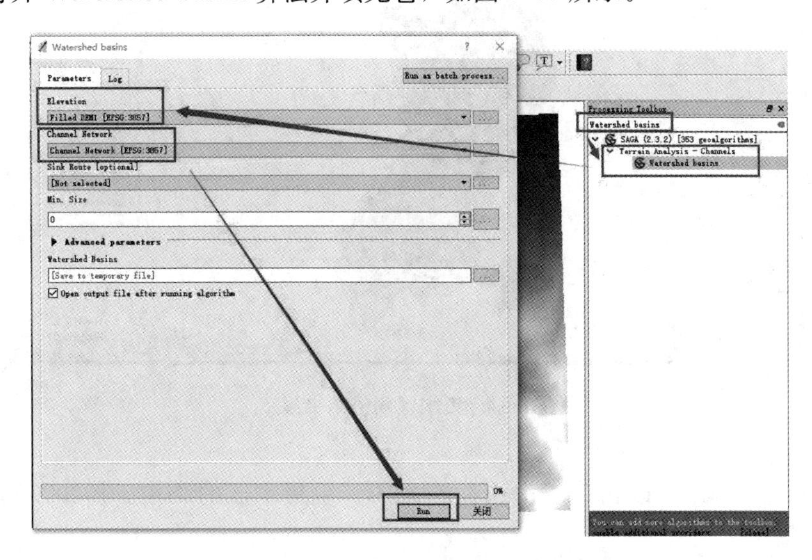

图 5.53 填充 Watershed basins 算法

⑧ 运行算法。运行后获得一个栅格层，由 DEM 和河网计算出流域盆地。每个盆地都是一个水文单位，它代表了流入汇合处的区域，这是由河网定义的。

从 DEM 开始，前面的步骤遵循一个典型的水文分析工作流。

首先，洼地被填满。当计划执行水文分析时，这是必要的准备工作。DEM 可能包含无法计算流方向的汇，这是一个问题，要模拟水在这些像元中的运动。移除这些洼地可以解决这个问题。

集水区由 DEM 计算。集水区层中的值表示每个小区的上游区域。也就是说，如果水掉下来，它最终会通过像元的全部区域。

流域数值较高的像元很可能含有河流，而数值较低的像元则有地表流。通过在流域面积值上设置一个阈值，可以将河床单元（高于阈值的）和剩余的河网分离出来，并提取出河网。

最后，计算在最后一步提取的河网中与每个节点相关的流域盆地。

前面工作流中的关键参数是集水区阈值。如果使用更大的阈值，就会有更少的像元被认为是河川像元，由此产生的河道网络将变得更加稀疏。由于分水岭是基于河道网络计算的，这将导致较低数量的分水岭。

可以使用集水区阈值的不同值来尝试这一点。在这里，可以在图 5.54 中看到阈值的结果等于 1000000。

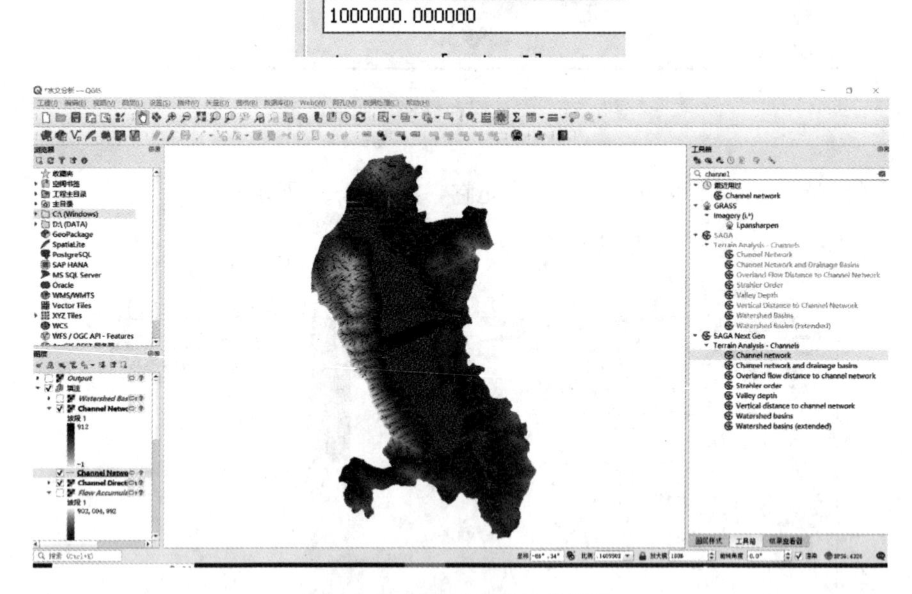

图 5.54　集水区阈值结果展示

已添加河道网络，以帮助了解由此产生的一组集水区的结构。1000000 的结果如图 5.55所示。

50000000 的结果如图 5.56 所示。

注：在最后一种情况下，如果阈值较高，结果层中只有一个分水岭。

阈值以集水区的单位表示，当单元的大小假定为米（m）时，这些单位以平方米（m^2）表示。

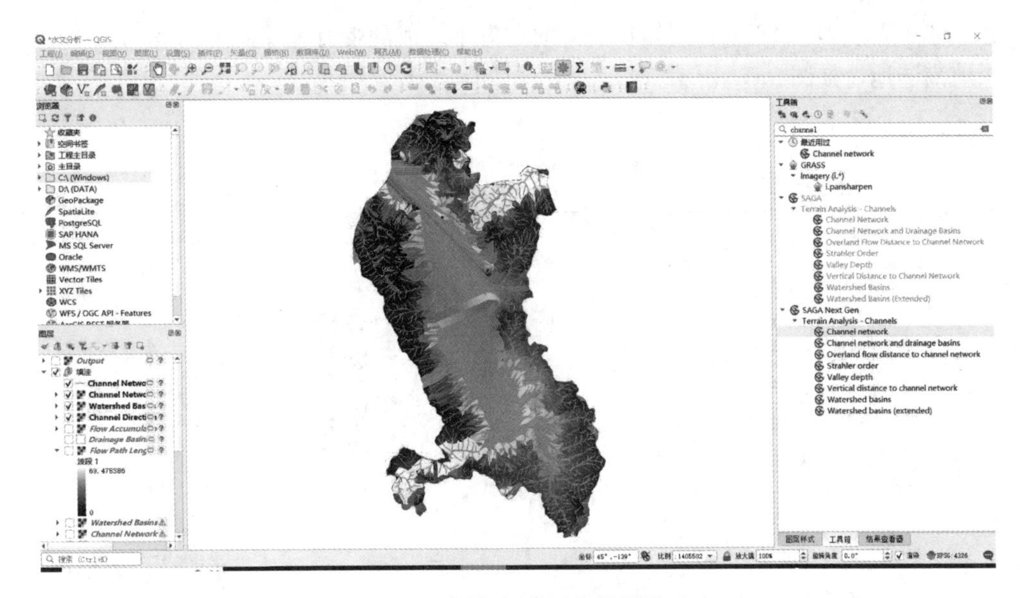

图 5.55 添加河道网络结果展示

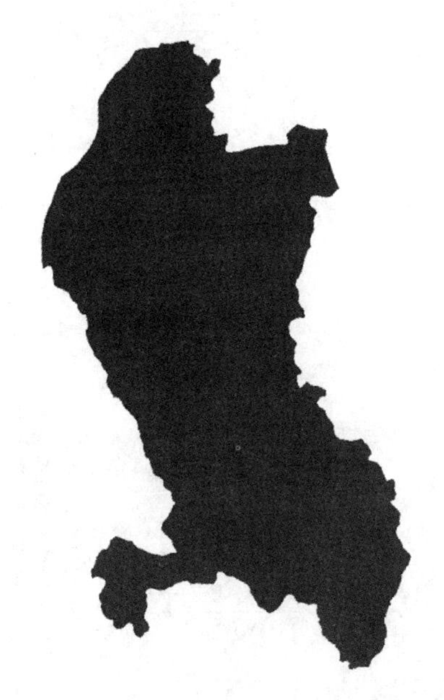

图 5.56 阈值设置 50000000 结果展示

（2）计算地形因子

由于地形定义并影响了在给定地形中发生的大部分过程，DEM 可以用于提取许多不同的参数，从而能够提供有关这些过程的信息。这个章节将讲述如何计算一个流行的指数，即地形湿度指数，它可以根据地形来估算土壤湿度。

打开在准备高程数据配方中准备好的 DEM。

① 使用“处理工具箱”选项中的 SAGA 中的 slope、aspect、curvature 算法计算坡度层。使用“处理工具箱”选项中的 CatchmentArea 算法计算集水区域层。请注意，在

此必须使用无洼地的 DEM，例如在前面的配方中生成的带有 Fill sinks 算法的 DEM。

填满洼地，如图 5.57 所示。

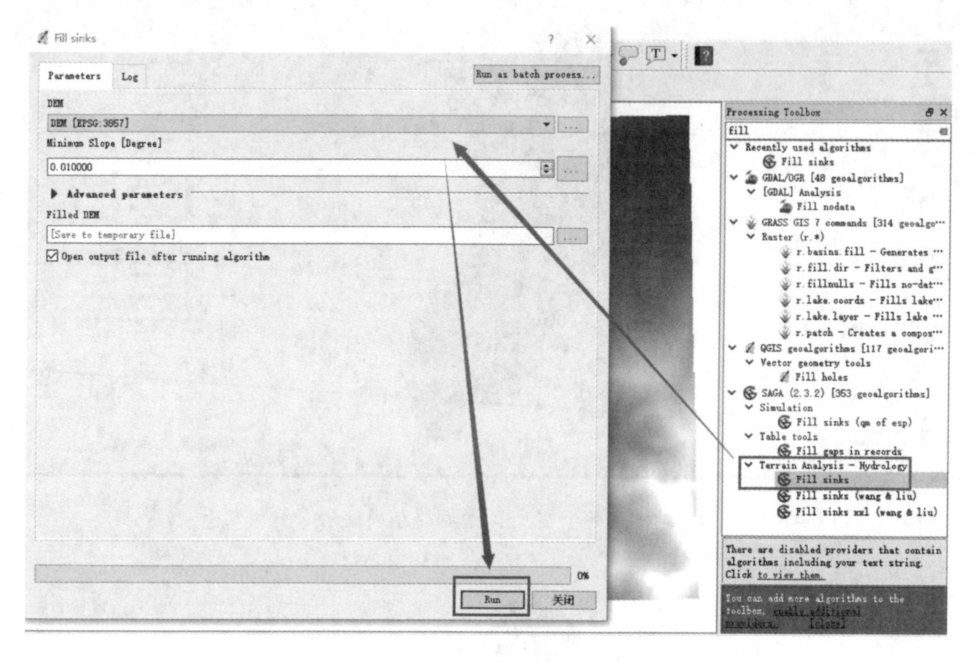

图 5.57　填洼

计算坡度，如图 5.58 所示。

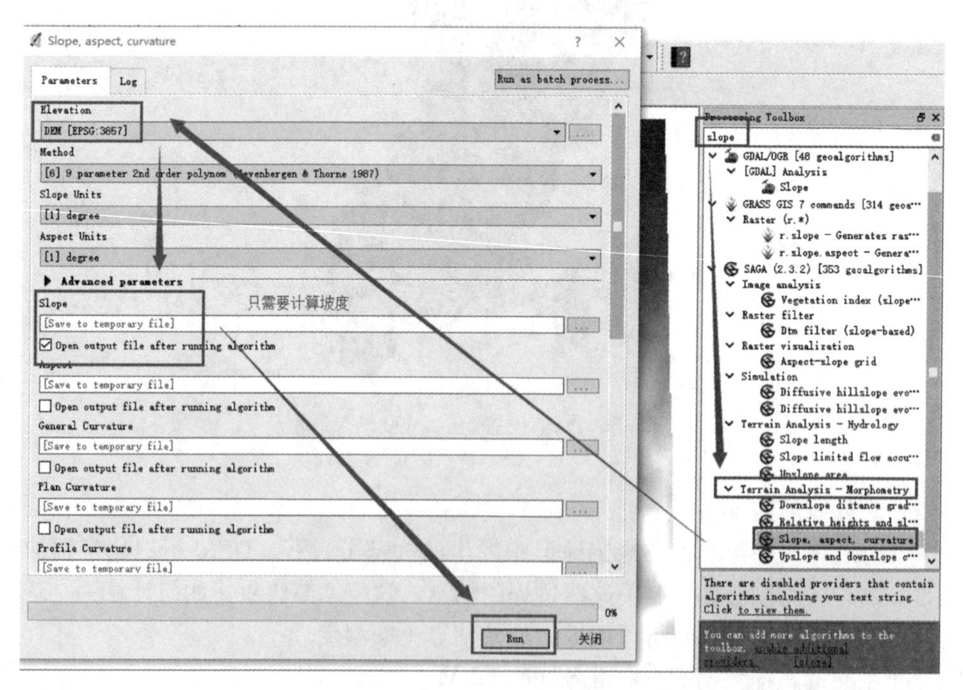

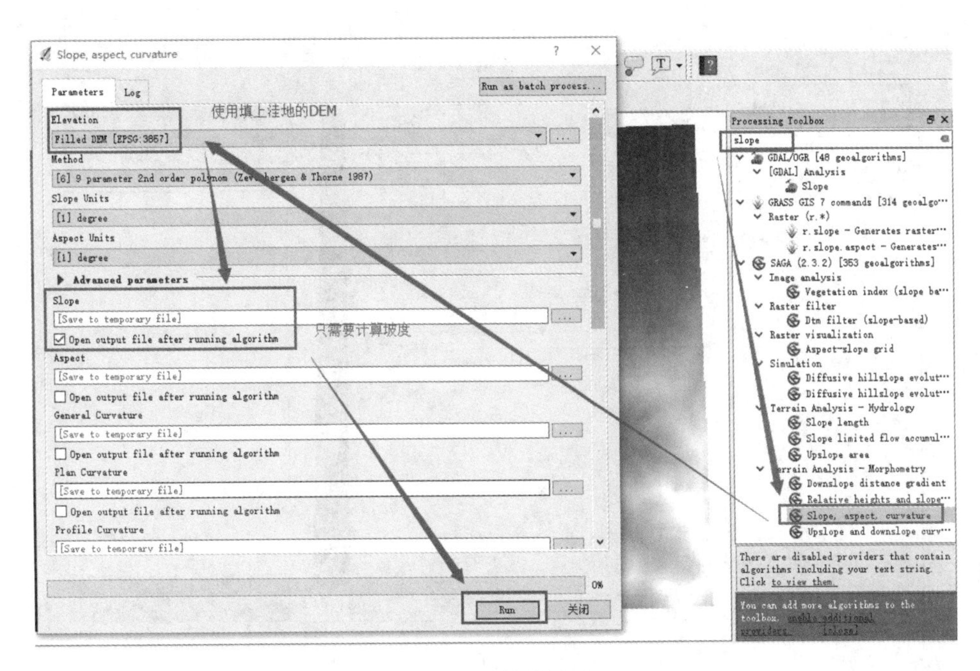

图 5.58　计算坡度

计算集水区，如图 5.59 所示。

从 ProcessingToolbox 选项中打开 Topographic wetness index 算法，并填写它，如图 5.60 所示。

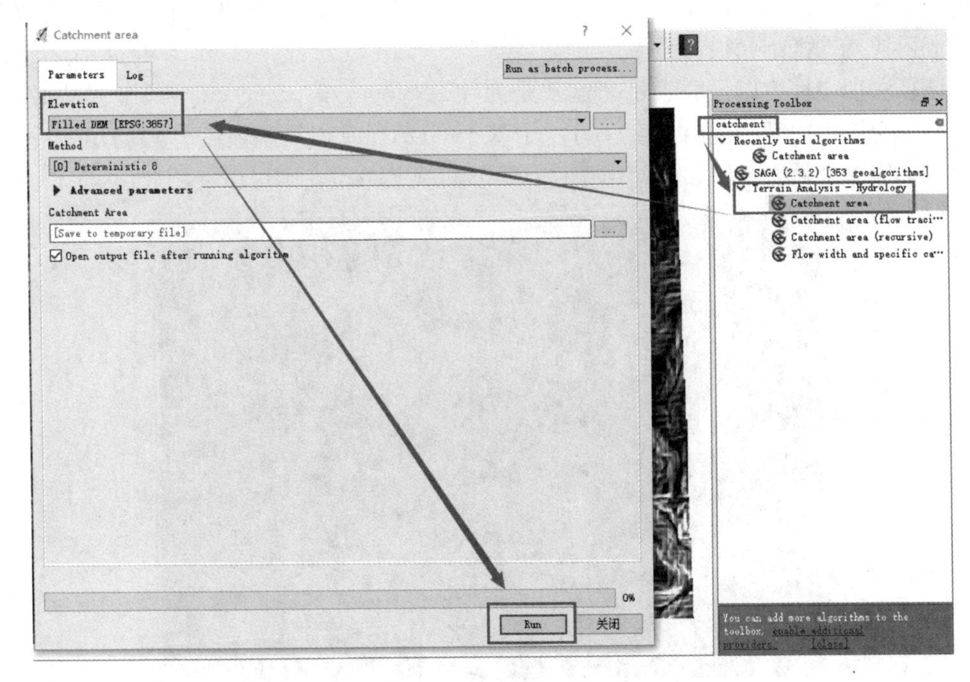

图 5.59　计算集水区

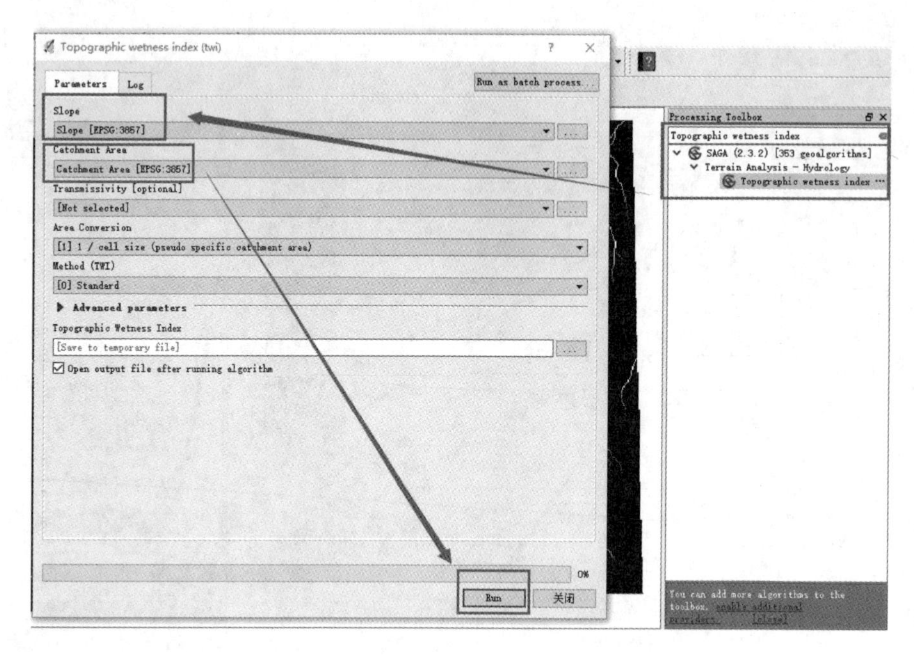

图 5.60　填写 Topographic wetness index 算法

② 运行算法，这将创建一个具有地形湿度指数的层，指示每个单元格中的土壤湿度，如图 5.61 所示。

该指标综合了坡度和集水区这两个影响土壤湿度的参数。如果集水区值很高，这就意味着更多的水会流入像元，从而增加土壤的湿润度。低值的坡度会产生类似的影响，因为流入像元的水不会很快流出。

该算法期望坡度以弧度表示。这就是为什么 Slope，aspect，curvature 算法必须使用，因为它产生的坡度输出弧度。另一个基于 GDAL 库的斜率坡度算法创建了一个坡度层，其值以度数表示。如果使用栅格计算器转换其单位，则可以使用此层。

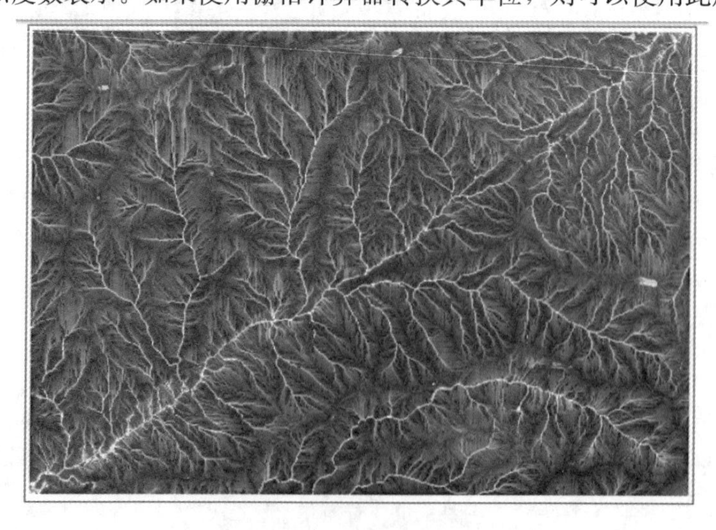

图 5.61　创建地形湿度层

（3）自动化模型

在 QGIS 中不需要对此进行特殊的准备，但请确保已阅读前面关于计算地形索引的配方。此菜单将基于该菜单中的工作流创建一个模型，因此了解它是非常重要的。

① 通过导航到 Processing/Graphical modeler 打开图形建模器，如图 5.62 所示。

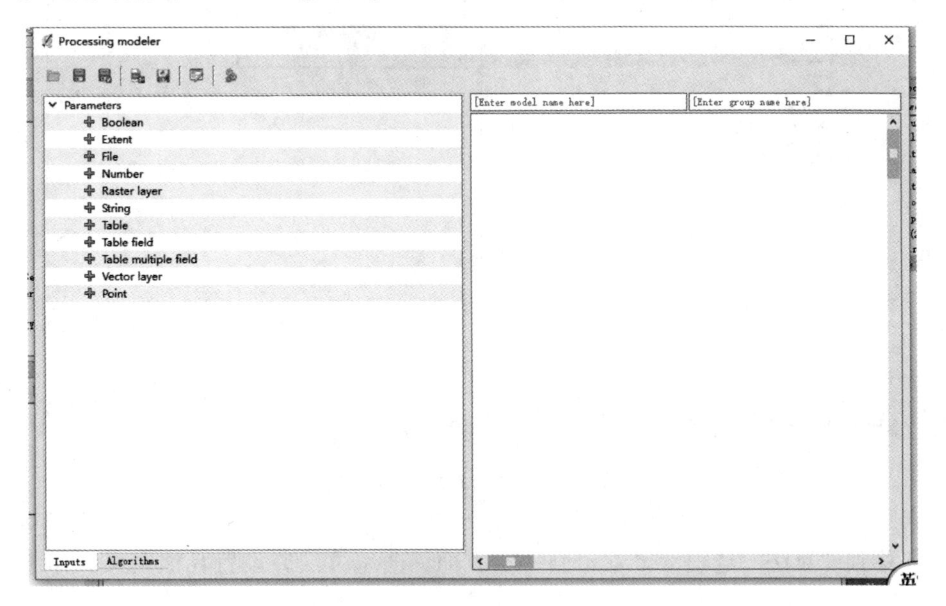

图 5.62　打开图形建模器

② 双击栅格层项目，以添加栅格输入。在将显示为定义输入的对话框中，将其命名为 DEM 并将其设置为强制性，如图 5.63 所示。

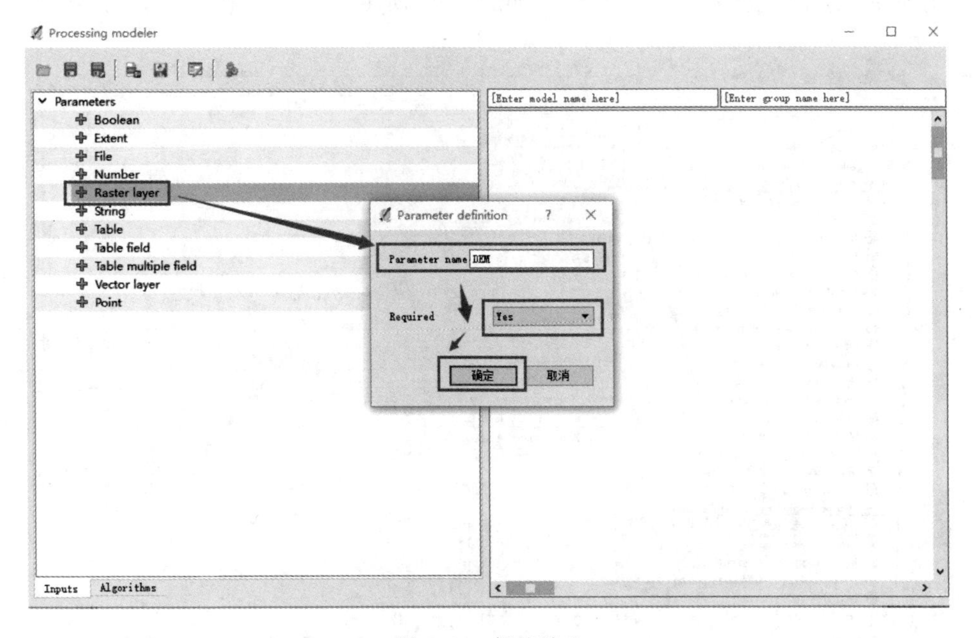

图 5.63　栅格输入

③ 单击“确定”将输入添加到画布中，如图 5.64 所示。

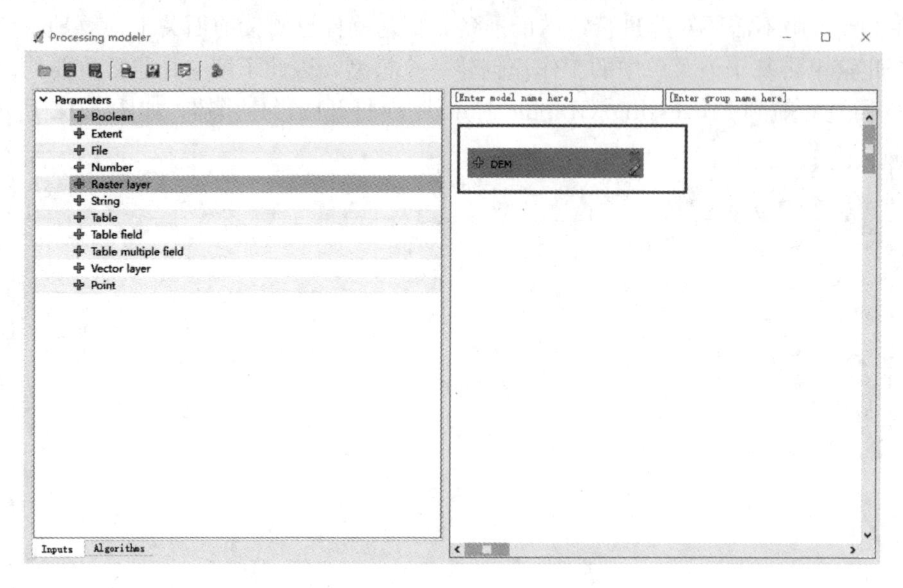

图 5.64　将输入添加到画布

④ 移到“算法”选项卡。双击斜率、方面、曲率算法并设置算法定义，如图 5.65 所示。

⑤ 单击“确定”按钮关闭对话框。这将添加到 Modeler 画布中，如图 5.66 所示。

⑥ 通过双击“算法”列表中的“Catchment area”算法并填写对话框，将 Catchment area 算法添加到模型中，如图 5.67 所示。

⑦ 最后，添加地形湿度指数算法，如图 5.68 所示。

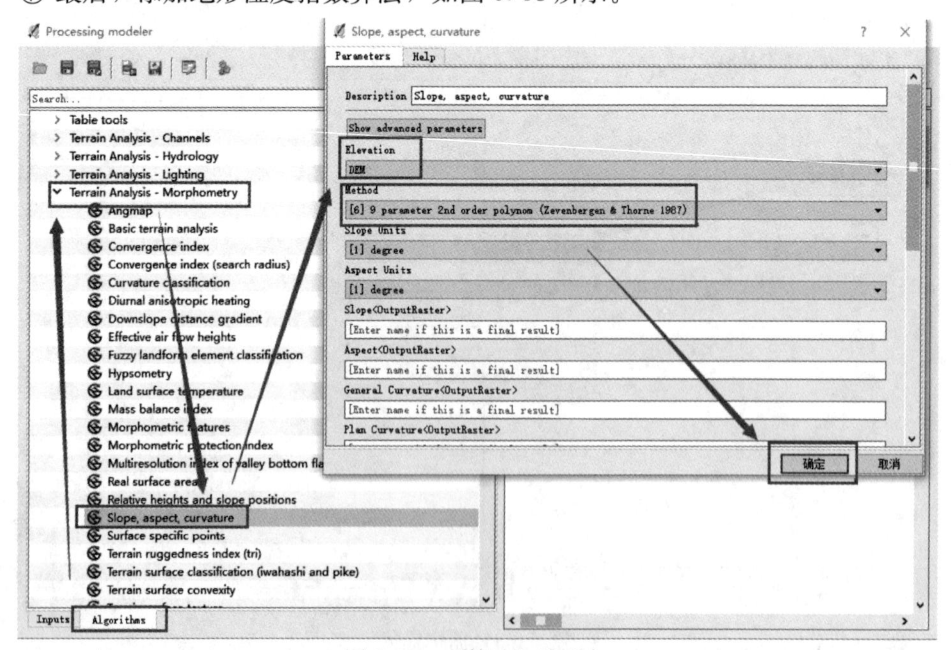

图 5.65　“算法”选项卡

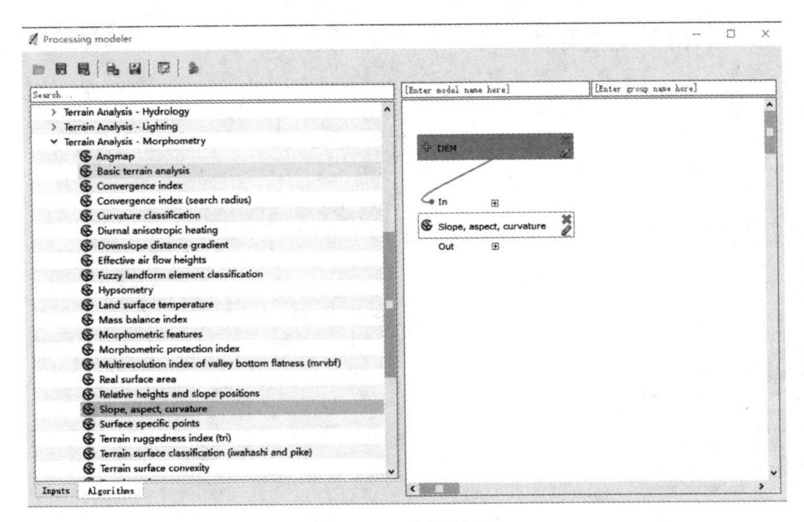

图 5.66　结果展示

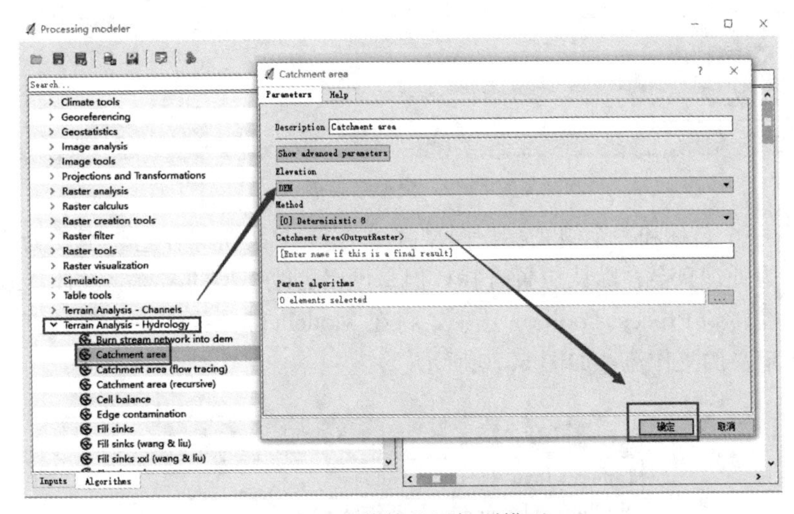

图 5.67　将算法添加到模型

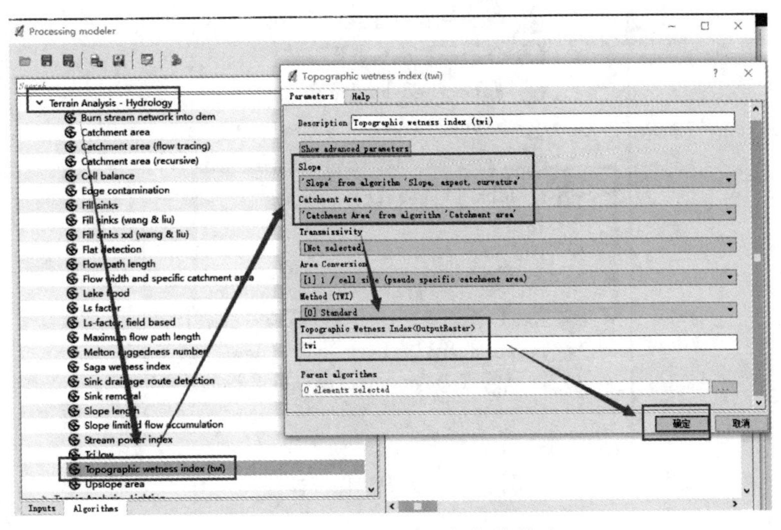

图 5.68　定义地形湿度指数算法

⑧ 最后的模型应该类似于图 5.69 所示的图片。

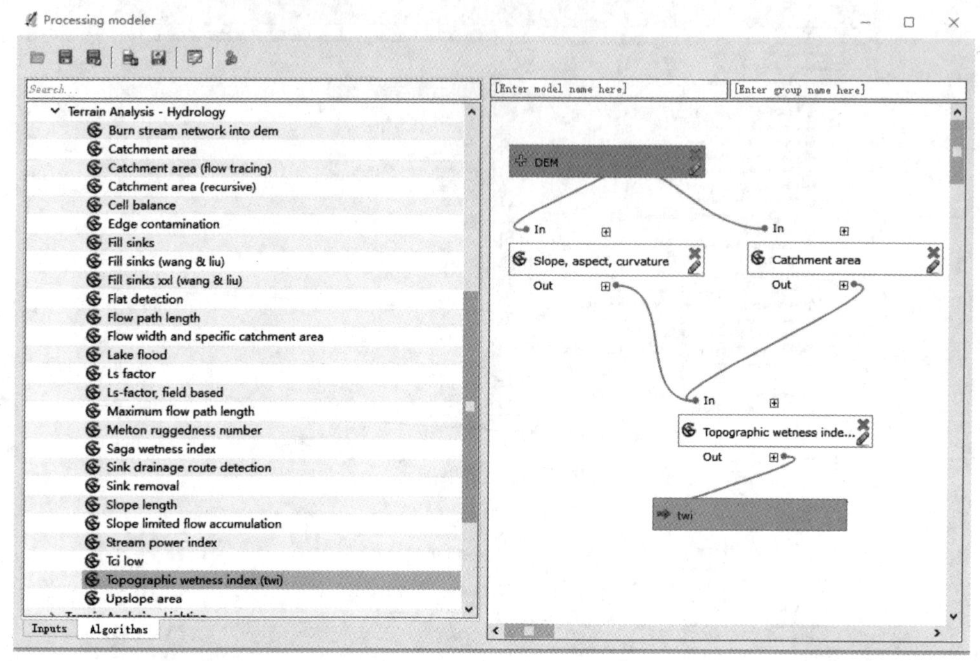

图 5.69　模型结果展示

⑨ 输入一个名称和一个组来标识模型并单击 Save 按钮保存它。不要更改保存位置文件夹，因为处理只会在默认位置查找，但是可以更改模型的名称。关闭 Modeler 对话框。如果现在转到 ProcessToolbox 选项，将在 Models 部分找到一个新的算法，该算法对应于刚刚定义的工作流，如图 5.70 所示。

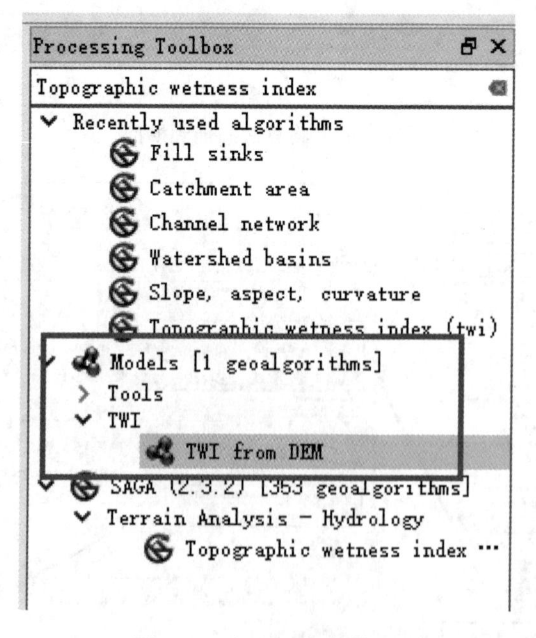

图 5.70　标识和保存模型

运行结果如图 5.71 所示。

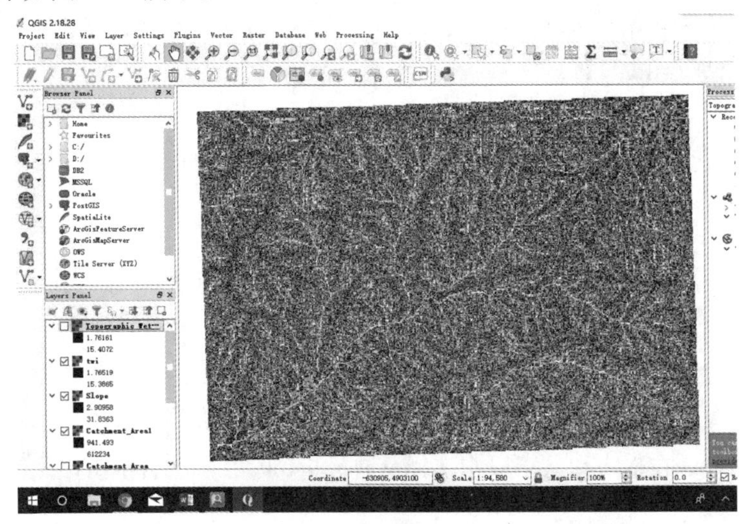

图 5.71 运行结果展示

该模型使工作流自动化，并将所有步骤封装到一个单独的步骤中。

通过将模型保存在“模型”文件夹中，处理程序将在更新工具箱时看到这一点，并将其与其他算法一起包括在内，以便能够正常执行。

5.2.3 空值的处理

数据：watershed. tif

空值是一种特殊类型的值，用于指示不定义给定层值的单元格。接下来的实验解释了一些关于栅格层中空值的基本思想。

1）栅格图层统计

watershed. tif 层包含一个分水岭的面积。水最终将从流域内的像元中，流入出口点。剩下的像元属于不同的分水岭，要使用分水岭掩模对 DEM 进行掩模，参照接下来步骤。

（1）识别要素

首先加载 watershed. tif 层，在菜单栏中单击“识别要素”工具，检查属于流域的单元格是否具有值为 1，外部的值没有数据。尝试在分水岭内外单击，在“标识结果”对话框中可查看结果（图 5.72）。

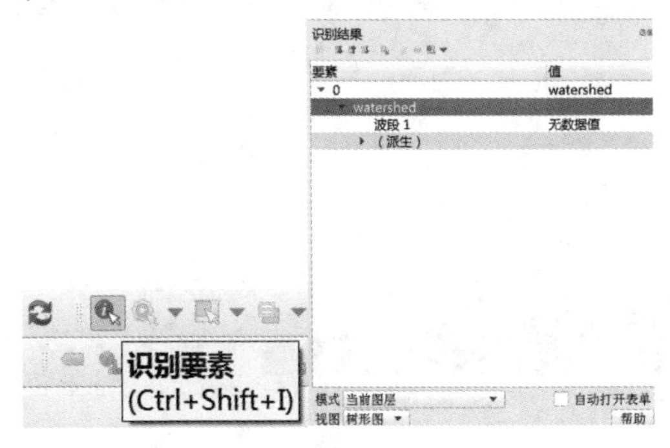

图 5.72 查看结果

（2）运行算法

接着计算一些栅格层的统计数据，打开“处理工具箱”菜单，单击栅格分析——栅格图层统计算法（图 5.73）。

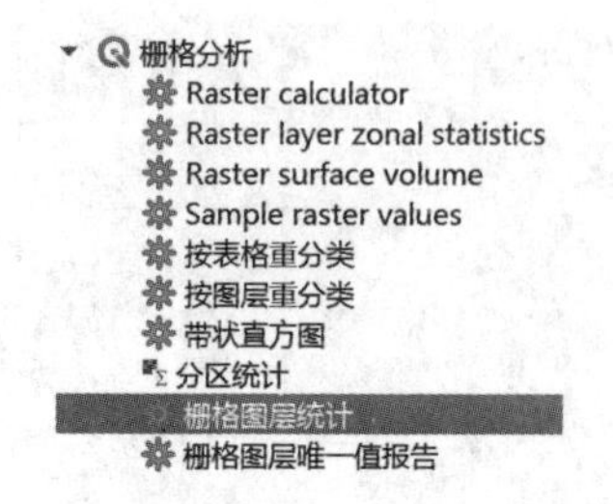

图 5.73　计算栅格层统计数据

弹出对话框，在输入图层字段中选择 watershed 图层，然后单击确定运行算法，如图 5.74 所示。

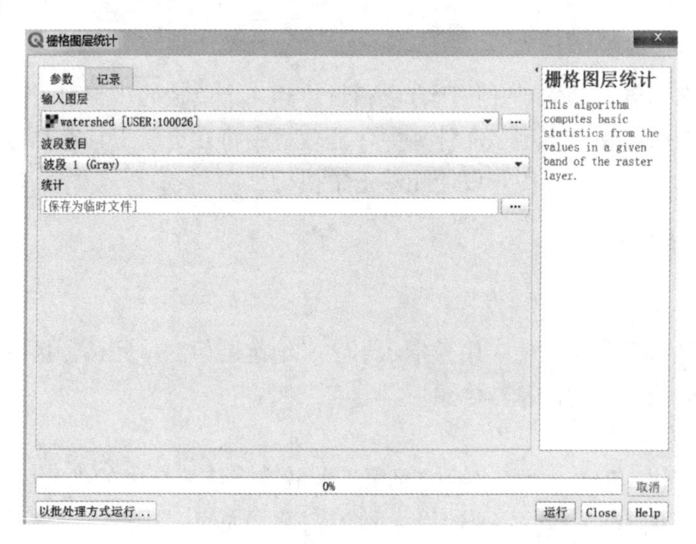

图 5.74　运行算法

（3）查看结果

在右侧“结果查看器”中可查看输出结果，结果是一个简短的文本输出，如图 5.75 所示。

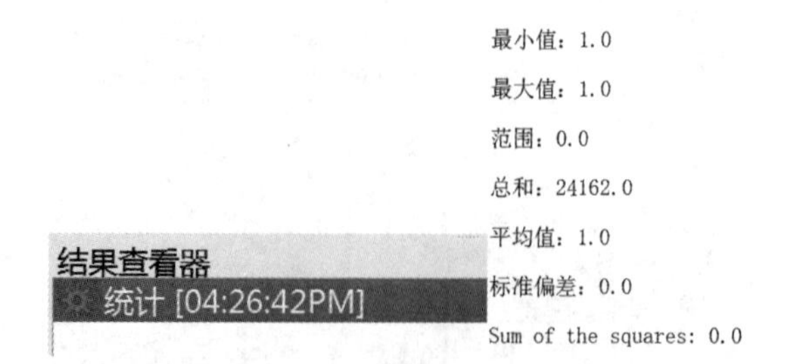

图 5.75　输出结果展示

只考虑值为1的单元格，并且层中的平均值等于1。该层有610列和401行，但有效单元的总数远低于610×410，这些是用来计算统计数据的单元格。

2）统计结果分析

栅格图层始终覆盖矩形区域，但是在某些情况下，图层所代表的土地对象可能不是矩形的。这可能是由于纯粹的地球物理原因（想象一个含有非水细胞的水温层）、政治原因（一个给定国家的DEM层，没有邻国可用的数据）或许多其他原因造成的。在任何情况下，这些单元格都需要一个值来指示没有可用的数据，选择并使用任意值。

对于示例层，使用的值为－99999，这是为无数据值设置的默认值。这意味着，当标识工具没有显示任何数据，在这种情况下它实际上选择了－99999的值。

在前面的示例中清楚地看到，处理框架中的算法系统地忽略无数据单元，并且不使用它们的值。该层的大部分细胞的值为1（属于分水岭的细胞），但其中许多细胞的值为－99999。然后，单元格的平均值应该与1不同，但是由于－99999被定义为无数据值，因此所有具有此值的单元格都将被忽略。因此，这一层的平均值等于1。

3）设置空值样式

空值不仅在执行分析时要考虑，而且在只想呈现包含空值的层时也要考虑。

渲染栅格层时，也会单独考虑空值。可以选择使用给定的颜色（由当前调色板设置）选择它们，或者根本不渲染它们。若要使具有空值的所有单元格透明，可打开图层属性进行设置（图5.76）。

图5.76　打开图层属性

单击左侧菜单栏中的“透明度”确保选中“无数据值”复选框，单击“OK”即可，如图5.77所示。

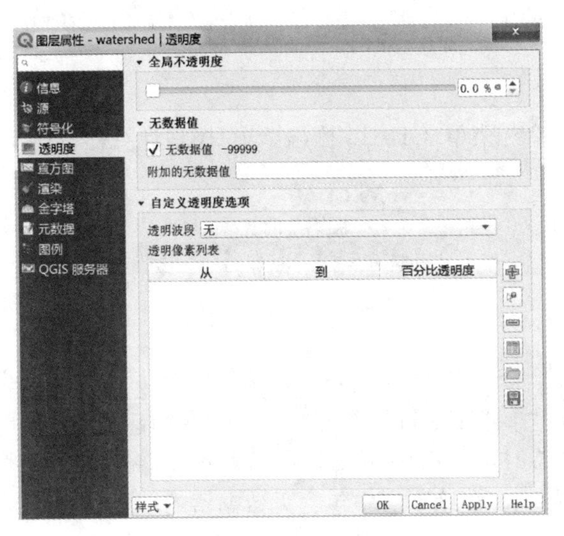

图5.77　透明度设置

5.2.4 利用遮罩设置范围

数据：watershed. tif、dem. tif。

方法一：

添加 watershed. tif 和 dem. tif 层，选择“处理工具箱”菜单/栅格分析/Raster calculator（图 5.78）。

图 5.78 添加 watershed. tif 和 dem. tif 层

在公式字段中，输入公式：dem@1 * watershed@1。单击“运行”即可，如图 5.79 所示。

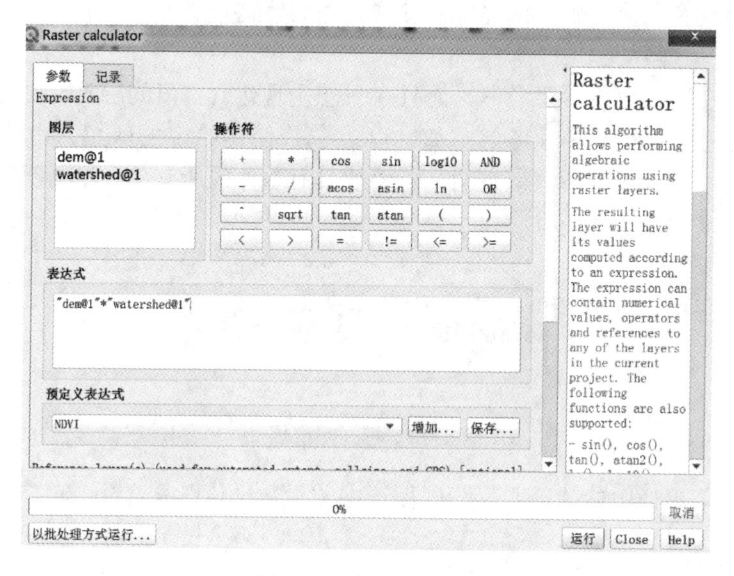

图 5.79 栅格计算器

方法二：

选择“处理工具箱”菜单/GDAL/栅格杂项/栅格计算器（图 5.80）。

图 5.80 操作图示

弹出对话框，在图层 A 中选择 dem，在图层 B 中选择 watershed 图层，输入公式 A * B，单击运行以运行算法，将得到一个被遮掩 DEM，如图 5.81 所示。

当使用栅格计算器时，所有涉及无数据值的操作将导致另一个无数据值。即当将 DEM 层与遮罩层相乘时，在遮罩层中包含无数据值的单元格中，无论该单元格在 DEM 层中找到哪个高程值，结果层中的值都将为无数据值。

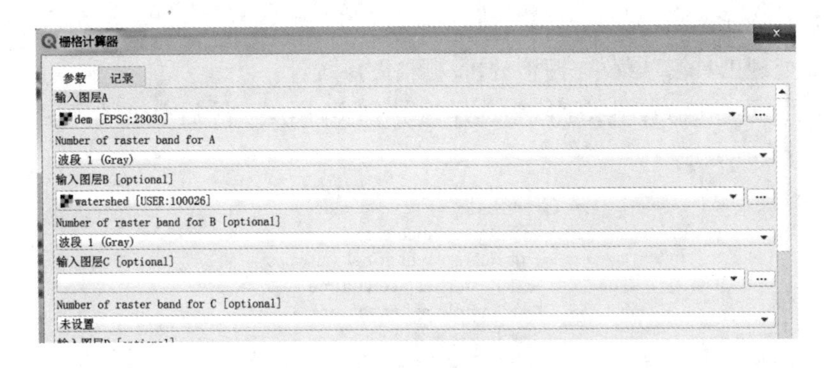

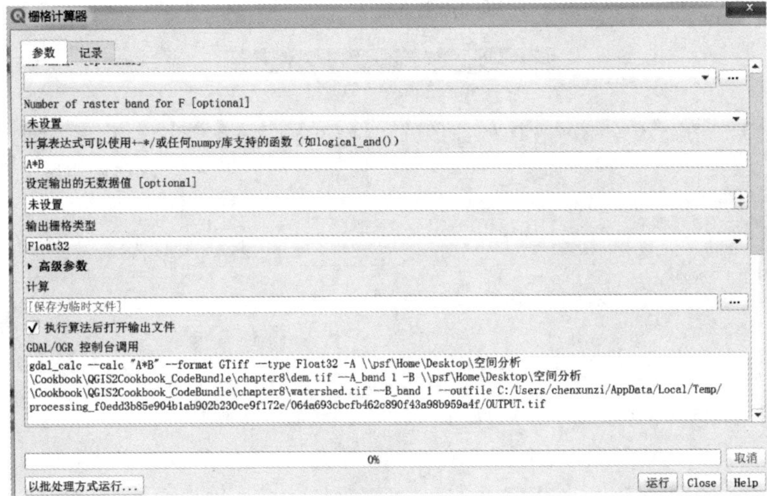

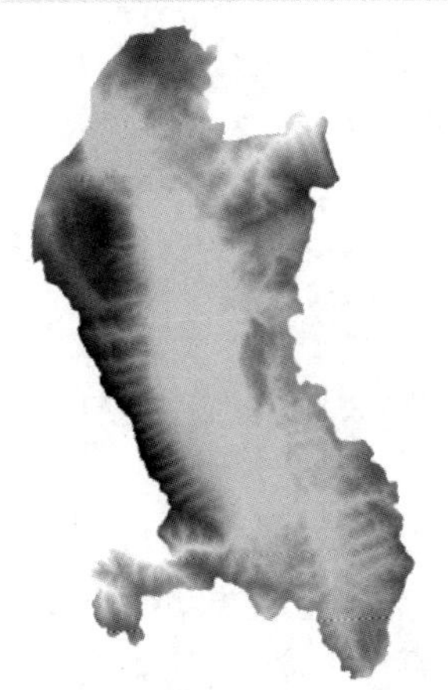

图 5.81　被遮掩 DEM 结果展示

由于掩模层中分水岭内的单元格的值为 1，因此得到一个分水岭单元的高程值和其余单元的无数据值的层。

1）限定分析区域

当选择一个感兴趣的区域作为遮罩图层（在本例中是分水岭）时，要执行的所有分析将仅限于此，例如计算流域的平均高程。

（1）运行算法

选择“处理工具箱”菜单/栅格分析/栅格图层统计。

弹出对话框，在输入图层字段中选择遮罩 DEM 图层，然后单击“确定”以运行算法，如图 5.82 所示。

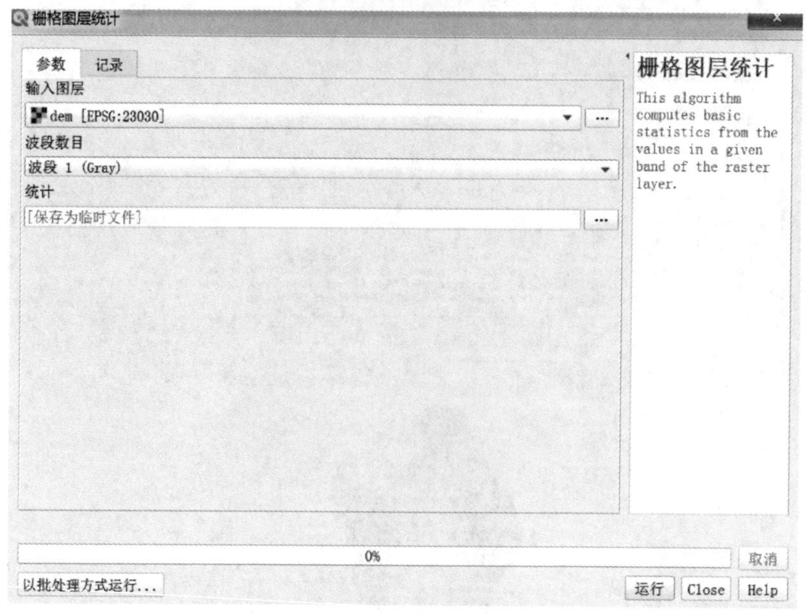

图 5.82　运行遮掩算法

（2）查看结果

单击右侧“结果查看器”可查看输出结果，结果是一个简短的文本输出，如图 5.83 所示。

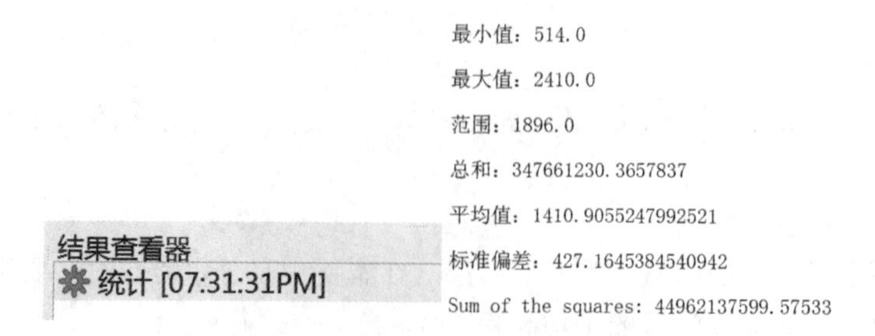

图 5.83　结果查看

这些值只使用有效的单元值计算，而忽略了无数据值，这意味着它们指的是 watershed 图层，而不是光栅层的整个范围。

有时，在栅格图层中可能会有许多不需要的数据值，例如在 watershed 图层中，为了减少层的范围，并且只具有覆盖有效数据的最小范围，可以使用“Crop to data”算法。

(1) 运行算法（图 5.84）

首先选择“处理工具箱”菜单/SAGA/Raster tools/Crop to data。

弹出对话框，在输入层字段中选择 DEM 图层，然后单击运行以运行算法。

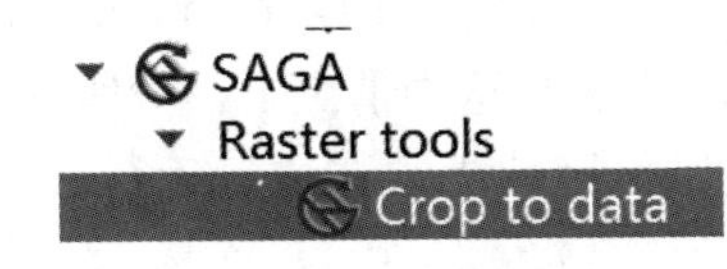

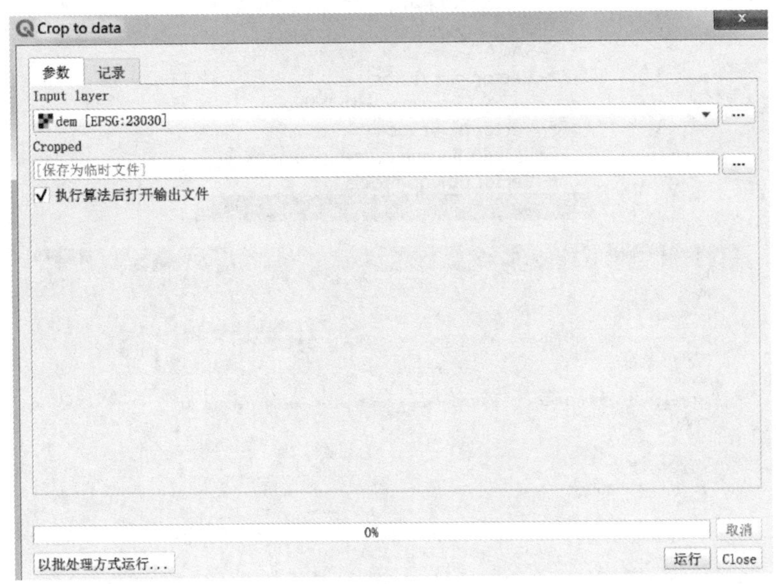

图 5.84 运行算法

(2) 查看结果

当对无数据值设置透明度时，生成的层如图 5.85 所示。

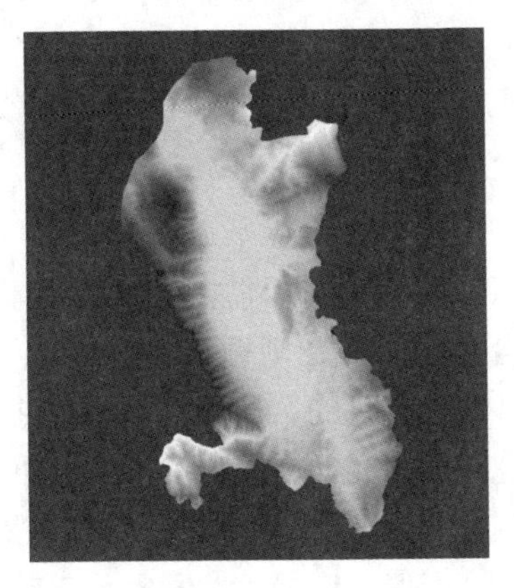

图 5.85 结果查看

注：如果选择不将任何数据单元格呈现为透明像素，则在原始层和裁剪层之间看不到任何视觉差异。

2）使用矢量图层进行遮罩

遮罩栅格图层也可以使用多边形矢量层。watershed. shp 包含一个多边形，该多边形具有已用来遮罩 DEM 的流域面积。下面介绍如何在不使用栅格遮罩的情况下来遮罩 DEM。

运行算法：首先选择工具箱/SAGA/Vector polygon tools/Polygon clipping。

弹出对话框，在 Clip feature 中选择 DEM，在 Input feature 中选择向量层。单击运行后，裁剪结果将添加到 QGIS 中。在这种情况下，裁剪算法会自动将输出层的范围缩小到多边形层所定义的最小范围，因此无须在之后运行裁剪到数据的算法，如图 5. 86 所示。

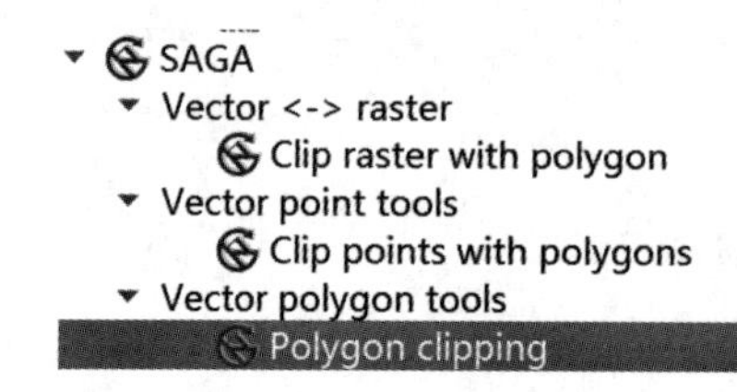

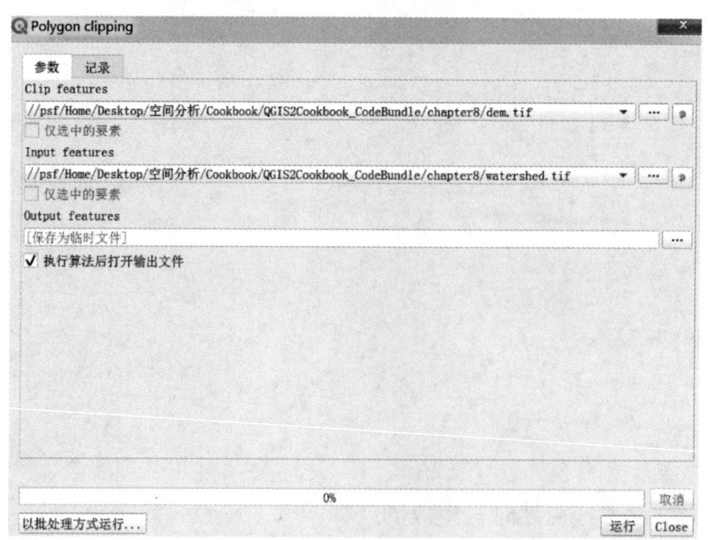

图 5. 86　裁剪设置

5. 2. 5　栅格图层采样

若不是每个栅格单元都可以映射到显示器上自己的像素，需要使用栅格重采样。如果将每个栅格单元映射到它自己的像素，则栅格将会以全分辨率显示（也称为 1∶1 显示）。然而，由于显示屏幕大小是有限的，所以可能希望扩大或减少栅格单元的大小。本节将讨论用于确定栅格图像重采样的方式，可以使用的可用参数。

栅格样式选项卡的重采样部分有 3 个参数：放大（Zoomed in）、缩小（Zoomed out）和过采样（Oversampling）。重采样部分及其默认参数设置如图 5. 87 所示。

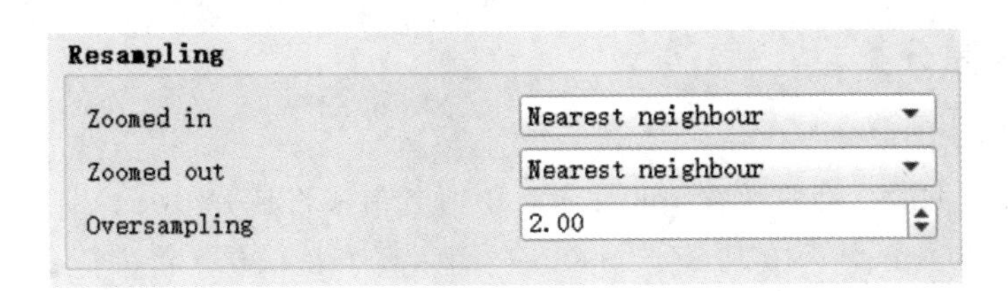

图 5.87 重采样

（1）放大（Zoomed in）：在参数设置重采样方法时，放大栅格。有 3 种重采样方法可供选择：最近邻法（Nearest neighbour）、双线性法（Bilinear）和三次采样法（Cubic）。

（2）缩小（Zoomed out）：设置放大栅格时采用的重采样方法。有 2 种重采样方法可供选择：最近邻法（Nearest neighbour）和平均法（Average）。

（3）过采样（Oversampling）：该参数决定在缩小时将使用多少个子像素来计算值。

上述一共有 4 种重采样方法，分别为：

（1）最近邻法（Nearest neighbour）。在该方法中，每个栅格单元分配最近单元的值（测量单元格中心值）。当栅格表示离散的数据时，这是一个很好的选择方法。

（2）双线性法（Bilinear）。在该方法中，每个栅格单元基于四个最接近原始值的单元格分配平均值。这种方法可以使数据平滑，可以使峰与谷之间更加平均。

（3）平均值（Average）。在这种方法中，每个栅格单元格根据周围单元格的原始值分配一个平均值。这种方法也可以使数据更加平滑。

（4）三次采样法（Cubic）。在该方法中，每个栅格单元都根据周围单元的原始值分配一个插值。与双线性法不同的是，三次采样法不会使峰或谷平滑得那么多，而且它倾向于保持局部平均值和可变性。这是计算量最大的方法。

（1）数据：dem. tif、dem _ points. shp

通过查询点坐标中图层的值，可以将栅格图层中的数据添加到点图层中，这个过程称为采样。

（2）运行算法

加载 dem. tif 栅格层和 dem _ points. shp 矢量层：在“处理工具箱”菜单中，选择 SAGA/Vector〈—〉raster/Add raster values to points，如图 5. 88 所示。

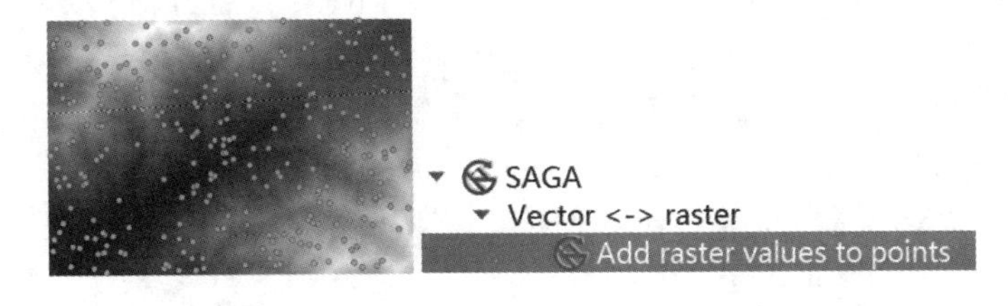

图 5.88 加载算法

弹出对话框在点字段中选择 dem _ points，在 Grids 字段中选择 dem 图层，单击运行即可。

注：有 4 种 Interpolation 插值方法。

5.2.6 栅格重分类

1）修改栅格图层值

使用光栅数据的一种非常有用的技术是更改其值或将其分组为类别。为了将高程分为3组：小于1000m、在1000m到2000m之间、高于2000m，将进行如下操作：

（1）运行算法

从“处理工具箱”菜单中选择SAGA/Raster tools/Reclassify values（simple）。

弹出对话框，在“Grid”中选择之前使用的DEM文件，接着在“Replace Condition”中选择“Low value〈=grid value〈high value”，如图5.89所示。

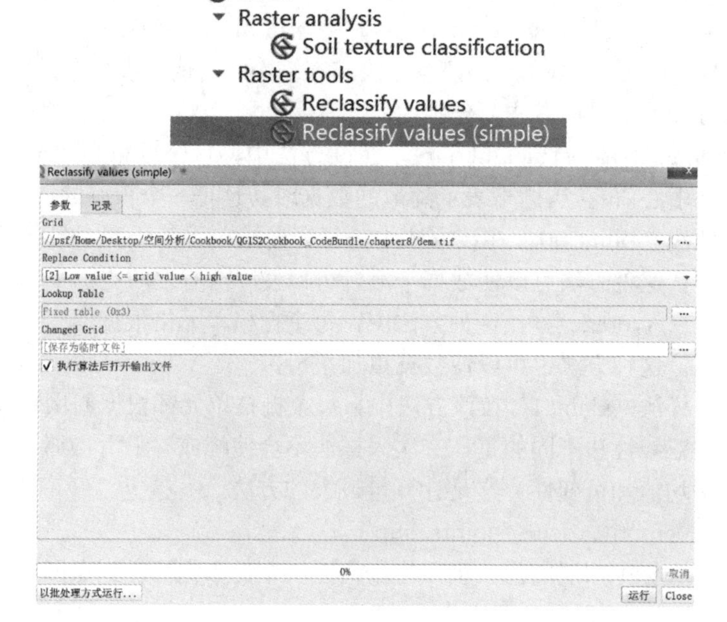

图5.89 算法运行设置

（2）设置表格参数

单击“Lookup Table”参数中的按钮，弹出对话框，设置其值，如图5.90所示。

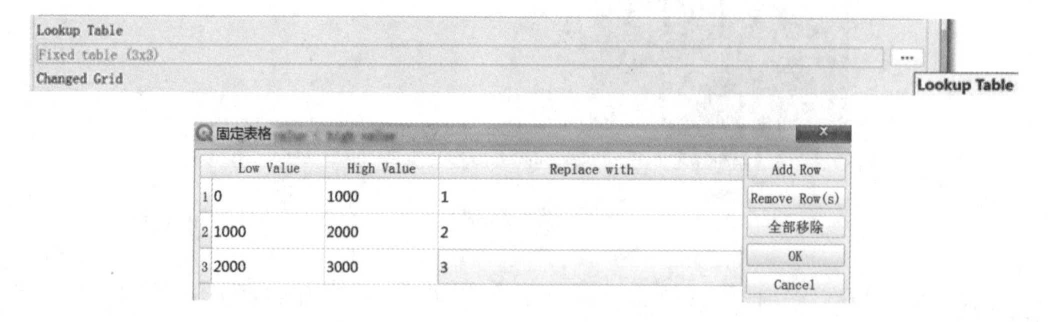

图5.90 设置表格参数

（3）查看结果图

单击“运行”，将创建重新分类的图层，如图 5.91 所示即为结果图。

考虑到指定的比较标准，将每个单元格的值与表格中的范围限制进行比较。只要一个值属于给定的范围，为这个范围指定的类值将在输出层中使用。

其他方法可用于自动重新分类，尤其是当这涉及到将栅格层值划分为具有某些常量属性的类时，例如接下来介绍的两个实例。

2）重新分为等幅类

重新分类的典型情况是将层的值的总范围划分为给定数量的类。这类似于对其进行切片，如果应用于 DEM，例如我们的示例数据，则其结果将类似于以规则间隔对轮廓线进行去块。

图 5.91　运行结果展示

（1）运行算法

要以相等的间隔重新分类，首先选择“处理工具箱”菜单/GDAL/栅格杂项/栅格计算器。

弹出对话框选择 DEM 作为唯一要使用的图层。输入公式 int（（a-514）/（2410-514）*5）以及设置其他参数信息（图 5.92）。

图 5.92　运行算法

（2）查看结果

重新分类的图层将如图 5.93 所示。

公式中的数值对应层的最小值和最大值。可以在图层的“属性”窗口中查找这些值。要创建不同数量的类，只需在公式中使用另一个值而不是5。

3）重新分为等面积类

没有工具可以重新分类为一组 n 个类，因为每个类都占据相同的区域，但是可以使用其他一些算法获得类似的结果。接下来将DEM重新分类为同一区域的5个类别。

（1）运行算法

打开工具箱，选择SAGA/Raster tools/Reclassify values。

弹出对话框，输入DEM作为输入层，单击运行以执行算法。生成的层根据其在DEM中的值对单元进行排序，因此值为1的单元表示高度值最低的单元，2表示高度值第二低的单元，以此类推（图5.94）。

图5.93 重新分类图层结果展示

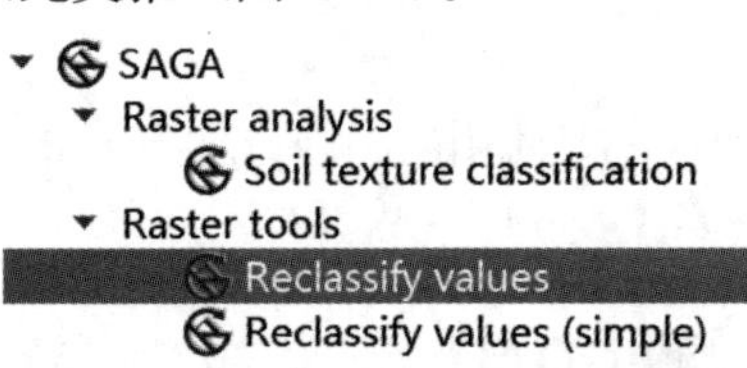

图5.94 执行算法

（2）查看结果

使用前面描述的过程将有序层重新分类为5类等幅层，最终结果如图5.95所示。

处理工具箱菜单包含其他分类算法，其中大多数基于SAGA。一种不同的算法是网格的聚类分析。这将创建一个给定数量的类，以使组中的差异最小化，从而使它们尽可能一致。这也被称为非监督分类（图5.96）。

图 5.95　5 类等幅层结果展示

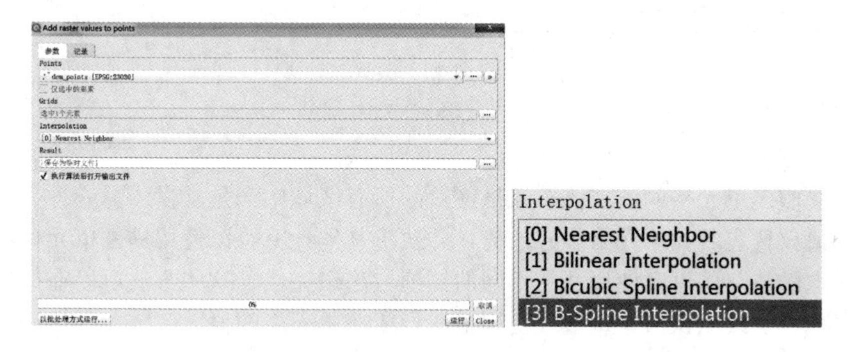

图 5.96　其他分类算法

(3) 查看属性表

新创建的矢量层与输入层包含相同的点，但属性表中有一个附加字段，其中包含所选栅格层的名称以及每个点中与该层对应的值。右击该层打开属性表，如图 5.97 所示。

移除图层(R)...
打开属性表(O)
切换编辑状态

	ID	dem
0	1	764.0000000000
1	2	908.0000000000
2	3	1036.0000000000
3	4	733.0000000000
4	5	1019.0000000000
5	6	1083.0000000000
6	7	1989.0000000000
7	8	1947.0000000000
8	9	538.0000000000
9	10	1079.0000000000
10	11	1609.0000000000
11	12	1383.0000000000
12	13	1631.0000000000
13	14	1111.0000000000
14	15	1867.0000000000
15	16	2178.0000000000
16	17	2081.0000000000

图 5.97　属性表

未执行采样时 point 图层的属性表如图 5.98 所示。

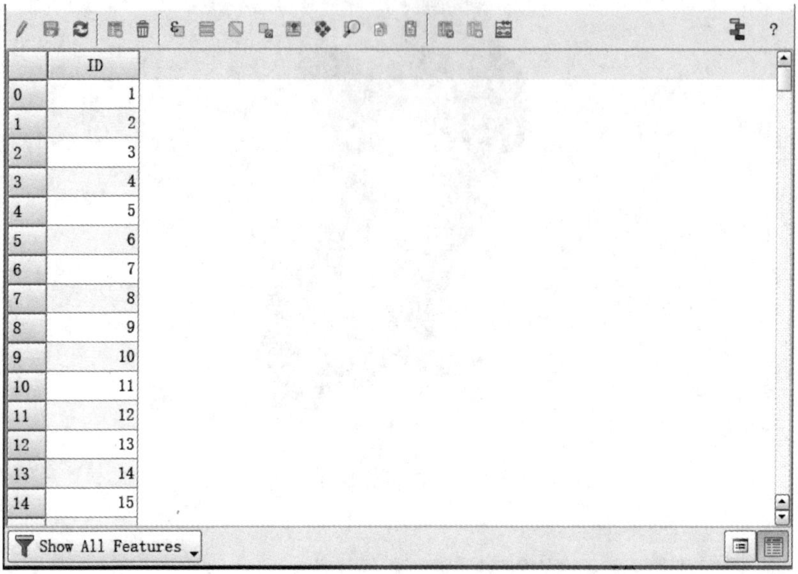

	ID
0	1
1	2
2	3
3	4
4	5
5	6
6	7
7	8
8	9
9	10
10	11
11	12
12	13
13	14
14	15

Show All Features

图 5.98　未执行采样属性表

（4）具体分析

此方法假定单元格的值在该单元格覆盖的所有区域中都是常量。另一种方法是考虑单元格的值仅代表其在单元格中心的值，并执行其他计算，以使用周围单元格的值计算精确采样点的值。这可以使用几个不同的插值方法来完成，这些方法可以在插值方法选择器中选择，更改默认值，该值仅使用采样点所在单元格的值。

5.3　网络分析

5.3.1　寻找距离最近

在地理处理中，寻找距离最近是一项常见的任务，例如，找到离人口密集地区最近的机场。要查找最近的邻居并在输入特性与其在另一层中的最近邻居之间创建连接，可以使用距离最近的 hub 工具。

如图 5.99 所示，使用填充的位置作为源点层，机场作为目标集线器层。hub 层 name 属性将被添加到结果的属性表中，以识别最近的特性。因此，选择 NAME 将机场名称添加到已填充的位置。输出形状类型有以下两种选择。

（1）点。此选项创建一个点输出层，其中包含源点层的所有点，以及最近的集线器特性的新属性和到它的距离。

（2）线到集线器。此选项创建一个线输出层，其中连接源点层的所有点及其对应的最近的集线器特性。

注：建议使用层单位作为测量单位，以避免测量错误的潜在问题。

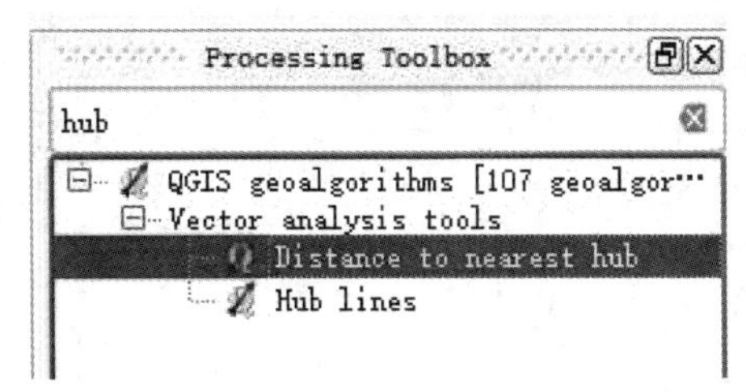

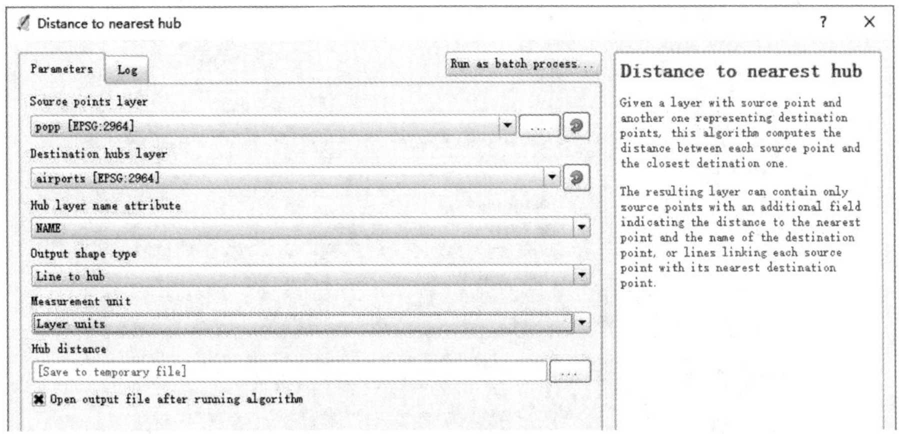

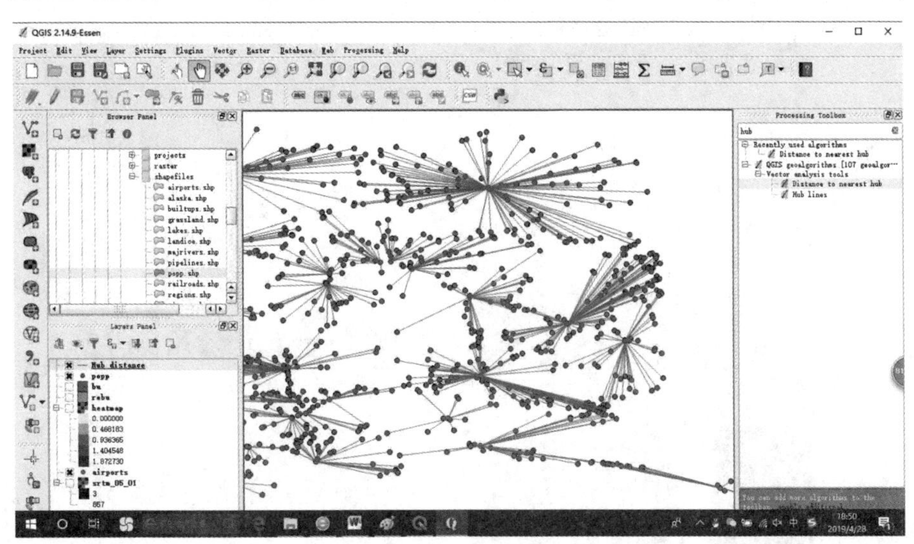

图 5.99　寻找距离最近

5.3.2　创建简单路径网络

简单路径网络由线要素组成，包括节点（nodes or vertices）和边界（edges or links），因此需要创建带有节点的线要素作为简单路径网络。

（1）首先创建一个新的线要素 Shapefile

在菜单栏上选择 Layer/Create Layer/New Shapefile Layer…，选择路径并命名，类型选择 line。无须添加其他字段，如图 5.100 所示。

图 5.100 创建 Shapefile

（2）开启捕捉

选择 setting/option…弹出对话框选择 Digitizing/Snapping，设置捕捉节点，容差至少设置成 5.00000pixels，单击“OK”。设置完成后右击菜单栏激活捕捉工具条（图 5.101）。

图 5.101　工具条

（3）开始数字化道路网

启用编辑，添加线要素。单击添加线要素图标，开始绘制。数字化线要素时，一条线可绘制多个节点，右击弹出结束绘制，并在属性上为道路增设 ID 值，至此第一条道路绘制完毕，如图 5.102 所示。

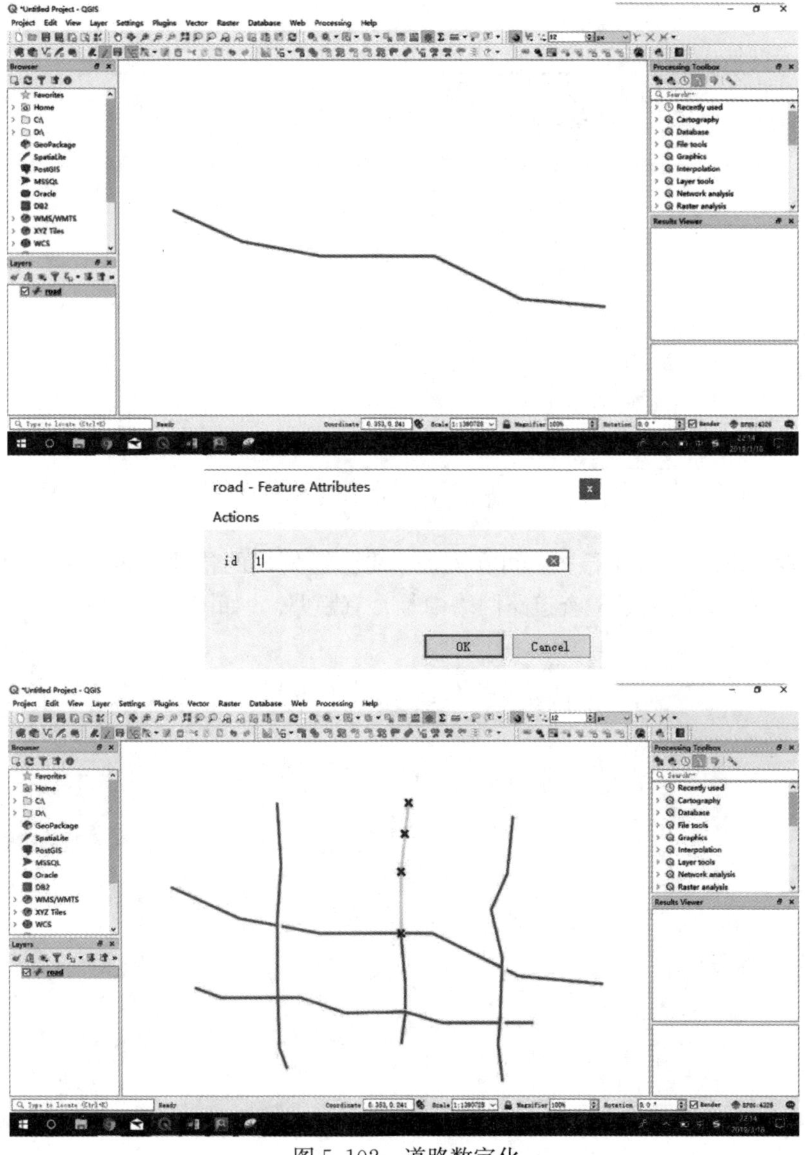

图 5.102　道路数字化

这里绘制了12条道路，选中道路可查看到所有的节点，单击保存编辑图标，单击停止编辑图标。

（4）拓扑检查

在工具栏上选择 vector/Topology checker，打开拓扑检查器。单击扳手图标（配置），进入拓扑规则设置。选择刚刚创建的图层，设置规则为不可有悬挂点。单击 Add Rule 添加规则，单击“OK”，如图 5.103 所示。

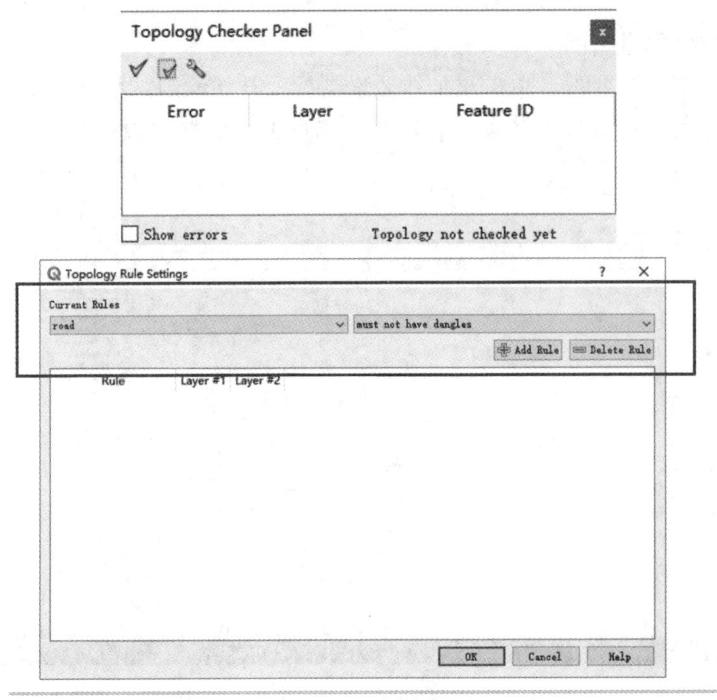

图 5.103　拓扑检查

单击 Validate All 开始检查，可在列表中看到已发现的错误列表，并在图中以红色高亮显示：（该检查目的是检查道路网络中是否有断路），如图 5.104 所示。

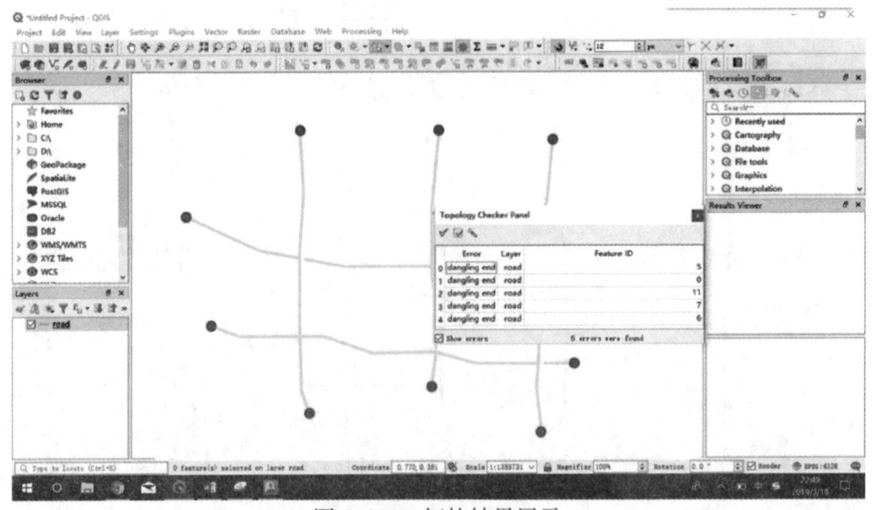

图 5.104　拓扑结果展示

5.3.3 计算最短路径

QGIS 网络分析库，实现的是 Dijkstra 算法。对于给定的起始节点，算法以最小的代价（即代价准则为长度的最短路径或代价准则为时间的最短路径）在该节点与网络中的其他节点之间找到路径。也用于找到从起始节点到目标节点的最短路径的代价。

1）使用网络分析工具计算两点之间的最短路径

（1）无约束条件的最短路径

首先加载数据 network _ pgr. shp，在处理工具栏中选择 Network analysis/Shortest path（point to point），弹出 Shortest Path 对话框（图 5.105）。

选择网络数据，在 path type to calculate 参数中下拉可选两种计算类型：最短（用于计算距离花费总成本，默认单位 m）；最快（用于计算时间花费总成本默认单位 h）。可手动输入起始点坐标，也可单击…在图层中点选起始点。Shortest Path 参数中可选择保存类型，如图 5.105 所示。单击 Run 运行，结果生成 Shortest path. shp。

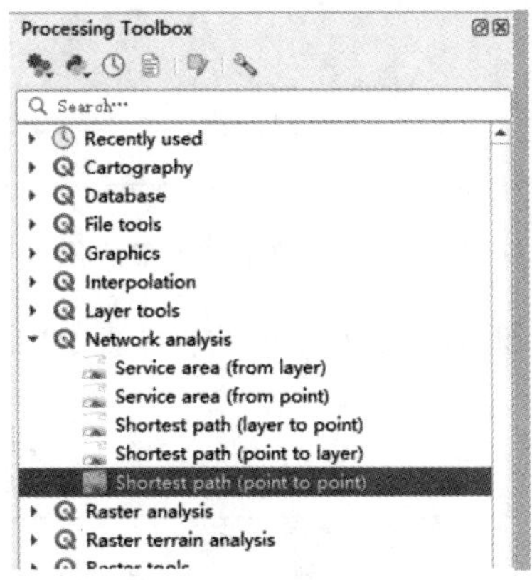

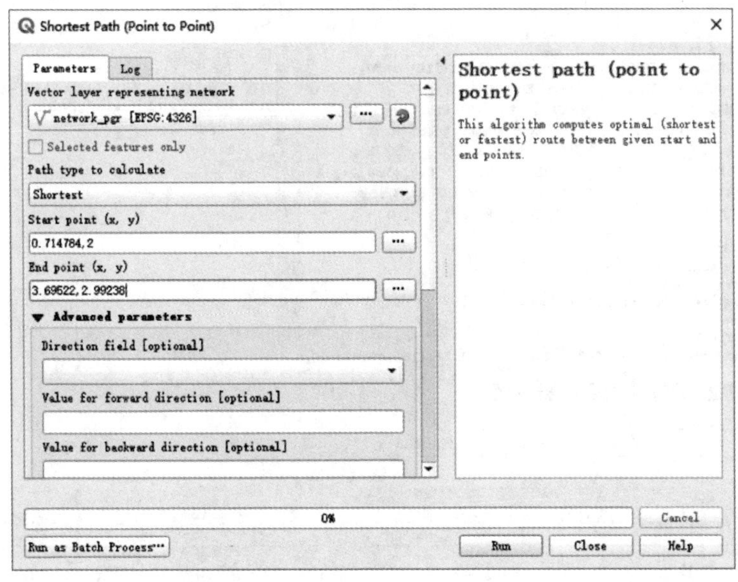

图 5.105　Shortest Path 参数设置

若计算（最快）时间花费总成本则需添加一个速度计算的字段，如图 5.106 所示。

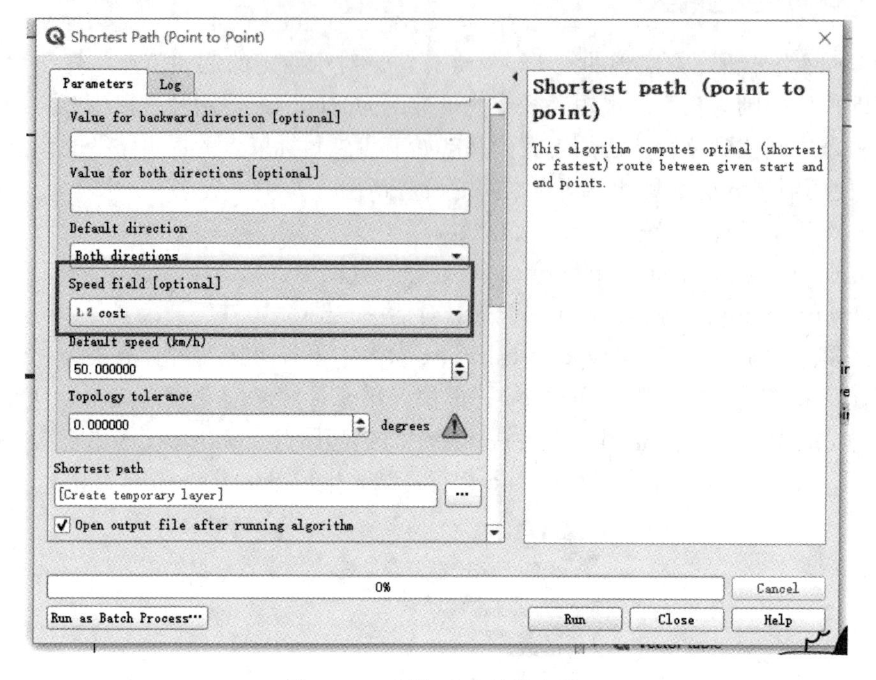

图 5.106　添加速度计算字段

在运行结果的 log 中以及 Shortest path.shp 的属性表中均可看到花费结果，如图 5.107、图 5.108 所示：

① 距离总成本。

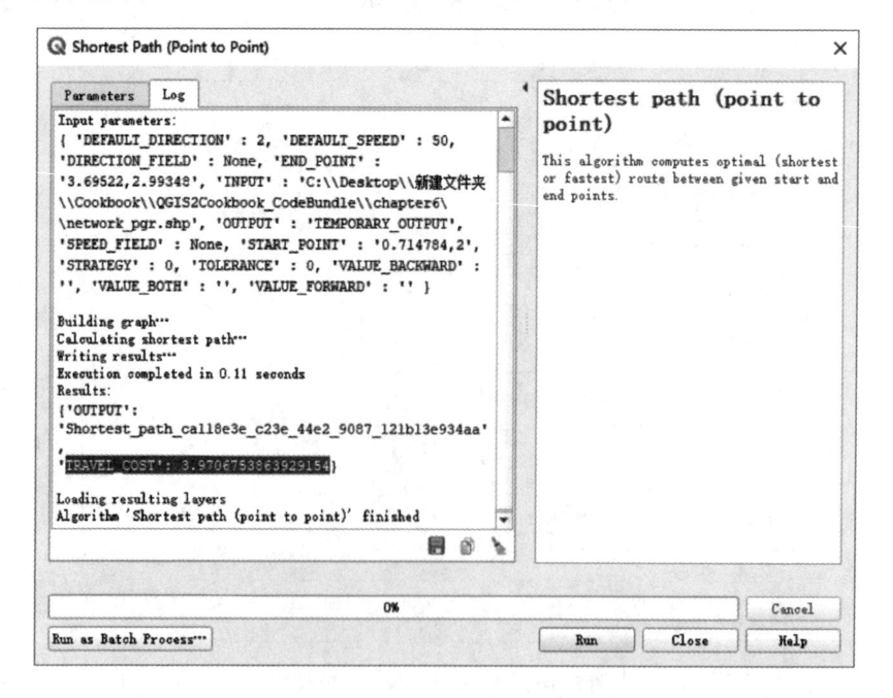

Shortest path :: Features Total: 1, Filtered: 1, Selected: 0

	start	end	cost
1	0.714784, 2	3.69522, 2.99...	3.9706753863...

图 5.107　距离总成本结果展示

② 时间总成本。

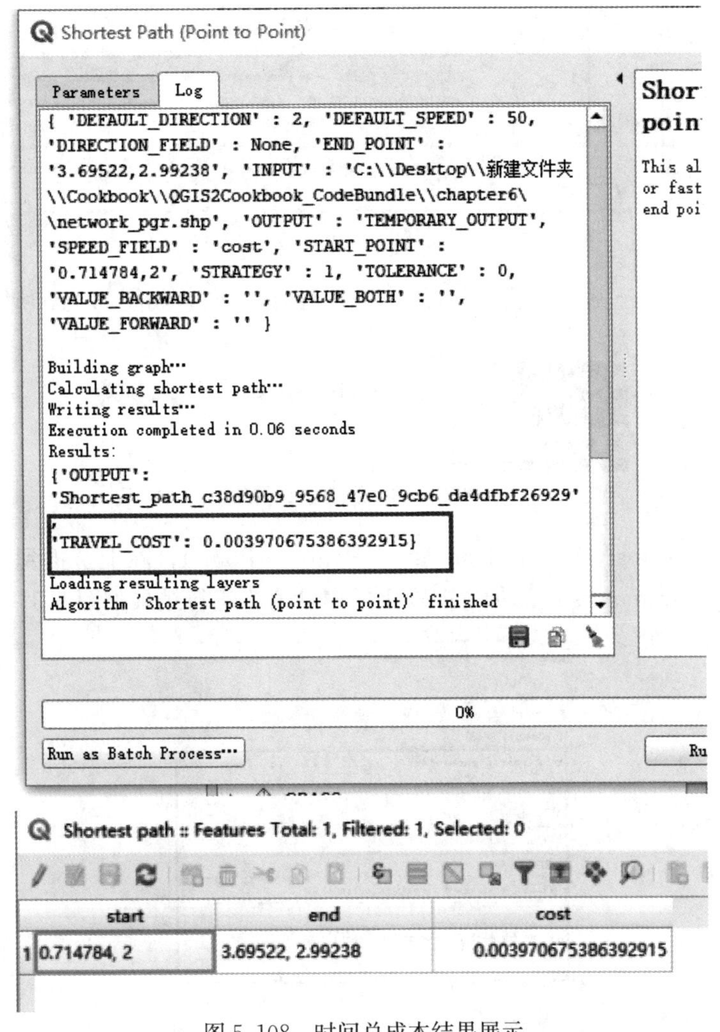

图 5.108　时间总成本结果展示

（2）添加道路通行规则

加载数据 network. shp，打开属性表（图 5.109）。道路具有通行规则，如单、双向通行等。为道路网添加通行规则，可通过字段设置方向规则，FT（form-to）/TF（tofrom）/B（both）。(其中，节点 source 至 target 可通行则 cost 为 1，反之为－1；节点 target 至 source 可通行则 reverse _ cost 为 1，反之为－1。Cost＝reserve _ cost＝1 则通行方向为 B；cost＝1 且 reserve _ cost＝－1 则通行方向为 FT；cost＝－1 且 reserve _ cost＝1 则通行方向为 TF。该表可通过 Python 批量增设字段。)

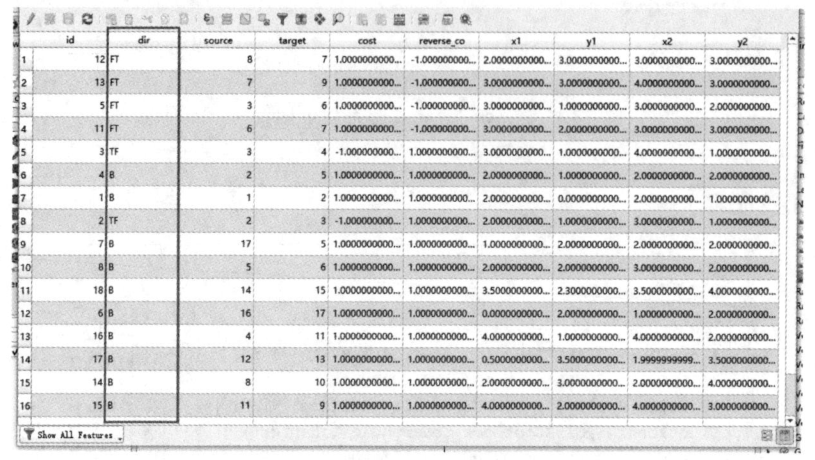

	id	dir	source	target	cost	reverse_co	x1	y1	x2	y2
1	12	FT	8	7	1.0000000000...	-1.000000000...	2.0000000000...	3.0000000000...	3.0000000000...	3.0000000000...
2	13	FT	7	9	1.0000000000...	-1.000000000...	3.0000000000...	3.0000000000...	4.0000000000...	3.0000000000...
3	5	FT	3	6	1.0000000000...	-1.000000000...	3.0000000000...	1.0000000000...	3.0000000000...	2.0000000000...
4	11	FT	6	7	1.0000000000...	-1.000000000...	3.0000000000...	2.0000000000...	3.0000000000...	3.0000000000...
5	3	TF	3	4	-1.000000000...	1.0000000000...	3.0000000000...	1.0000000000...	4.0000000000...	1.0000000000...
6	4	B	2	5	1.0000000000...	1.0000000000...	2.0000000000...	1.0000000000...	2.0000000000...	2.0000000000...
7	1	B	1	2	1.0000000000...	1.0000000000...	2.0000000000...	0.0000000000...	2.0000000000...	1.0000000000...
8	2	TF	2	3	-1.000000000...	1.0000000000...	2.0000000000...	1.0000000000...	3.0000000000...	1.0000000000...
9	7	B	17	5	1.0000000000...	1.0000000000...	1.0000000000...	2.0000000000...	2.0000000000...	2.0000000000...
10	8	B	5	6	1.0000000000...	1.0000000000...	2.0000000000...	2.0000000000...	3.0000000000...	2.0000000000...
11	18	B	14	15	1.0000000000...	1.0000000000...	3.5000000000...	2.3000000000...	3.5000000000...	4.0000000000...
12	6	B	16	17	1.0000000000...	1.0000000000...	0.0000000000...	2.0000000000...	1.0000000000...	2.0000000000...
13	16	B	4	11	1.0000000000...	1.0000000000...	4.0000000000...	1.0000000000...	4.0000000000...	2.0000000000...
14	17	B	12	13	1.0000000000...	1.0000000000...	0.5000000000...	3.5000000000...	1.9999999999...	3.5000000000...
15	14	B	8	10	1.0000000000...	1.0000000000...	2.0000000000...	3.0000000000...	2.0000000000...	4.0000000000...
16	15	B	11	9	1.0000000000...	1.0000000000...	4.0000000000...	2.0000000000...	4.0000000000...	3.0000000000...

图 5.109　打开属性表

线要素也可用基于规则的符号化显示，直观标记方向，如图 5.110 所示。

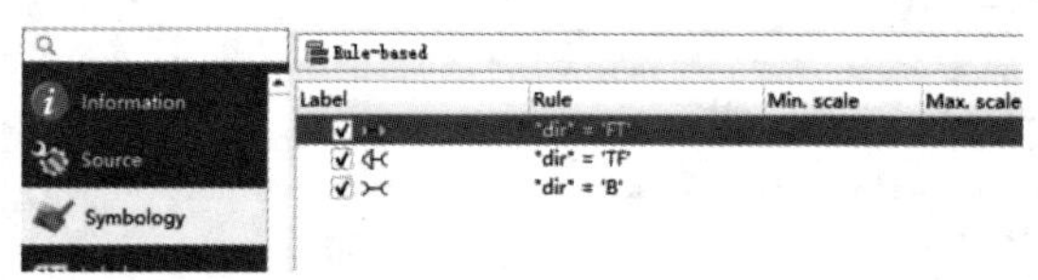

图 5.110　线要素设置

启用 Network analysis/Shortest Path（Point to Point），除上节提到的参数外，还需在 Advanced parameters 中添加方向规则的属性值。运行结果如图 5.111 所示。

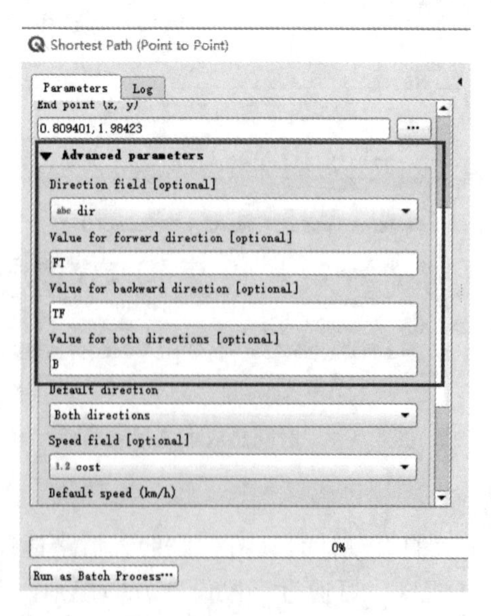

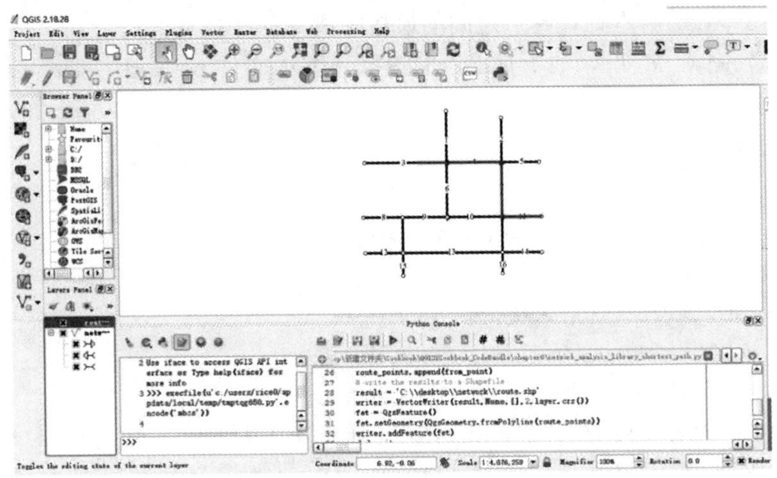

图 5.111　运行结果展示

由于道路 11、12 是单行向，所以只能途经道路 12/13/15/9/8/7/6，如图 5.112 所示。

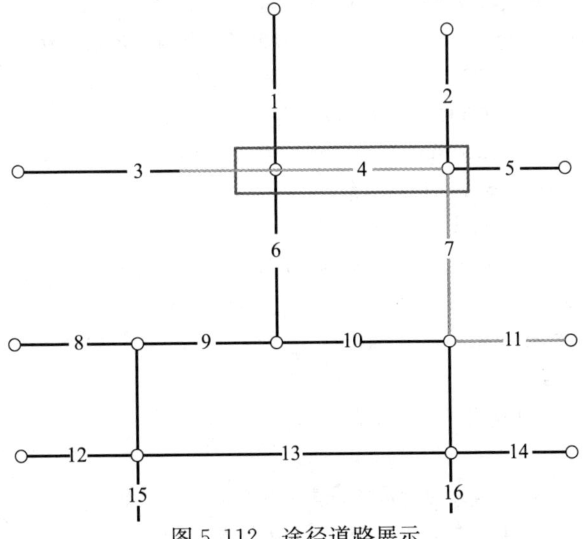

图 5.112　途径道路展示

2）使用网络分析库计算最短路径

QGIS 附带了一个网络分析库，它可以从 Python 控制台内部插件中使用。

启用 Python 控制台，可以打开一个编辑器进行代码的编写和调试，也可以在编辑器中打开已有的脚本文件运行，如图 5.113 所示。

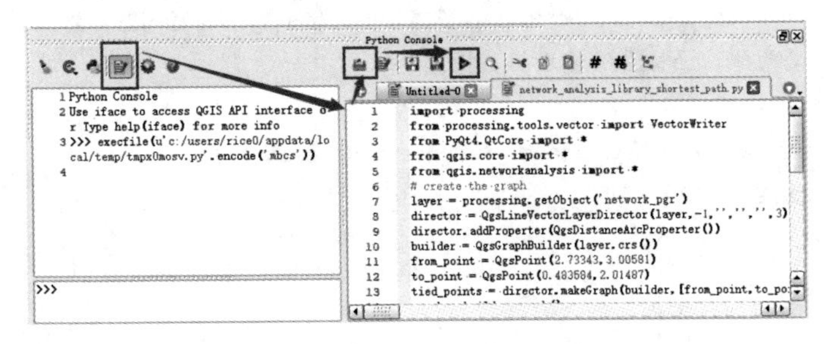

图 5.113　Python 控制台

3）使用 Python 脚本计算两点之间的最短距离

加载数据 network. shp，如上述 2）步骤打开脚本文件 network _ analysis _ library _ shortest _ path. py。

代码如下：

```
import processing
from processing. tools. vector import VectorWriter
from PyQt4. QtCore import *
from qgis. core import * #导入核心库
from qgis. networkanalysis import * #导入网络分析库
# create the graph
layer = processing. getObject ('network _ pgr') #获取操作图层
director = QgsLineVectorLayerDirector (layer, -1,",",",", 3) #创建一个 QgsLineVectorLayer-
Director 对象，参数分别为操作图层、方向字段的 ID：-1，为脚本不考虑单向；三个空值为道路通
行方向；最后一个参数是默认方向：1 表示内链接方向，2 表示反向方向，3 表示双向方向
director. addProperter (QgsDistanceArcProperter ())
builder = QgsGraphBuilder (layer. crs ()) #为图层添加与原图层一致的坐标系统
from _ point = QgsPoint (2.73343, 3.00581) #添加起点坐标
to _ point = QgsPoint (0.483584, 2.01487) #添加终点坐标
tied _ points = director. makeGraph (builder, [from _ point, to _ point])
graph = builder. graph () #创建图像对象
# compute the route from from _ id to to _ id
from _ id = graph. findVertex (tied _ points [0]) # 起点 id 设为 from _ point 的 id
to _ id = graph. findVertex (tied _ points [1]) # 终点 id 设为 to _ point 的 id
(tree, cost) = QgsGraphAnalyzer. dijkstra (graph, from _ id, 0) #调用 dijkstra 算法生成树
# assemble the route
route _ points = [] #创建空列表放置节点 id
curPos = to _ id
while (curPos ! = from _ id): #遍历收集生成树中的每一个节点
    in _ vertex = graph. arc (tree [curPos]) . inVertex ()
    route _ points. append (graph. vertex (in _ vertex) . point ())
    curPos = graph. arc (tree [curPos]) . outVertex ()
route _ points. append (from _ point)
# write the results to a Shapefile
result = 'C: \ \ desktop \ \ network \ \ route. shp' #保存生成的路径图层
writer = VectorWriter (result, None, [], 2, layer. crs ()) #写入器写入文件路径、编码默认
为 none、几何类型 2 为线、坐标系统使用图层投影
fet = QgsFeature ()
fet. setGeometry (QgsGeometry. fromPolyline (route _ points))
writer. addFeature (fet)
del writer
processing. load (result) #加载图层
```

运行此代码前需加载图层 network _ pgr. shp，或在 layer = processing. getObject ('network _ pgr')中修改当前操作图层名。

若使用的不是此图层，则还需修改 from _ point＝QgsPoint（2.73343，3.00581）中的起点坐标，以及 to _ point＝QgsPoint（0.483584，2.01487）中的终点坐标。

此外，还需要注意的是第 28 行中 result ='C：\\ desktop \\ network \\ route. shp '应修改为本机中的路径，并且路径需使用“\”对“\”进行转义，即使用双斜杆 \\ 分级，结果如图 5.114 所示。

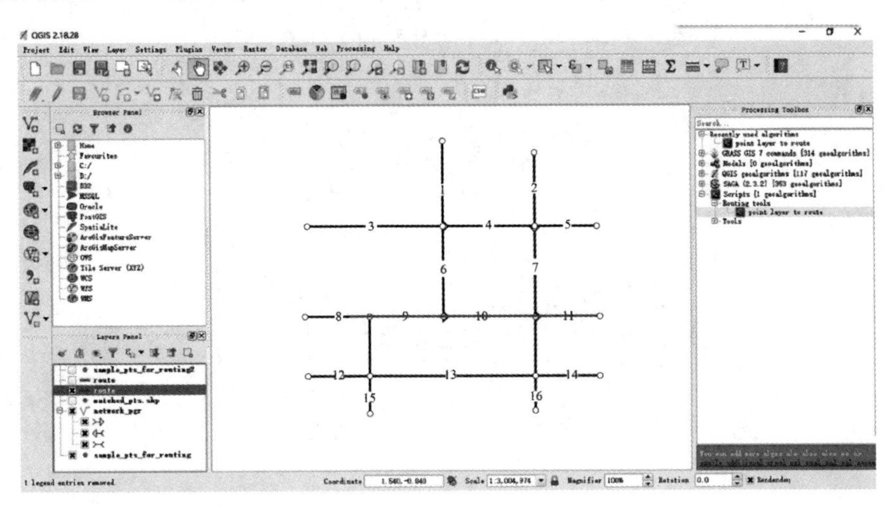

图 5.114　两点之间最短距离结果

4）由点序列生成路径

在使用此功能前，首先要将 point _ layer _ to _ route. py 放至 QGIS 中默认的脚本文件存放路径中，有两种方法添加。

① 在菜单栏上选择 processing/options，弹出 Processing options 对话框，找到存放脚本文件的路径（图 5.115）。

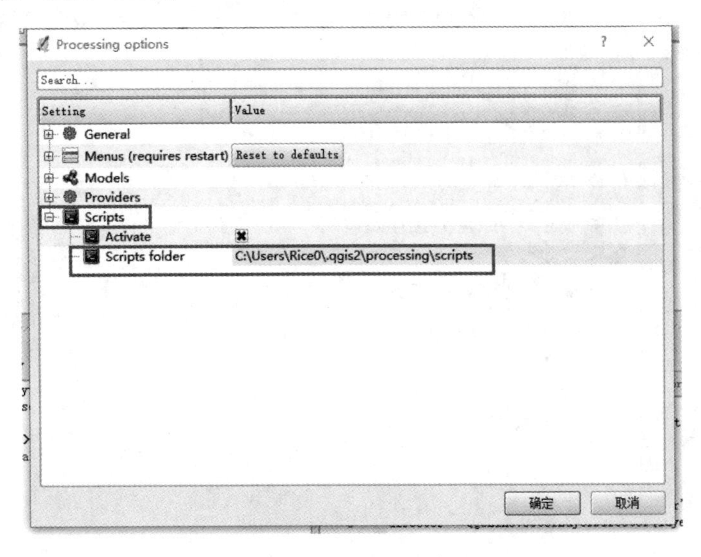

图 5.115　Processing options 对话框

将脚本文件 point _ layer _ to _ route. py 拷贝至该文件夹下。

重启 QGIS，将在 Processing Toolbox/Scripts 下看到新增的 Routing tools，如图 5.116 所示。

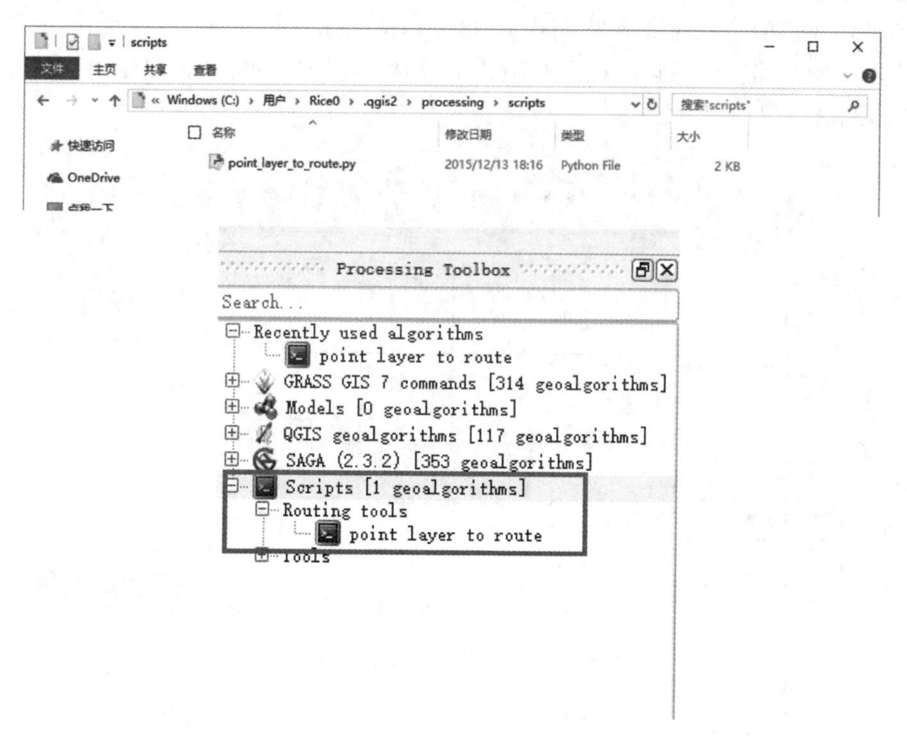

图 5.116　脚本存放

② 可在 Scripts 下双击 Tools 中的 Add script from file 添加 point _ layer _ to _ route. py（图 5.117）。

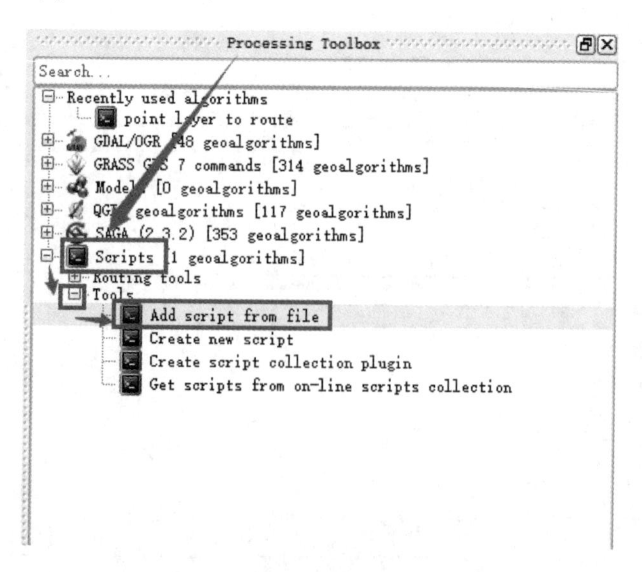

图 5.117　添加文件

接着即可加载数据图层 network. shp 和 sample _ for _ routing. shp，启用 point layer to route，弹出对话框。

选择相应的图层并运行，结果如图 5.118。

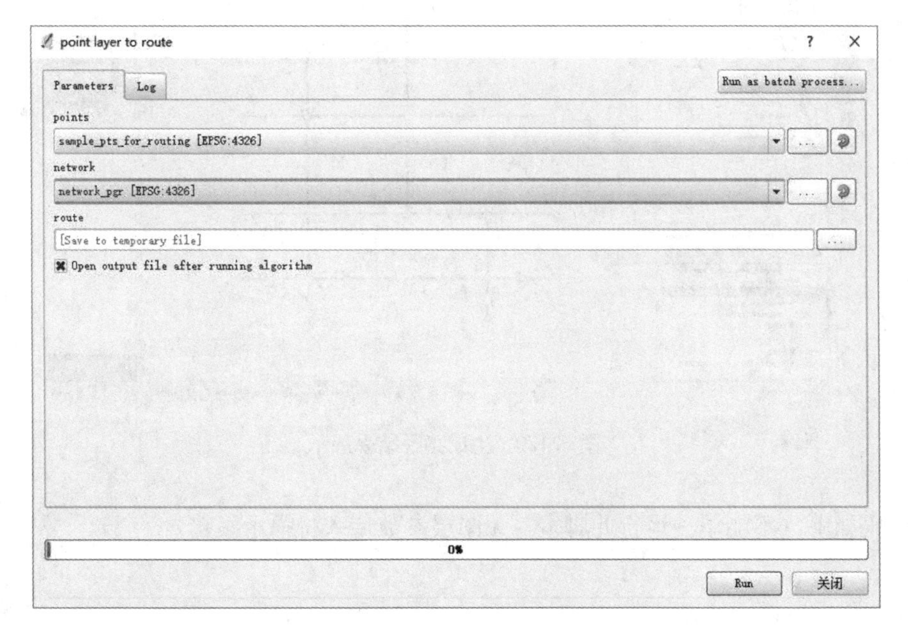

图 5.118　运行结果

打开生成路径的属性表可查看点的访问顺序（图 5.119）。

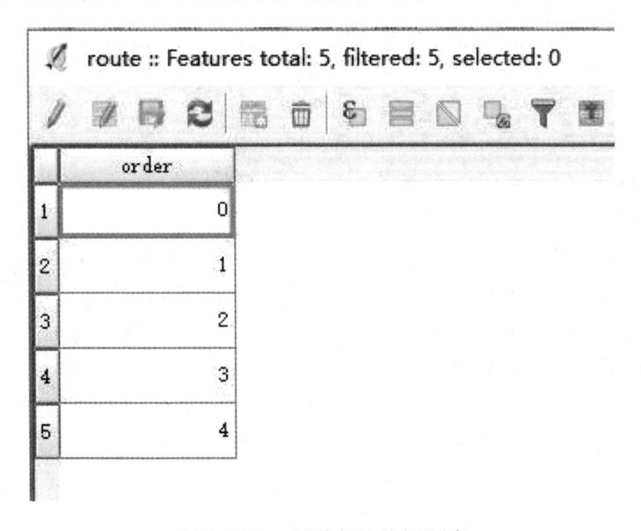

图 5.119　查看点的访问顺序

该算法的核心是获取所有的点并且计算两个连续点之间的最短路径，最后生成所有点的最短路径，它与 1）标题下（2）中不同的是，此算法不涉及道路通行方向，如图 5.120所示。

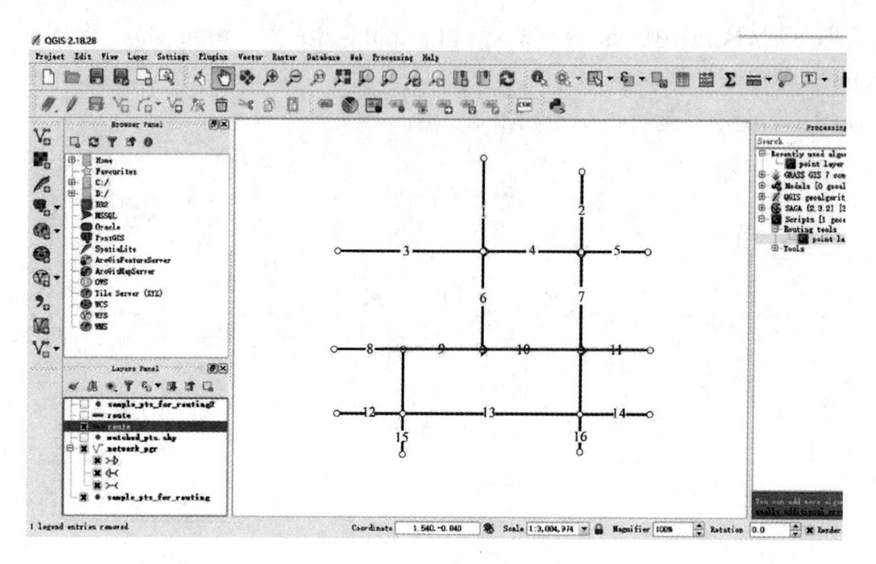

图 5.120　生成路径结果展示

代码如下（不能单独运行此脚本，无图层参数传入将提示报错）：

```
from PyQt4. QtCore import *
from PyQt4. QtGui import *
from qgis. core import *
from qgis. gui import *
from qgis. networkanalysis import *
from processing. tools. vector import VectorWriter
point _ layer = processing. getObject (points)
network _ layer = processing. getObject (network)
writer = VectorWriter (route, None, [QgsField ("order", QVariant. Int)], network _ layer.
dataProvider () . geometryType (), network _ layer. crs () )
# prepare graph
vl = network _ layer
director = QgsLineVectorLayerDirector ( vl, -1,",",", 3 )
properter = QgsDistanceArcProperter ()
director. addProperter ( properter )
crs = vl. crs ()
builder = QgsGraphBuilder ( crs )
# prepare points
features = processing. features (point _ layer)
point _ count = point _ layer. featureCount ()
points = [] # 脚本从输入点层获取所有点，并将它们绑定或匹配到图中
for f in features:
  points. append (f. geometry () . asPoint ())
tiedPoints = director. makeGraph ( builder, points )
graph = builder. graph ()
```

```
route_vertices = []
for i in range (0, point_count-1):
    progress.setPercentage (int (100 * i/ point_count))
    from_point = tiedPoints [i]
    to_point = tiedPoints [i+1]
    from_id = graph.findVertex (from_point)
    to_id = graph.findVertex (to_point)
```

(tree, cost) =QgsGraphAnalyzer.dijkstra (graph, from_id, 0) # 对于每一对连续点，脚本计算这对点之间的路线，就像用 QGIS 网络分析库计算最短路径时所做的那样。

```
    if tree [to_id] = = -1:
        continue # ignore this point pair
    else:
        #收集各点之间的所有顶点
        route_points = []
        curPos = to_id
        while (curPos ! = from_id):
            route_points.append ( graph.vertex ( graph.arc ( tree [ curPos ] ) .inVertex
            () ) .point () )
            curPos = graph.arc ( tree [ curPos ] ) .outVertex ()
        route_points.append (from_point)
    # add a feature
    fet = QgsFeature ()
    fet.setGeometry (QgsGeometry.fromPolyline (route_points))
    fet.setAttributes ( [i])
    writer.addFeature (fet)
del writer
```

该算法可理解为，为某公交站点规划最短线路。

5）使用批处理自动化多路径计算

该算法与 1）标题下的（2）共用代码 point_layer_to_route.py，都需将其添加至脚本工具中方可使用。

加载数据 network_pgr.shp 以及两个点图层：sample_pts_for_routing.shp、sample_pts_for_routing2.shp，在 Processing Toolbox/Scripts 下右击 point layer to route，选择 Execute as batch process，打开对话框（图 5.121）。

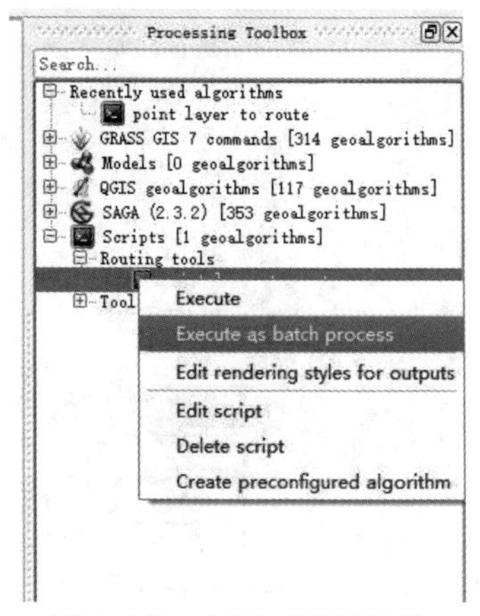

图 5.121　打开对话框操作

在 Parameters 的…中选择 Select from open layers，选择相应的图层（图 5.122）。

选择空的参数行，点选减号移除多余的空行，并完成所有的参数配置：

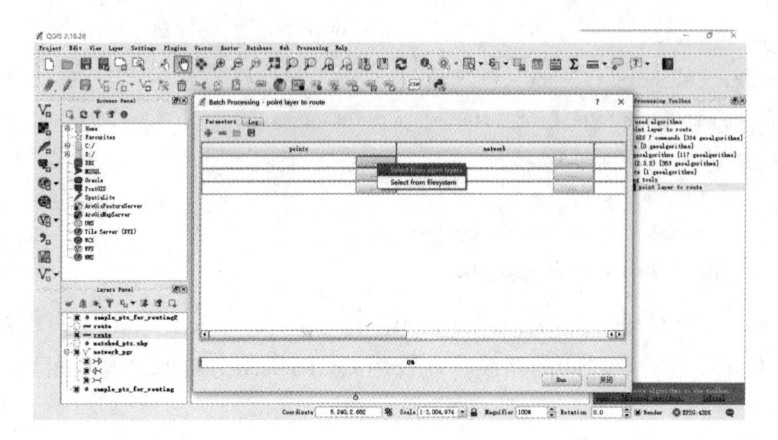

图 5.122　选择相应图层

points 下放入点层，network 下放入道路网络，route 为生成路径的存放位置，并且在 Load in QGIS 中选择 Yes（图 5.123）。

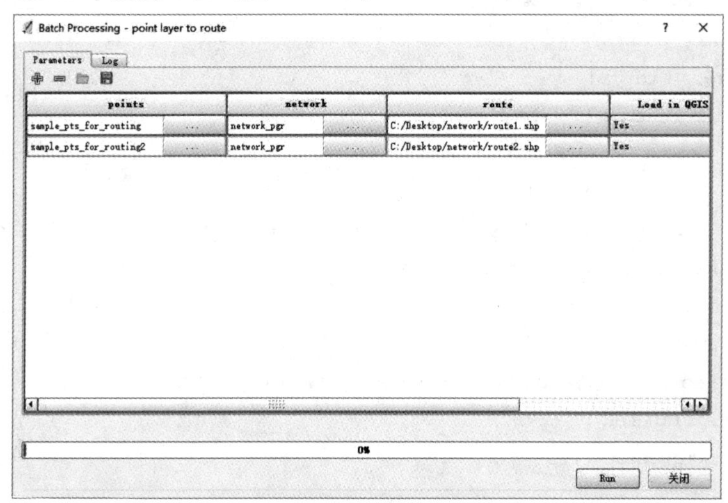

图 5.123　参数配置

单击运行，结果如图 5.124 所示。

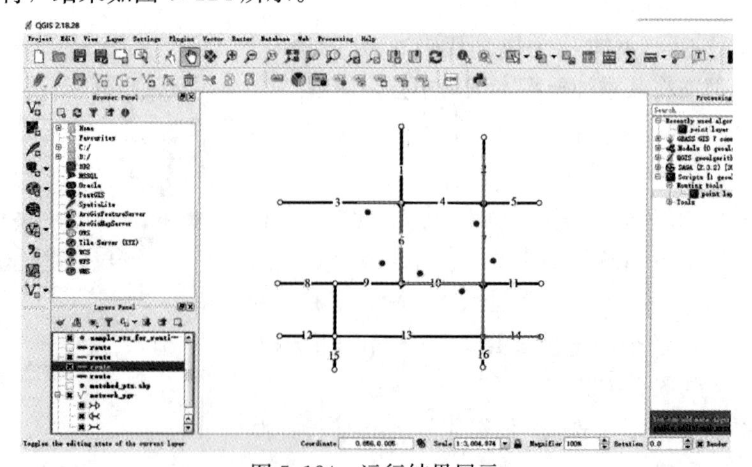

图 5.124　运行结果展示

6）匹配点到最近的线

启用 Python 控制台，打开 network _ analysis _ match _ points. py，该算法将游离在道路外部的点匹配至距离它最近的道路上，代码如下：

```
import processing
from processing. tools. vector import VectorWriter
from PyQt4. QtCore import *
from qgis. core import *
from qgis. networkanalysis import *
layer = processing. getObject ('network _ pgr')
director = QgsLineVectorLayerDirector (layer, -1,",",", 3)
director. addProperter (QgsDistanceArcProperter ())
builder = QgsGraphBuilder (layer. crs ())
additional _ points = [QgsPoint (3.63715, 3.60401), QgsPoint (3.86250, 1.58906), QgsPoint (0.42913, 2.26512)] #传入三个游离在外部的点的坐标信息
tied _ points = director. makeGraph (builder, additional _ points)
print tied _ points
result = 'C: \\desktop\\network\\matched _ pts. shp'
writer = VectorWriter (result, None, [], 1, layer. crs ())
fet = QgsFeature ()
for pt in tied _ points:
    fet. setGeometry (QgsGeometry. fromPoint (pt)) #遍历 3 个点并且匹配绘制
    writer. addFeature (fet)
del writer
processing. load (result)
```

运行结果如图 5.125 所示。

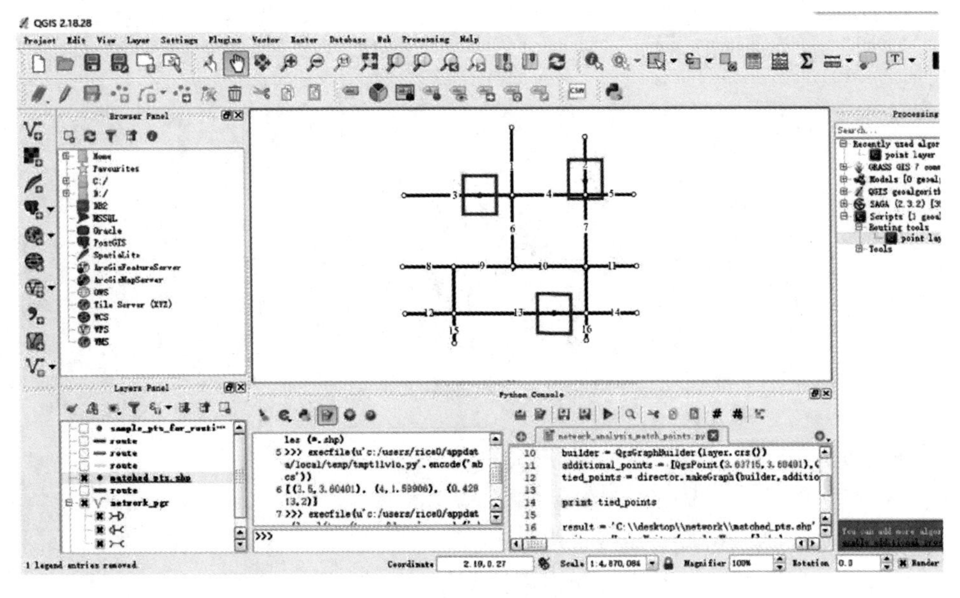

图 5.125　运行结果展示

小结：

① 创建简单的网络路径只需创建一个带有节点和边界的线要素图层，并且做好相关的拓扑检查，确定生成了道路交通网。

② 计算距离花费总成本依据的是网络中线要素的长度；计算时间总成本的依据为沿线的时间消耗。

6 遥感数据分析与地理空间建模

6.1 遥感数据分析概述

6.1.1 遥感数字图像的属性

遥感数据分析是一项关键的地理信息科学功能，它利用遥感技术获取的多种数据来提取有关地球表面的信息，并为各种应用领域提供支持。这些数据可以来自多种遥感平台，包括卫星、飞机和遥感无人机，以及不同类型的传感器，如光学、热红外和雷达传感器。在进行遥感数据分析之前，选择合适的传感器至关重要，因为不同传感器具有不同的特性和应用范围，而数字图像的获取方式决定了该图像的质量和信息含量。例如，光学传感器适用于可见光和红外波段的图像获取，而雷达传感器则在穿透云层和树冠的情况下提供地表以下信息。选择传感器还取决于所需的空间分辨率、时间分辨率和地理区域。

（1）空间分辨率

空间分辨率是遥感数据中的一个重要概念，它指的是遥感图像或数据集中能够区分或显示的地表细节的能力。具体来说，空间分辨率表示在图像中每个像素代表地球表面的多大区域或空间范围。较高的空间分辨率意味着每个像素代表较小的地表区域，因此能够捕捉更精细的地理特征和细节，例如建筑物、道路、植被、水体等。较低的空间分辨率则表示每个像素代表较大的地表区域，因此在图像中显示的细节较少，可能只能识别大尺度的地貌特征，如山脉、湖泊或城市。空间分辨率通常以长度单位（如米或千米）来表示，表示每个像素代表地球表面上多少距离。例如，如果一张遥感图像具有1m 的空间分辨率，那么每个像素将对应地球表面上 1m×1m 的区域。

（2）时间分辨率

时间分辨率是遥感数据中的另一个关键概念，它指的是遥感系统或传感器获取数据的时间间隔或频率，即数据记录或观测地球表面的时间精度。较高的时间分辨率表示数据以更短的时间间隔进行记录或观测，提供了更多的时间数据点。这意味着可以捕捉到地球表面的瞬时变化，如天气变化、动态过程（如交通、农业活动）或自然灾害（如火灾、洪水）等。高时间分辨率的数据通常以小时、分钟或甚至更短的时间间隔进行观测。较低的时间分辨率表示数据的观测或记录时间间隔较长，数据点较少。这可能限制了数据对瞬时或短期变化的捕捉能力，但在一些应用中仍然是有用的，如长期环境监测或资源管理。总之，时间分辨率是评估遥感数据的时间观测能力的关键因素之一，它根据具体的应用需求决定了数据的采集频率和实时性。

（3）辐射分辨率

辐射分辨率是遥感数据中的一个关键概念，它指的是遥感传感器在获取图像或数据时对地表上不同特征和物体的辐射能力的分辨或区分能力。辐射分辨率通常以空间上的角度或距离来度量，它决定了传感器能够捕捉到多细小或相近的地表特征。具体来说，辐射分辨率表示传感器可以区分的最小物体或特征的大小，通常以角度或线性距离来表示。较高的辐射分辨率意味着传感器能够捕捉到地表上较小的特征，例如建筑物、树木、车辆等，而较低的辐射分辨率则表示传感器无法区分这些小物体，只能捕捉到较大的地表特征，如山脉或湖泊。辐射分辨率与空间分辨率密切相关，但不完全相同。空间分辨率关注的是传感器图像中每个像素代表地球表面多大区域的能力，而辐射分辨率关注的是传感器能够区分的地表特征的最小尺寸。

（4）光谱分辨率

光谱分辨率是遥感数据中的另一个关键概念，它指的是遥感传感器测量或捕捉地表反射或辐射的能力，以区分不同波长或频段的光谱特征。光谱分辨率通常表示传感器可以区分的最小波长间隔或频带的大小。光谱分辨率与光谱范围和波段的数量有关。较高的光谱分辨率意味着传感器可以细化地检测和区分不同波长的光，因此能够提供更详细的光谱信息。较低的光谱分辨率则表示传感器可能无法区分光谱范围内较接近的波长，因此提供的光谱信息相对较粗糙。在遥感中，光谱分辨率通常以纳米（nm）或微米（μm）来度量，表示传感器能够分辨的最小波长间隔。例如，如果传感器具有 1nm 的光谱分辨率，那么它可以区分相邻波长相差 1nm 的光，提供非常详细的光谱信息。

6.1.2 遥感数字图像统计特征

遥感数字图像的统计特征是指通过对图像中的像素值进行统计分析所获得的信息。这些统计特征可以帮助解释图像中的地物和地理现象，以及支持各种遥感应用。以下是一些常见的遥感数字图像的统计特征，这些统计特征可以用于图像分类、地物识别、变化检测、图像增强和分析等遥感应用中。

（1）平均值（Mean）：平均值是图像中所有像素值的算术平均数。它可以用来表示图像的整体亮度或颜色。

（2）中值（Median）：中值是将图像中的所有像素值按大小排列后，位于中间位置的值。中值通常用于对抗图像中的异常值或噪声。

（3）标准差（Standard Deviation）：标准差衡量了像素值的离散程度或变异性。较高的标准差表示图像中的像素值差异较大，而较低的标准差表示差异较小。

（4）最小值（Minimum）和最大值（Maximum）：这些值表示图像中的最暗和最亮像素值。它们有助于确定图像的对比度范围。

（5）直方图（Histogram）：直方图是图像中像素值的分布图，显示了不同像素值的数量或频率。通过分析直方图，可以了解图像的对比度、亮度分布和色调特征。

（6）偏度（Skewness）：偏度度量了像素值分布的不对称程度。正偏度表示分布向右偏斜，负偏度表示分布向左偏斜。

（7）峰度（Kurtosis）：峰度度量了像素值分布的尖峰或平顶程度。较高的峰度表示分布更集中，而较低的峰度表示分布更均匀。

（8）百分位数（Percentiles）：百分位数表示在图像中有多少像素值低于某个特定

的百分比阈值。例如，第 25 百分位数表示有 25%的像素值低于该阈值。

(9) 空间自相关（Spatial Autocorrelation）：这是用于检测图像中空间模式的统计特征。它可以帮助识别图像中的纹理、结构和模式。

(10) 色调直方图（Hue Histogram）：对于彩色图像，色调直方图可以用于描述不同颜色在图像中的分布。

6.1.3 遥感数字图像质量改善

遥感数据预处理是遥感图像分析的关键步骤之一，旨在提高遥感数据的质量、准确性和可用性。校正是确保遥感数据准确性的关键步骤。它包括大气校正、辐射定标和几何校正等过程，以消除图像中的不确定性和畸变。几何校正用于矫正图像中的几何变换，以确保地图坐标与图像像素之间的准确对应，包括去除图像中的扭曲、倾斜和地形效应。遥感数据通常由不同的格式和投影来提供。在预处理阶段，数据可能需要转换为常用的地理信息系统（GIS）格式和坐标系统，以便进一步的分析和集成。此外，质量控制是确保数据质量的关键步骤，它包括检查数据是否存在缺失、伪像或异常值，并采取适当的措施进行修复或排除。遥感数据分析的最终目标是从这些数据中提取有价值的地理信息，以支持环境监测、资源管理、城市规划、自然灾害监测和农业等各种应用。这一过程涵盖了数据获取、预处理、校正、质量控制和信息提取等多个关键步骤，需要综合运用遥感技术、地理信息系统和数据科学的知识和工具。

1）辐射校正

辐射校正是为了消除遥感图像中的辐射量测误差，以确保图像中的亮度值或辐射值与地表特征的实际反射性质相符。辐射校正包括了传感器校正和大气校正。在传感器校正中，相对辐射定标和绝对辐射定标是遥感数据处理中的两种不同方法，用于将遥感数据的数字计数转换为辐射亮度或辐射率，以便进行后续的分析和比较。大气校正考虑了大气层对图像的影响，考虑了吸收、散射和透射等大气效应，以准确地反映地表特征。

(1) 传感器校正

相对辐射定标是一种将遥感数据进行校正的方法，但不需要使用绝对辐射标准来进行校准。相对辐射定标通常使用图像中的一些特定区域或特征作为参考，来进行辐射定标。这些特征可以是地物表面上的特定区域，例如水体或稳定的地物，它们的辐射特性相对稳定。相对辐射定标的目标是确保图像中这些特征的数字计数在不同时间或不同图像之间具有一致的比例。相对辐射定标的好处在于，它通常更容易实施，不需要精确的绝对辐射标准。然而，它可能不适用于需要精确辐射定标的应用，例如大气、气溶胶或地表反射率的定量分析。

绝对辐射定标是一种更精确的辐射定标方法，它使用绝对辐射标准来将遥感数据转换为物理辐射量，通常以辐射亮度（Radiance）或辐射率（Reflectance）为单位。绝对辐射定标需要使用已知的辐射源或标准来校准传感器，例如大气监测站或地面反射标准。这种方法可以提供非常准确的辐射数据，使得遥感数据可以用于定量分析，如大气参数估计、地表反射率计算等。然而，绝对辐射定标通常需要更多的实验和仪器校准，因此在实施上更复杂。

（2）大气校正模型

大气校正是遥感图像处理中的一个关键步骤，它用于消除大气对遥感图像的影响，以获得地表反射率或辐射亮度等物理辐射量。有几种常见的大气校正模型和方法，具体取决于传感器和应用的特点。

① 大气逐点校正模型。

a. MODTRAN（Moderate Resolution Atmospheric Transmission）：这是一个被广泛使用的大气传输模型，可模拟大气在可见光和红外波段中的传输特性。MODTRAN可用于计算大气校正参数，以校正遥感图像。

b. 6S（Second Simulation of the Satellite Signal in the Solar Spectrum）：6S是另一个用于模拟大气传输的工具，它被广泛用于高光谱和多光谱遥感数据的大气校正。

② 基于反射率的校正模型。

a. DOS（Dark Object Subtraction）模型：DOS模型是一种相对简单的大气校正方法，它假定某些地物表面的反射率在某些波段下为零（即黑体），然后使用这些黑体像元进行大气校正。这种方法常用于辐射率估计。

b. COST（Cosine of the Solar Zenith Angle）模型：COST模型通过考虑太阳天顶角和太阳方位角来估计大气光照度，然后用于校正遥感图像。

③ 辐射传输模型。

5S（Simple Scalar，Single Scattering，Surface Sensitive）模型：5S模型是一种用于辐射传输建模的简化模型，通常用于高分辨率数据。

④ 气溶胶校正模型。

FLAASH（Fast Line-of-sight Atmospheric Analysis of Spectral Hypercubes）：FLAASH模型是一种用于高光谱数据的大气校正工具，特别是在考虑气溶胶影响时应用尤其广泛。

2）几何校正

遥感成像过程中可能会引起多种几何畸变，这些畸变可能会影响图像的准确性和可用性。投影畸变是由于地球是一个三维椭球体，而遥感图像通常是在平面上表示的，因此会引起图像中的投影畸变。这种畸变导致图像上不同位置的像元之间的距离和方向可能不准确。地形效应是由于地球表面的地形变化引起的畸变。在山区或地势不平坦的地方，地形效应可能导致图像中特征的高度和位置信息不准确。扭曲畸变是由于遥感传感器的角度和位置变化引起的。这种畸变可能会导致图像中特征的形状和方向发生变化。几何校正是遥感图像处理中的一项重要步骤，旨在校正图像中的几何形状和位置，以确保地图坐标与图像像素之间的准确对应。

（1）几何校正的原理

① 像元坐标和地理坐标：每个遥感图像由像元（像素元素）组成，每个像元都有一个像元坐标（通常表示为行和列）。与之相关联的是地理坐标，表示图像中像元对应的地球表面位置（通常表示为经度和纬度）。

② 投影变换：在几何校正过程中，通常会使用投影变换来将像元坐标映射到地理坐标。这个映射关系是通过一系列数学变换来实现的，以考虑图像的旋转、缩放、扭曲和平移等变换。

③ 地面控制点：地面控制点是已知位置的地理特征，例如道路交叉口、建筑物的角点或地理坐标已知的地标。在几何校正中，这些地面控制点用于建立像元坐标和地理坐标之间的映射关系。

④ 多项式变换：通常使用多项式变换来拟合像元坐标和地理坐标之间的关系。常见的多项式变换包括线性变换（一阶多项式）、仿射变换（二阶多项式）和多项式变换（高阶多项式）。这些变换的系数会根据地面控制点的坐标计算得出。

（2）几何校正的步骤

①获取地面控制点：首先需要在遥感图像上选择足够数量的地面控制点，并记录它们的像元坐标和已知的地理坐标。

②建立像元坐标和地理坐标之间的关系：使用所选的地面控制点，通过多项式变换来建立像元坐标和地理坐标之间的映射关系。这涉及计算多项式变换的系数。

③应用几何校正：使用建立的映射关系，对整个图像的每个像元坐标进行几何校正。这会导致图像的形状和位置发生变化，以便与地理坐标相匹配。

④验证校正结果：对校正后的图像进行验证，确保地理坐标与地面控制点的地理坐标一致。如果有必要，可以进行微调。

6.2 遥感数据获取与处理

6.2.1 遥感数据获取

遥感数据是通过多种方式和传感器来获取的，这些方式通常根据采集平台和传感器类型的不同而有所区别。

（1）Landsat 卫星

Landsat（地球资源卫星）是美国国家航空航天局（National Aeronautics and Space Administration，NASA）和美国地质调查局（United States Geological Survey，USGS）合作推出的一系列地球观测卫星项目。自 1972 年以来，Landsat 卫星已经拍摄并提供了大量的地球观测数据，这些数据对于地表变化监测、自然资源管理、环境保护、农业和城市规划等各种应用非常重要。Landsat 卫星系列包括多颗不同代的卫星。最早的 Landsat 卫星是 Landsat 1，也称为 Landsat 1 号或 Landsat 1 号卫星，于 1972 年发射。后续的卫星陆续发射，直到现在；最新的卫星是 Landsat 8，于 2013 年发射。每一颗 Landsat 卫星都携带着多谱段传感器，可以捕捉可见光、红外光谱等多个波段的图像数据。Landsat 数据由 USGS 管理和分发，是免费提供的。用户可以通过 USGS 的网站（https：//earthexplorer. usgs. gov/）或其他数据分发渠道获取 Landsat 图像（如，地理空间数据云 https：//www. gscloud. cn/search）。Landsat 卫星的传感器可以捕捉不同波段的数据，包括可见光、近红外、热红外和短波红外等，其中包括了 MSS 传感器（Landsat1～Landsat3）、TM 传感器（Landsat4～Landsat5）以及 ETM＋传感器（Landsat7）和 Operational Land Imager（OLI）和 Thermal Infrared Sensor（TIRS）（Landsat8）。这种多波段数据使得 Landsat 图像在地表特征的分析和分类方面非常有用。

表 6.1　TM 波段波长范围

波段	波长范围（μm）	空间分辨率（m）
波段 1-蓝色	0.45～0.52	30
波段 2-绿色	0.52～0.60	30
波段 3-红色	0.63～0.69	30
波段 4-近红外	0.76～0.90	30
波段 5-中红外	1.55～1.75	30
波段 6-热红外	10.4～12.5	120
波段 7-热红外	2.08～2.35	30

ETM+传感器的主要特点是在传统波段的基础上增加了一个高分辨率的全谱段（Panchromatic）波段，提供了 15m 的空间分辨率。这使得 ETM+数据在高分辨率地图制作和细节分析方面具有优势。除此之外，ETM+传感器的其他波段的空间分辨率为 30m 或 60m，与 Landsat TM 传感器相似。

（2）中国气象卫星 FY

风云卫星是中国气象卫星系统的一部分，旨在提供全球气象观测数据以支持天气预报、环境监测、自然灾害监测等应用。风云卫星系列包括一系列不同类型和代号的卫星，每个卫星具有不同的功能和传感器。

FY-1 卫星是中国气象卫星系统的第一代卫星，于 1988 年发射。FY-1 卫星携带可见光和红外线传感器，用于观测云层、大气温度、海洋表面温度等信息。FY-2 卫星是第二代风云卫星系列，于 1997 年开始发射。FY-2 卫星具有更高的空间分辨率和观测频率，提供更多的气象数据。FY-3 卫星是第三代风云卫星系列，于 2008 年首次发射。FY-3 卫星携带多种传感器，包括微波遥感、红外线和紫外线传感器，用于全球气象和气候监测。FY-4 卫星是第四代风云卫星系列，于 2016 年发射。FY-4 卫星具有更高的时空分辨率和更多的光谱波段，提供了更丰富的气象信息。如要下载中国气象卫星风云数据，读者可以访问中国气象局（China Meteorological Administration，CMA）的官方网站（http：//www.cma.gov.cn/）或相关数据分发平台。这些风云卫星提供了多种气象和环境数据，可用于监测大气、海洋、云层、温度、降水、气象灾害等多个方面的信息。

（3）哨兵 Sentinel 卫星

哨兵卫星是由欧洲空间局（European Space Agency，ESA）研发和推出的一系列遥感卫星，其任务旨在提供高质量的地球观测数据，以支持多种应用领域，包括环境监测、自然灾害管理、土地规划、农业管理等。这一系列卫星被命名为哨兵（Sentinel）系列，为全球范围内的地球观测提供了宝贵的数据资源。哨兵-2 号卫星是该系列中的一颗，它携带一枚多光谱成像仪（MSI），运行轨道高度为 786km，具备覆盖 13 个光谱波段的能力，其幅宽达到 290km。该卫星提供不同的空间分辨率，包括 10m、20m 和 60m，使其能够捕捉地表的多样性信息。哨兵-2 号卫星采用了双星系统，两颗卫星互相补充，使得其地面重访周期缩短至 5 天，有助于更频繁地获取地球表面的观测数据。哨兵-2 号卫星的多光谱数据包括可见光和近红外波段，其数据中包含了 3 个波段的红边信息，这对于监测植被的健康和变化非常有用。

需要注意的是，欧洲空间局发布的哨兵-2号数据主要是L1C级别的多光谱数据，这些数据已处理过正射校正和几何精校正，但并未进行大气校正。此外，ESA还定义了L2A级别的数据产品，包括经过大气校正的大气底层反射率数据。然而，用户需要根据自己的需求使用专门的插件Sen2cor来生成L2A级别的数据，因为目前ESA的SNAP软件对Sen2cor的支持有限，不支持直接在SNAP中调用Sen2cor。最重要的是，哨兵卫星数据以免费和开放的方式提供给全球用户。用户可以通过欧洲空间局的数据访问平台（https://scihub.copernicus.eu/dhus/#/home）来获取哨兵数据，这为科学研究、政府决策和商业应用提供了重要的数据资源。

6.2.2 计算NDVI

NDVI即归一化植被指数，是近红外波段的反射值与红光波段的反射值之差比上两者之和。作为一种非常流行的植被指数，它为我们提供了有关绿色植被存在或不存在的有用信息。

（1）运行算法

数据：red.tif、nir.tif

打开“处理工具箱”菜单，选择SAGA/Image analysis/Vegetation index（slope based），双击算法项打开对话框。

在红色波段字段中选择red.tif层，在近红外波段字段中选择nir.tif层，单击运行即可（图6.1）。

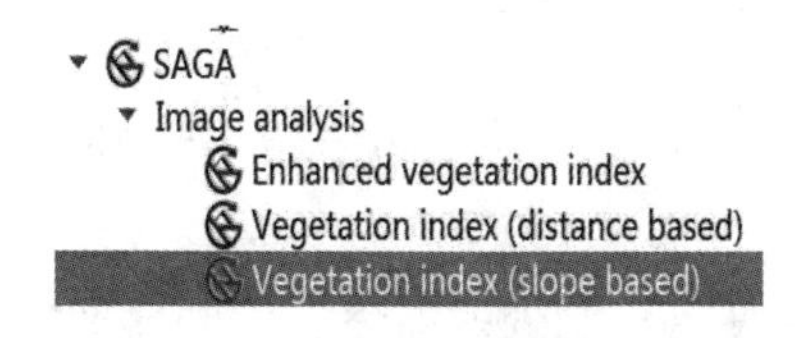

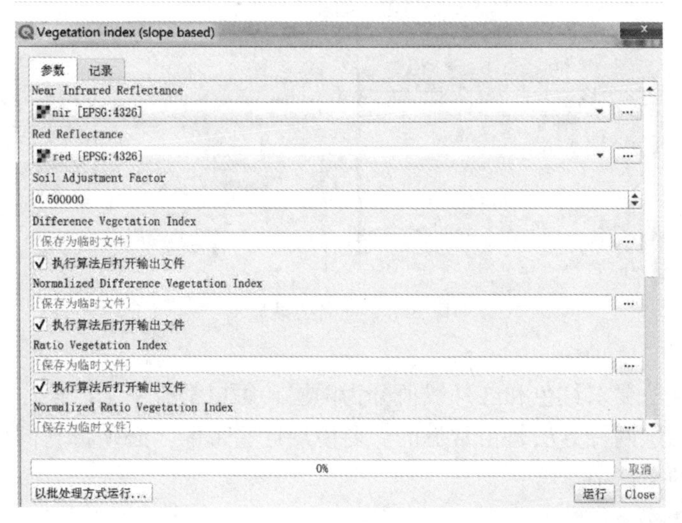

图6.1 Vegetation index（slope based）工具位置与操作界面

该算法计算的所有植被指数都是基于红外光和近红外辐射之间的关系。叶细胞在近红外波段散射太阳辐射，在红外波段吸收太阳辐射，利用这两个值可以预测健康绿色植被的位置。

（2）栅格计算器

由于 NDVI 的公式相对简单，可以在不使用特定算法的情况下计算它，只需转到栅格计算器即可。打开工具箱/栅格分析/Raster calculator，弹出对话框，输入如图 6.2 所示表达式，单击“运行”即可计算 NDVI 指数。

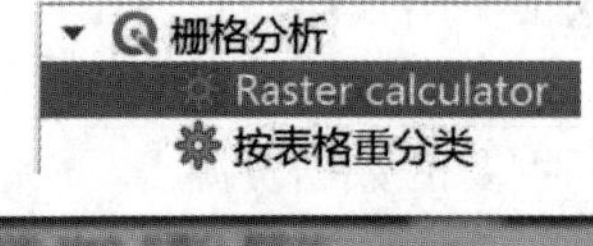

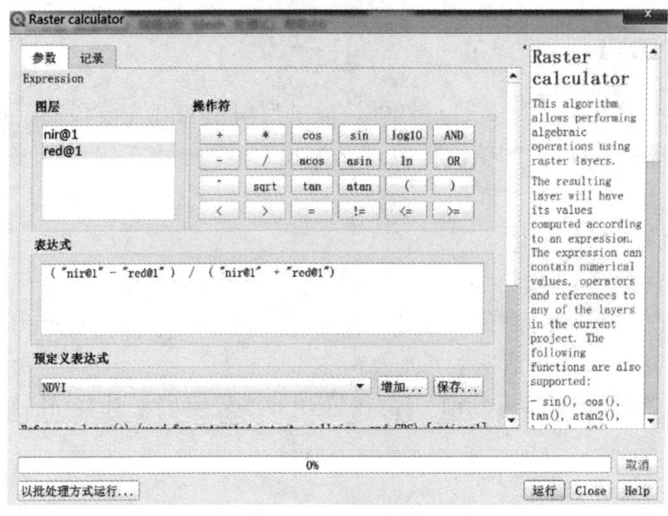

图 6.2　Raster calculator 工具位置与操作界面

单击[图标]，当单击不同位置时，显示的波段值不同，如图 6.3 所示。

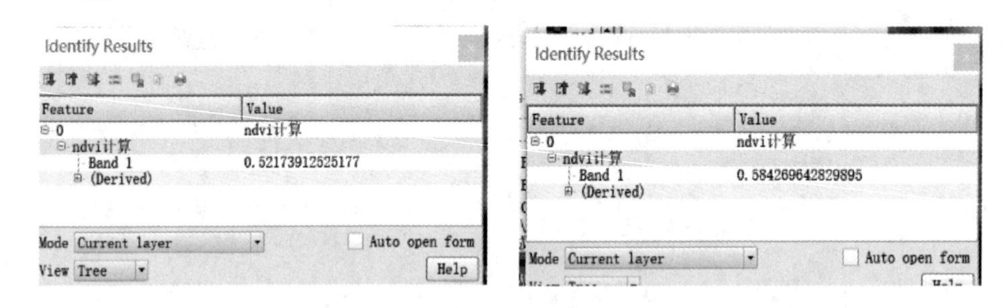

图 6.3　查询结果显示

植被指数算法要求红色和红外线值分为两层，每层都有一个波段。然而，在多波段图像中同时使用这两种方法是很常见的。要使用这些带区，必须将它们分开，将它们提取到两个单独的文件中。

（3）格式转换

可以使用 GDAL 转换算法来完成。在“处理工具箱”菜单中，打开 GDAL/栅格转换/翻译（格式转换）。

如图 6.4 所示，在“输入图层”中选择 landsat 图层，并填充其他参数以导出红外波段。

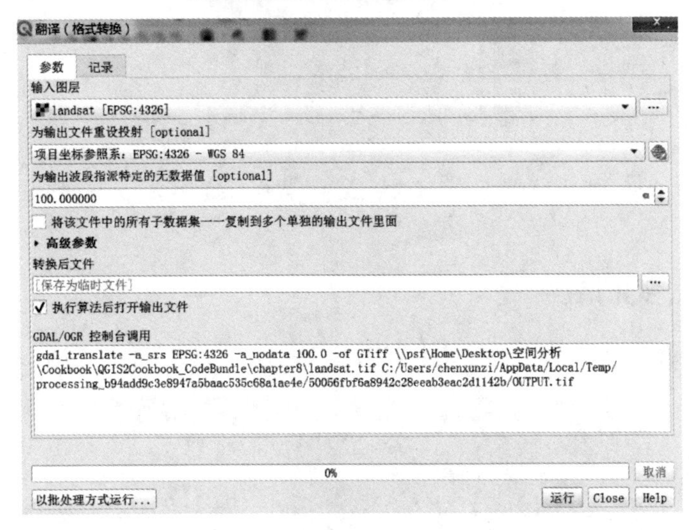

图 6.4　翻译（格式转换）工具位置与操作界面

成功运行后，如图 6.5 所示即为结果图。利用，可显示波段信息。

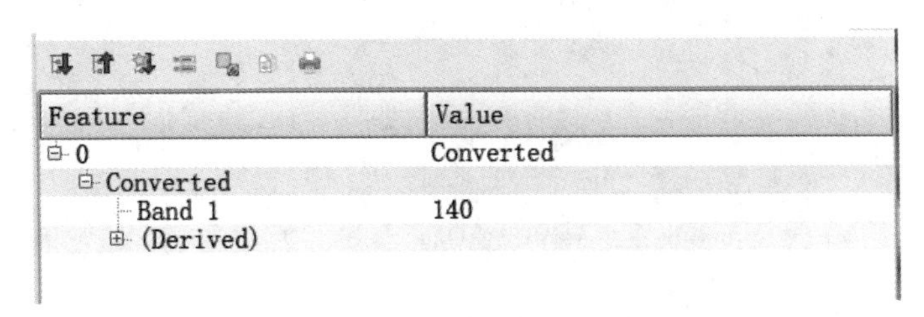

图 6.5　格式转换后查询结果显示

(4) 导出红色波段

再次使用 GDAL 转换算法来导出红色波段，如图 6.6 所示填充参数信息。成功导出后，如图 6.6 所示即为结果图。利用，可显示波段信息。

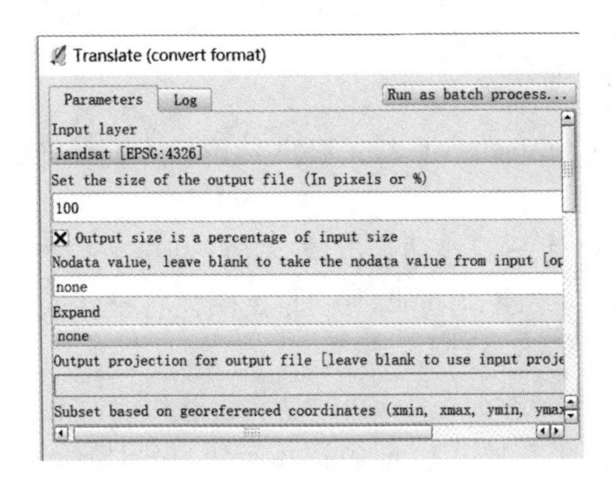

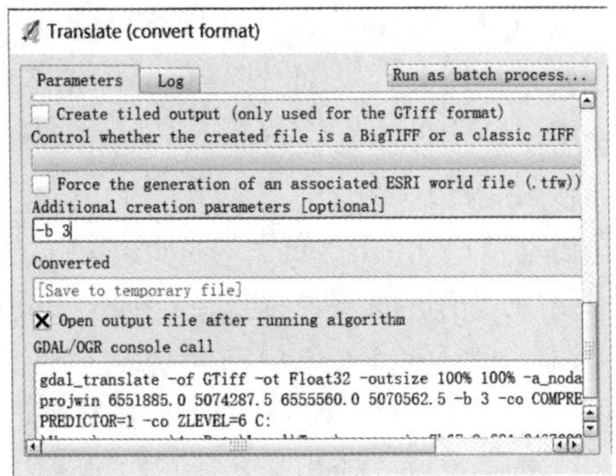

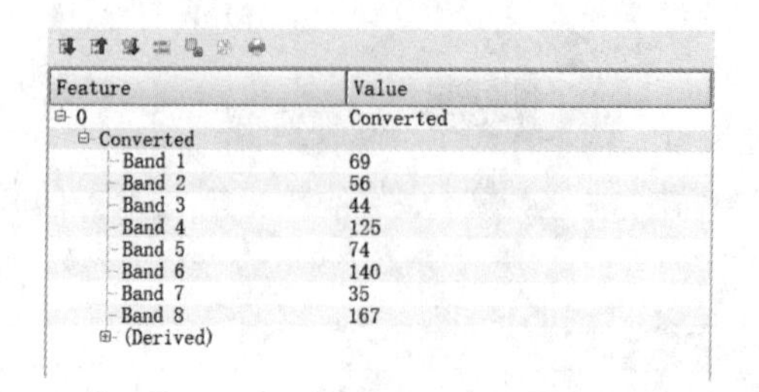

图 6.6　格式转换操作界面与结果

6.2.3　可视化多光谱层

组合工具有许多可以设置的参数，如图 6.7 所示。

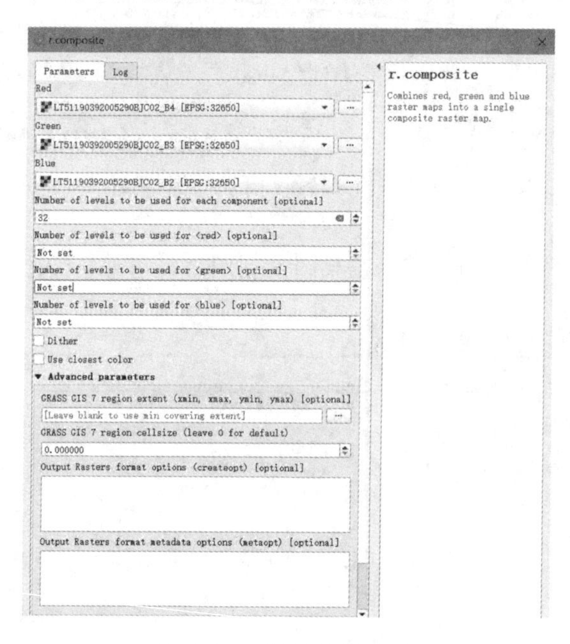

图 6.7　可视化参数设置

①红色（Red）：在此选择将分配给红色波段的栅格波段。

②绿色（Green）：在此选择将分配给绿色波段的栅格波段。

③蓝色（Blue）：在此选择将分配给蓝色波段的栅格波段。

④用于……的层数（Number of levels to be used for…）：在此选择导入的栅格波段将会被映射到的层数。

⑤抖动（Dither）：如果勾选此选项，它将使图像抖动，以减少条纹和细节损失。

⑥使用最相近的颜色（Use closest color）：如果勾选此项，原始颜色将被转换为最接近的调色板颜色。如果启用此功能，则不会发生抖动。

⑦GRASS GIS 7 区域范围（GRASS GIS 7 region extent）：这将设置组合后栅格输出的区域范围。默认使用最小输入，也可以从当前画布区域中选择范围（Select Extent on Canvas），或者直接使用画布范围（Use Canvas Extent）。

⑧GRASS GIS 7 单元格大小（GRASS GIS 7 region cellsize）：设置组合栅格输出的单元格大小。

1）栅格图层符号化

（1）数据：landsat. qgs2、加载 landsat. qgs 项目

根据波段的使用方式，可以用不同的方式渲染多光谱层。打开 landsat. qgs 项目，当以默认配置打开 Landsat 图像时，如图 6. 8 所示。

图 6. 8　Landsat 图像

（2）符号化

右击层以打开其属性并移动到样式部分：在红色波段字段中选择波段号 4，在绿色波段字段中选择波段号 3，在蓝色波段字段中选择波段号 2。

设置完成后，单击“OK”，如图 6. 9 所示，即为样式配置后的结果。

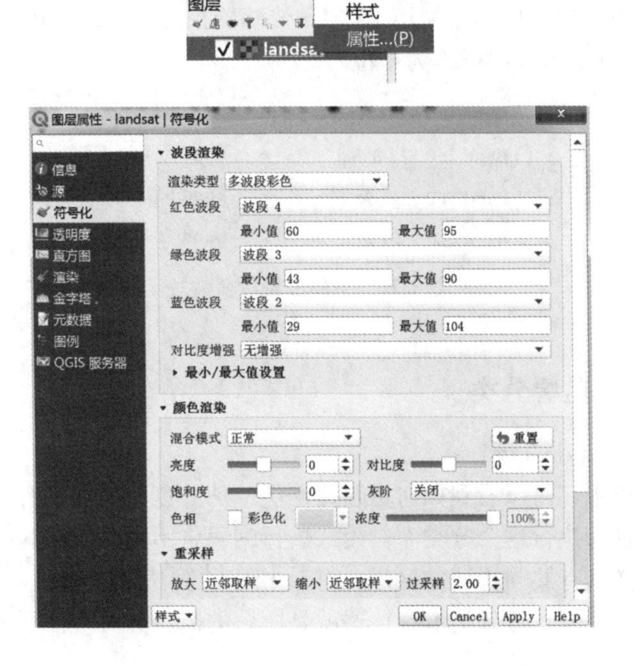

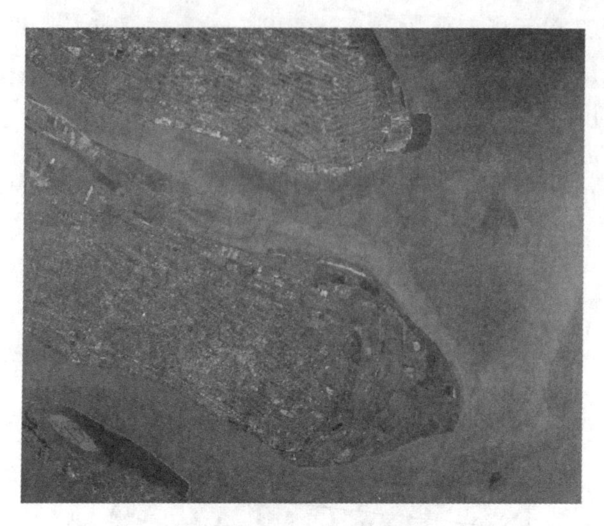

图 6.9 符号化过程与结果

2）波段分析

表示给定像素的颜色使用 RGB 颜色空间来定义，这需要 3 个不同的组件。普通图像有 3 个波段，其中每个波段包含 3 个分量的强度：红色、绿色和蓝色。

多光谱波段，如本方法中使用的波段，有 3 个以上的波段，并在电磁频谱的不同区域提供更详细的信息。为了可视化这些，必须从可用波段总数中选择 3 个波段，并且必须将它们的强度用作基本的红色、绿色和蓝色分量的强度（尽管它们可能对应于光谱的不同区域，甚至在可见范围之外）。这就是所谓的假彩色图像。

根据使用的波段组合，生成的图像将传递不同类型的信息。选择的组合经常用于植被研究，因为它允许将针叶树和硬木植被分开，并提供有关植被健康的信息。

在这种情况下，组合应用于使用 ETM+传感器拍摄的 Landsat7 图像。每个波段覆盖的波长如图 6.10 所示（以微米为单位）。

- **Band 1:** 0.45-0.515
- **Band 2:** 0.525-0.605
- **Band 3:** 0.63-0.69
- **Band 4:** 0.75-0.90
- **Band 5:** 1.55-1.75
- **Band 6:** 10.40-12.5
- **Band 7:** 2.09-2.35

图 6.10 不同波段覆盖波长

6.3.4 栅格图层监督分类

数据：classification. qgs。

在前面的介绍中，可以看到如何更改栅格层的值并创建类。当有多个层时，分类将变得不容易，并且为执行这个分类而对模式进行编码将不明显。在这种情况下要使用的另一种方法是定义具有共同特征的区域，并让相应的算法提取消除这些区域的统计值，以便稍后应用该方法来执行分类本身。这就是所谓的监督分类，接下来将解释如何实现这一点。

1）分割 RGB 图像波段

打开 classification. qgs 项目。它包含一个 RGB 图像和一个带有多边形的矢量层。图像必须分成单独的波段。打开工具箱，选择 SAGA/Split RGB bands。

弹出对话框，“Input layer”中选择提供的“img”图像作为输入运行拆分 RGB 带区，单击“运行”将获得 3 个名为 R、G 和 B 的层（图 6. 11）。

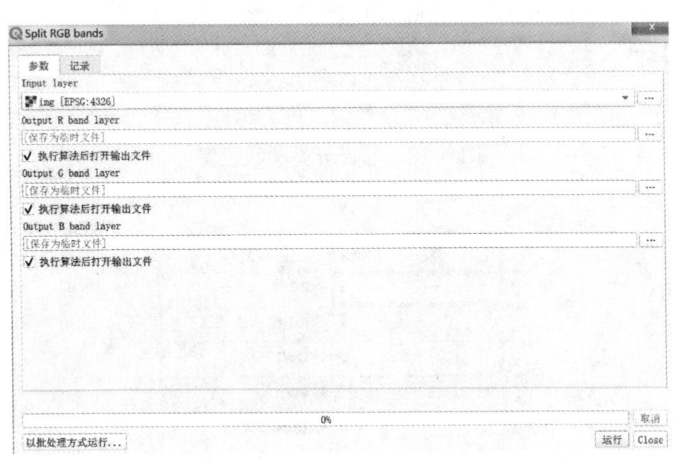

图 6. 11　分割波段操作界面

2）监督分类算法

（1）运行算法

接着单击处理工具箱，选择 SAGA/Image analysys/Supervised classification 打开监督分类算法（图 6. 12）。

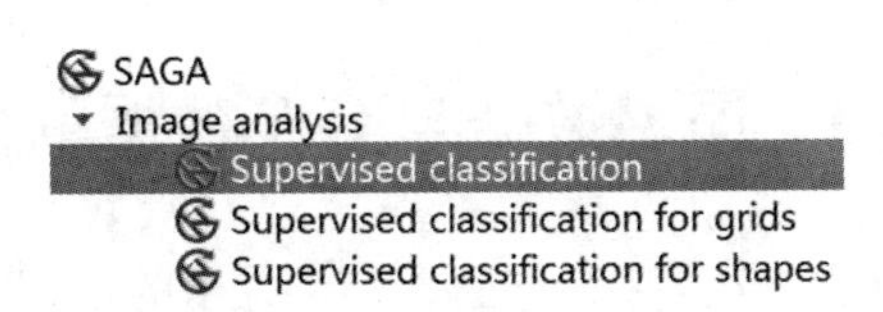

图 6. 12　监督分类算法位置

填写参数窗口，在第一个字段中，应该选择之前步骤（R、G 和 B）产生的 3 个层，Method 中选择 Maximum Likehood 方法，其他参数设置如图 6. 13 所示。

（2）查看结果图

单击“确定”运行算法。将创建两个层和一个表。名为“分类”的图层包含已分类的光栅图层。

（3）查看属性表

受监控的类需要一组栅格层和一个向量层，其中包含可以创建不同类的多边形。类的标识符在属性表的类字段中定义。打开属性表，如图 6. 14 所示。

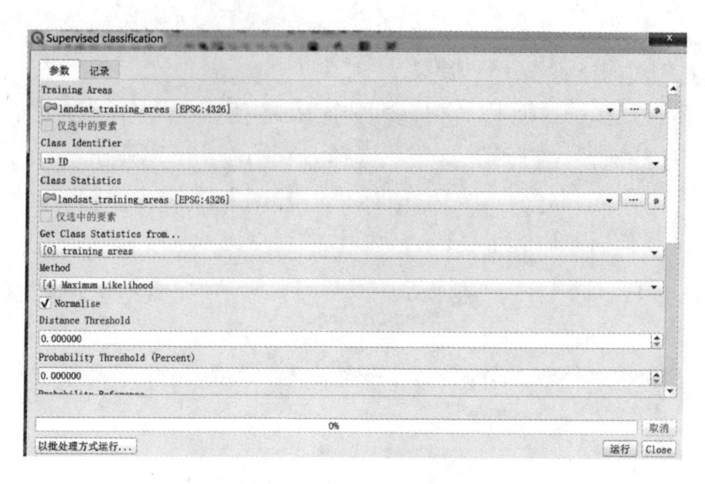

图 6.13　监督分类参数设置

	ID	BOTYP
0	1	Forest
1	2	Wheat
2	3	Urban
3	4	Crop
4	5	Crop-clear

图 6.14　属性表界面

有 5 个不同的类，每个类都由一个特征和一个文本 ID 以及一个数字 ID 表示。分类算法分析属于每个类的多边形的像素，并为它们计算统计信息。使用这些统计信息为图像中的每个像素分配一个类，尝试分配在矢量层中定义的类之间统计上更相似的类，数字标识用于标识生成的栅格层中的类。

6.3　遥感数据与 GIS 数据融合

多元空间数据是指同时包含了多个方面、多个维度的地理或空间信息的数据。这些数据可能包括不同类型的地理信息，例如地理坐标、时间、属性数据等，或者可能包括来自多个传感器或数据源的数据。借助遥感技术获得的信息具有周期动态性、获取效率高的优势，而 GIS 数据则具有高效的空间数据管理能力和综合分析能力。遥感数据与 DLG（Digital Line Graph）、DEM（Digital Elevation Model）和 DRG（Digital Raster Graphic）数据的融合可以产生更全面和详细的地理信息，适用于各种地理应用。

（1）遥感数据和数字线画图的融合

正射校正后的遥感影像与数字线画图信息融合，创造出了一种丰富多彩的影像地图。这种地图融合了复杂的数学计算和多层次的地理数据。它不仅具备高度准确的几何信息，还融合了丰富的光谱特征，使得地物在地图上以真实的颜色和形状呈现。此外，这类地图还包含行政区划边界和各种地物属性信息，使其成为高度信息丰富的工具。这种综合性的数据融合提升了地图的可视化效果，使其成为地理研究、规划和决策制定的有力工具，如研究区地理图的制作。

（2）遥感数据与数字地形模型的融合

数字地形模型与遥感数据的融合不仅有助于准确地几何校正和配准遥感影像，还能有效消除由地形起伏引起的像元位移。这一过程在提高遥感影像的定位精度方面发挥着关键作用。此外，数字地形模型的信息可用于改进遥感影像的分类结果，从而提高了影像的精度和可用性。通过数字地形模型和遥感数据的有机结合，可以更全面、准确地理解地球表面的地貌特征和地物分布，为各个领域的决策制定和问题解决提供了有力支持。无论是城市规划、环境监测、资源管理还是紧急灾害响应，影像地图都能提供精确、可靠的地理信息，为各种应用领域提供了有力的支持。

（3）遥感影像与数字栅格图的融合

将数字栅格图与遥感影像配准叠合，可以从遥感图中快速发现变化的区域，进而实现空间数据库的更新，例如，我们可以检测到土地利用和土地覆盖的变化，新建筑物、道路、农田的扩展或退化，森林覆盖的减少或增加等。遥感影像可以追踪自然灾害如洪水、火灾、地震等引起的地表变化，从而支持紧急救援和灾后评估；监测污染源、湖泊水位变化、植被健康等环境指标的变化，以支持环境管理和可持续发展；及时发现新建的基础设施（如桥梁、输电线路、管道等）或现有设施的损坏，以进行城市规划和基础设施维护。

7 地理空间数据可视化与表达

7.1 专题地图编制

7.1.1 单波段栅格图像整饰方法

在这一节中，将会针对单波段栅格图像介绍三种不同的渲染方法：调色盘法、单波段灰色法和单波段伪彩色法。

值得注意的是，虽然栅格颜色渲染（raster color rendering）和重采样（resampling）是栅格图像整饰的一部分内容，但是由于它们对于所有单波段和多波段栅格渲染都是相同的，因此在后文将会单独讨论它们。

本节使用数据：dem. tif（任意单波段栅格数据即可）。

本节使用面板：Layer Styling。

（1）调色盘法

调色盘法对每一个栅格值应用一种颜色。QGIS 支持加载直接与栅格图像一同存储的调色盘颜色。因为该方法赋给每一个值一个不同颜色，所以适用于对土地利用分类的栅格波段设色方法。

如图 7.1 所示，在波段（Band）中选择所要设色的单个波段，在色彩坡道（Color Ramp）中选择合适的调色盘颜色，单击分类（Classify）可以加载所有的波段值。注意如果波段值过多，不要选择随机颜色坡道（Random Color Ramp），否则不同颜色值随机赋值过于混乱且毫无意义。

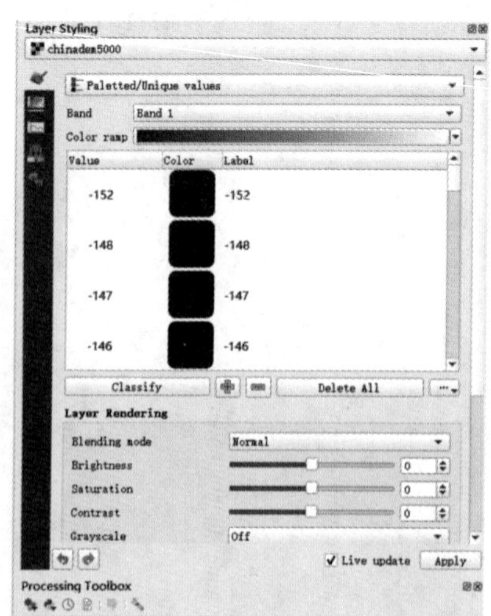

图 7.1　调色盘设置界面

（2）单波段灰色法

单波段灰色法将一个栅格波段渐变拉伸至黑色白色之间，并且可以增强波段颜色的对比度，比较适合应用于山体阴影图。将单波段栅格图像添加至画布中时，QGIS 默认以单波段灰色法显示图像，默认参数如图 7.2 所示。

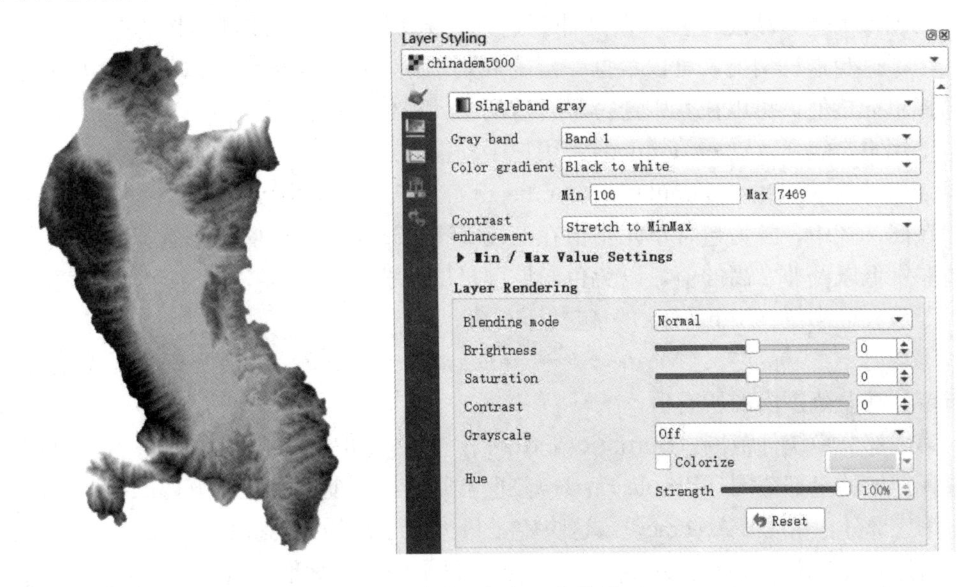

图 7.2　单波段灰色法参数设置

①灰色波段（Grey band）：在此选择需要使用单波段灰色法的波段。如果加载的是多波段的栅格图像，下拉框中将会出现所有的波段以供选择。

②颜色坡度（Color gradient）：选择从黑到白，或者从白到黑。

③最小值（Min）：在该波段中发现的最小值。

④最大值（Max）：在该波段中发现的最大值。

⑤对比度增强（Contrast enhancement）：一共有四种增强方式：不增强（No enhancement）、拉伸至最大最小值（Stretch to MinMax）、拉伸并剪裁值最大最小值（Stretch and clip to MinMax）、剪裁至最大最小值（Clip to MinMax）。

最大值、最小值、对比度增强，这 3 个参数是决定如何将色彩梯度拉伸至整条灰度带的根本参数。单击最大最小值设定（Min/Max Value Settings），可以根据不同条件自动生成最大最小值，图 7.3 是最大/最小值参数设置界面。

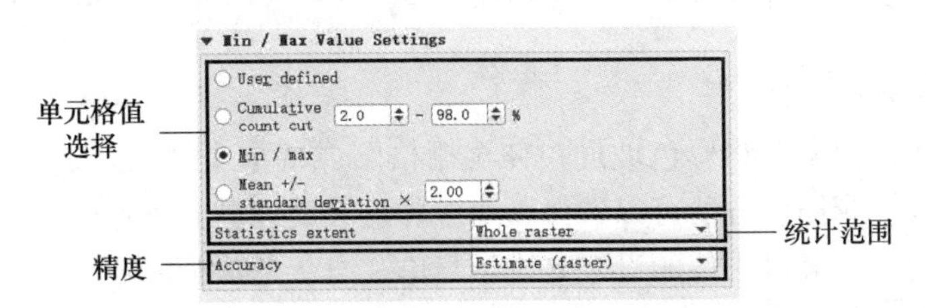

图 7.3　最大/最小值参数设置

图 7.3 中界面一共分为 3 个部分。

第一部分：单元格值选择（Cell value selection）：选择要包含在根据某种规则确定的最大值与最小值之间的单元格值。如果栅格图像中的，某个单元格值为异常值，将会影响整个栅格图像的显示，例如如果栅格图像中只有几个单元格的值异常得高，那么整个栅格图像的色彩坡度将会一直延伸到这几个异常高值，导致栅格图像看起来过于乏味。为了避免这种情况，可以根据一定的规则排除一些单元格值。以下 4 种方法可以用来选择单元格值，可以在其中选择最合适的单元格值选择方式。

①用户自定义（User defined）：用户手动输入想要设置的最大最小值。

②累计计数消减（Cumulative count cut）：包含在这两个百分比参数中的所有值。例如在图 7.3 中，意为包含单元格值在范围 2%～98%的所有值。一般来说，这会剔除一些非常低以及非常高的值，以免色彩坡度过度偏移。

③最大最小值（Min/Max）：包括所有值。

④均值+/-标准差（Mean +/- standard deviation）：包括所有单元格值的均值在指定标准差范围内的所有值。

第二部分：统计范围（Statistics extent）：栅格图像中采样的单元格值的范围。可以选择栅格的全部范围（Whole raster），也可以选择当前画布范围（Current canvas）。

第三部分：精度（Accuracy）：这决定了最大最小值的计算的精度。计算结果可以是一个估计值（较快）(Estimate (faster))，也可以是一个实际值（较慢）（Actual (slow)）。一般来说，实际值是首选项，然而对于非常大的栅格，估计值可能更有利于节省时间。

设置好最大/最小值时，可以继续进行对比度增强的参数设置。

①不增强（No enhancement）：不对栅格图像进行对比度增强。颜色渐变被拉伸到整个灰色带中的所有值。虽然这有时是需要的，但使用此方法很可能会使栅格图像看起来过于灰色。

②拉伸至最大最小值（Stretch to MinMax）：此方法将色彩坡度拉伸到最小值和最大值之间。所有小于最小值的单元格值被指定为最低坡度颜色，所有大于最大值的单元格值被指定为最高坡度颜色。

③拉伸并剪裁值最大最小值（Stretch and clip to MinMax）：该方法对栅格图像的设色方式与拉伸至最大最小值方法一致，只是所有小于最小值的单元格值和大于最大值的单元格值都不会被分配颜色，且为透明的。

④剪裁至最大最小值（Clip to MinMax）：该方法对栅格图像的设色方式与不增强方法一致，只是所有小于最小值的单元格值和大于最大值的单元格值都不会被分配颜色，且为透明的。

（3）单波段伪彩色法

单波段伪彩色渲染器将彩色坡度拉伸至栅格图像的单个波段，适合应用于高程图、温度图。有 3 种色彩插值方法可以选择以调整彩色坡度在栅格图像的最大最小值之间的拉伸方式。而关于最大最小值的设置方式，与单波段灰色法相同。

使用中国高程数据 chinadem5000.tif 作为示例，以下步骤为操作流程。

① 首先，选择波段（Band），与上文两种方法相同。

② 接下来，选择合适的色彩渐变坡度（Color ramp）。图 7.4 所选择坡度为“光谱”

(Spectral)，并进行翻转（Invert Color Ramp)。

渐变色彩可以应用于栅格图像单元格值，QGIS 3.6 提供了 3 种应用模式（Mode)。

a. 连续（Continuous)：此方法向每一个唯一的值被分配一个唯一的颜色。

b. 相等间隔（Equal interval)：在这个方法中，每个级的宽度都是相同的，将根据用户所选择的类别数（Classes）决定类别的宽度。

c. 分位数（Quantile)：在这个方法中，每一级中的记录数量尽可能保持一致，将根据用户所选择的类别数（Classes）决定类别的数量。

③ 选择合适的色彩应用模式。图 7.4 所选择模式为连续（Continuous)。

④ 单击分类（Classify）按钮，将颜色渐变应用于不同的单元格值。

关于色彩插值（Interpolation）的方法，一共有 3 种可以选择的选项。

a. 离散（Discrete)：只分配分类列表中所选择的颜色。列出的确切值之间的单元格值将被设置为下一个列出的最高值的颜色。换句话说，如果栅格中有 164 个唯一值，分类列表中列出了 15 种颜色，那么栅格图像将使用且仅使用列出的 15 种颜色呈现。使用这种方法可以减少用于渲染栅格图像的颜色数量。

b. 线性（Linear)：为每个唯一的单元格值分配一个唯一的颜色。列出的确切值之间的单元格值也将被分配一个唯一的颜色，该颜色是基于其上下的两个颜色线性计算的。换句话说，如果栅格中有 164 个唯一的值，分类列表中列出了 15 种颜色，那么栅格将使用 164 种唯一的颜色呈现。这种方法最适用于表示连续信息，例如高程、温度等栅格图像。

c. 确切（Exact)：此方法仅为列出的确切值分配一个唯一的颜色。换句话说，如果栅格中有 164 个唯一值，分类列表中列出 15 个颜色和 15 个关联值，那么只有列出的 15 个单元格值将与其关联的颜色一起显示，而不会为其他值分配颜色。这种方法最适合表示离散数据类的栅格数据，以免为未列出的值分配任何颜色。

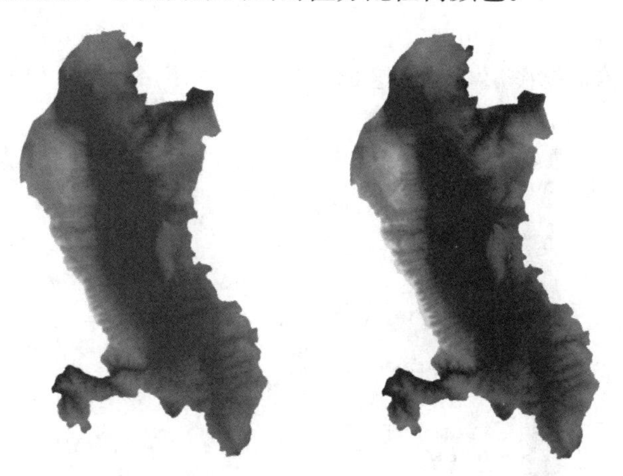

图 7.4　单波段伪彩色法显示效果

⑤ 选择合适的色彩插值方法。图 7.5 所选的方法为线性方法。如果勾选了裁去超出范围的值（Clip out of range values)，则将不会为分类列表中列出的最大最小值之外的值分配颜色。

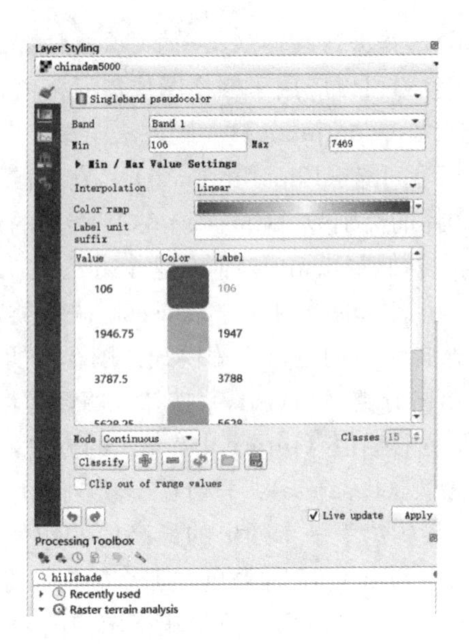

图 7.5　线性插值方法界面与结果

7.1.2　多波段栅格图像整饰方法

多波段彩色渲染器将 3 个颜色（红、绿、蓝）分配至 3 个独立的栅格波段。通过将独立的栅格图像波段与红、绿、蓝 3 种颜色进行匹配。这 3 种颜色将混合起来产生其他颜色，从而创建适合的彩色图像。

本节使用版本：QGIS 3.6。

本节使用数据：德清县遥感影像 . tif（任意多波段栅格数据即可）。

本节使用面板：Layer Styling。

加载多波段栅格数据图层，由于这是一个多波段栅格影像，QGIS 默认渲染类型为多波段（Multiband color），默认参数如图 7.6 所示。

图 7.6　渲染默认参数

如图 7.6 所示，栅格图像有 3 个波段，第 1 波段（红色）应用于红色波段，第 2 波段（绿色）应用于绿色波段，第 3 波段（蓝色）应用于蓝色波段。若要更改将那个栅格波段与某个颜色匹配，可以在下拉框中选择目标波段，若选择不设置（Not set）则不将这一颜色与任一栅格图像波段匹配。

对比度增强可以用于调整栅格图像对应颜色坡道的延伸方式，与上节中单波段灰色法中介绍的相同。

7.1.3 栅格颜色渲染

栅格颜色渲染（Raster color rendering）修改栅格图层的属性，以改变它在画布中的显示方式和与其下一层图层交互的方式。颜色渲染是所有波段设色类型的栅格样式属性的一部分，无论选择什么栅格图层设色方法，颜色渲染的工作方式都是相同的。

当第一次加载栅格时，颜色渲染参数为默认值，如图 7.7 所示。在任何时候，都可以通过单击重置（Reset）按钮重新加载默认值。

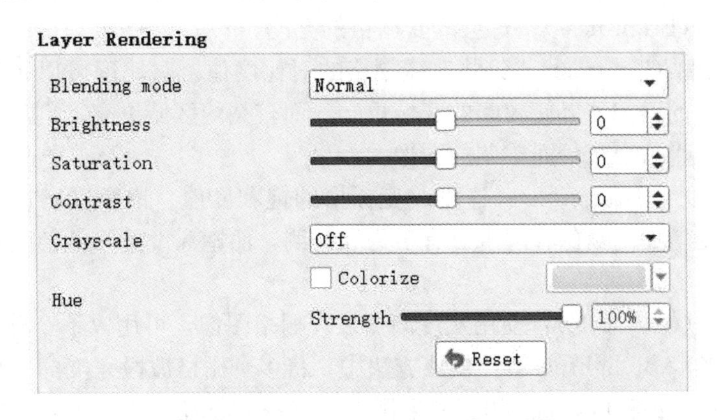

图 7.7 默认颜色渲染参数

有 19 个渲染参数可以在面板中设置，如下所列。

（1）混合模式（Blending mode）：在此可以选择该栅格图层与其在图层面板（Layers）中所处位置下方的图层之间的混合方式，一共有 13 种混合模式可以选择。

（2）普通（Normal）：这是默认的混合模式。如果栅格中有透明单元格，则栅格下方图层的颜色将显示出来；否则，下方图层的任何颜色都不会显示。

（3）亮度（Lighten）：在此模式下，对于栅格中的每个栅格单元，以及下面的栅格图层，使用在各个颜色组件中找到的颜色分量的最大值。

（4）屏幕（Screen）：在这种模式下，下面栅格中较亮的单元格会透明地显示在画布上，而较暗的像素则不会。

（5）减淡（Dodge）：此模式根据栅格单元的亮度增加下面栅格单元的亮度（Brightness）和饱和度（Saturation）。

（6）添加（Addition）：此模式将此栅格的每个单元格和下面的栅格的单元格颜色添加在一起。如果颜色分量值超过了允许的最大值，则使用最大值。

（7）变暗（Darken）：在这种模式下，对于栅格中的每个栅格单元，或者下面的栅格单元，使用栅格中找到的每个颜色分量的最小值。

（8）相乘（Multiply）：该模式将栅格和下面栅格的每个单元格的颜色成分相乘。这将使栅格变暗。

（9）灼烧（Burn）：在此模式下，下面的栅格使用来自该栅格的深色调暗。

（10）叠加（Overlay）：此模式结合了正片叠底和屏幕方法。当使用下面的栅格时，较亮的区域变亮，较暗的区域变暗。

（11）柔和光线（Soft light）：这种模式结合了灼烧和减淡的方法。

（12）强光（Hard light）：此模式与叠加方式相同；但是不同的是，这个栅格和下面的栅格将交换输入。

（13）差异（Difference）：此模式从下面栅格的单元格值中减去此栅格的单元格值。如果得到一个负值，则从该栅格的单元格值中减去下面栅格中的单元格值。

（14）相减（Subtract）：此模式从下面栅格的单元格值中减去此栅格的单元格值。如果得到负值，则显示黑色。

（15）亮度（Brightness）：这会改变栅格的亮度。

（16）对比度（Contrast）：这将改变栅格的对比度值。对比度可以区分栅格图像中的亮暗。对比度的增加可以使较暗的区域更暗，而较亮的区域更亮。例如将对比度值设置为－75，将产生一个灰色而单调的图像。

（17）饱和度（Saturation）：这将改变栅格的饱和度值。饱和度增加了颜色之间的分离。饱和度的增加使颜色看起来更有活力和鲜明，而饱和度的降低使颜色看起来更暗淡和中性。

（18）灰度（Grayscale）：使用灰度渐变表现栅格图像，可用以下 3 种渲染方法：

a. 根据亮度（By lightness）：在该方法中，将多个栅格波段亮度的平均值作为灰度渐变的显示依据，饱和度设置为 0。如果栅格只有一个波段，那么将直接使用每个单元格的亮度值。波段之间的平均亮度值采用公式【0.5×（3 个波段亮度最大值＋3 个波段亮度最小值)】计算。

b. 根据光度（By luminosity）：该方法使用多个栅格波段值的加权平均数来表达灰度渐变，光度近似于从颜色中感知亮度的方式。加权平均采用公式【0.21×红波段＋0.72×绿波段＋0.07×蓝波段】计算。

c. 根据均值（By average）：在这种方法中，每个单元格在不同栅格波段上的平均值将作为灰色渐变的依据。如果栅格只有一个波段，这个选择将没有效果。例如，如果栅格图像有 3 个单元格值分别为 25、50 和 75 的波段，那么将应用 50 作为灰色渐变的单元格值。平均值用公式【（红波段＋绿波段＋蓝波段）/3】计算。

（19）色调（Hue）：这个参数为栅格的每个单元格添加一个色调。要应用色调，选中着色（Colorize）框，然后在左侧会出现的颜色选择器中选择颜色。

7.1.4 矢量图像整饰方法

在这一节中，将会介绍 8 种不同的针对矢量图像的整饰方法：简单符号法、分类符号法、分级符号法、自定义规则法、点位移法、倒多边形法、热力图、2.5 维地图。

本节使用版本：QGIS 3.6；

本节使用数据：
- 点状图层：江浙沪人口；中国城镇
- 面状图层：中国行政区划图；城市面状图层

(ArcGIS 教学数据/ch13/ex5/buildings)；

本节使用面板：Layer Styling。

(1) 单一符号法

单一符号法将矢量图层中的每一条记录都转变为相同的符号。当需要以统一的形式输出图层中的要素时，适合使用简单符号法。

图 7.8 展示了点状要素的参数设置界面，线状要素和面状要素的参数设置与点状要素类似。

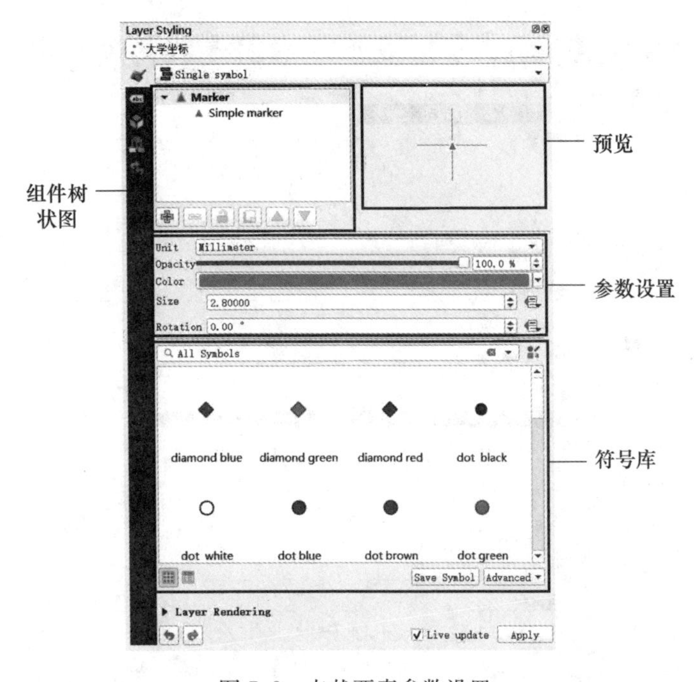

图 7.8　点状要素参数设置

①组件树状图：列出了符号组件在树状图中的位置，单击每一层可以更改符号参数的内容，便于不同符号的修改。

②预览：根据当前的参数预览符号。

③参数设置：设置在组件树状图中当前选择符号的参数（根据选择的符号不同，参数将略有不同）。

④符号库：列出了符号库中的一组符号，单击符号可以将其设置为当前符号。单击 (Style Manager) 可以打开样式管理器。

在样式管理器中，单击下方的可以打开样式选择器（Symbol Selector）创建新符号。单击可以添加一层，单击去除所选层，单击“上下箭头”可以上移下移所选层。如图 7.9 所示，选择禁止符号并将其设置为黑色，再选择飞行符号，即可合成制作为一个新的禁止飞行符号。

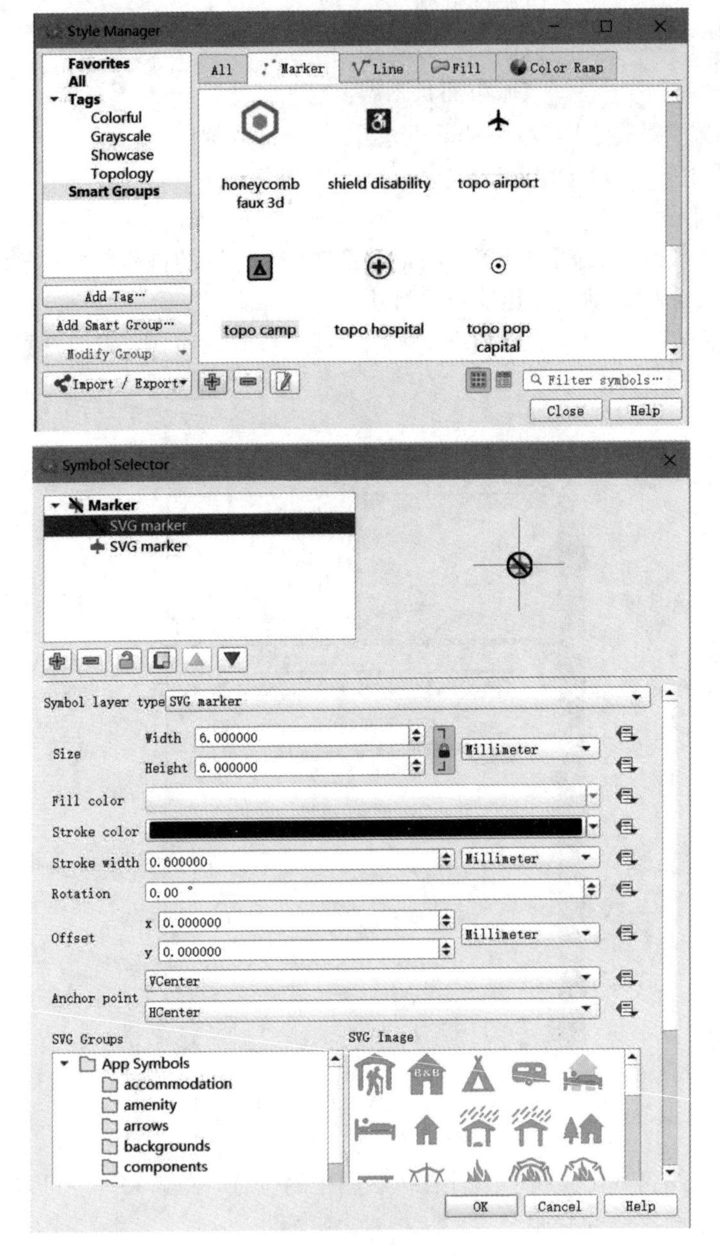

图 7.9　创建新符号

(2) 分类符号法

分类符号法对所选属性的每个类别设置一个符号。当需要根据属性值添加不同符号时，适合使用分类符号法。分类符号法最适合处理名义属性数据或序号属性数据。

图 7.10 展示了中国城镇数据根据不同级别的分类符号法参数设置界面。

使用 QGIS 对矢量图像使用分类符号法，需要以下 4 个步骤（图 7.11）：

① 为列字段（Column）选择适当的分类字段，使用其属性进行分类；或单击 ε

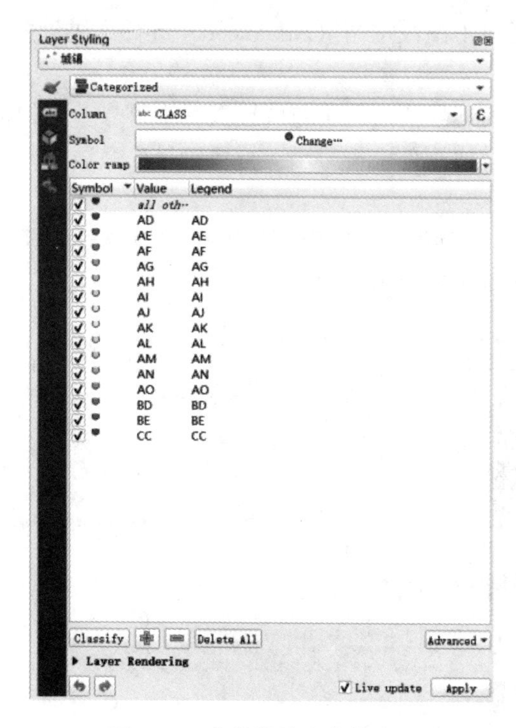

图 7.10　分类符号法参数设置

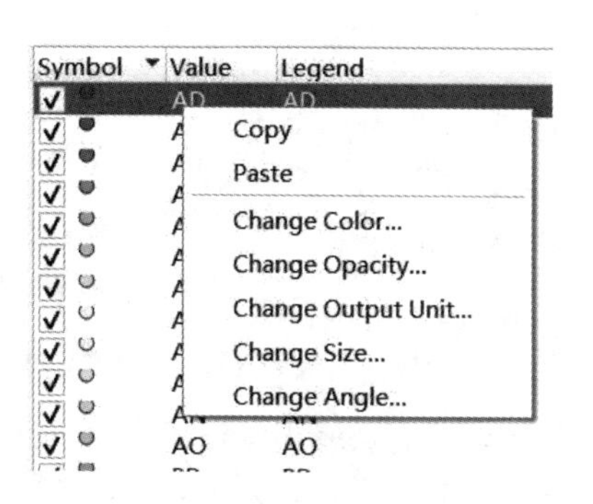

图 7.11　分类符号法符号化选项

（Expression）打开表达式对话框来创建用于分类的表达式。

② 单击分类按钮（Classify）找到所选字段中的每一个唯一属性，针对每一个属性创建一个类；或单击按钮添加空类，双击其属性列可以设置其值。创建的类可以单击或删除全部（Delete All）按钮删除，单击后可以上下拖拽类的顺序，双击则可以修改类的值（Value）和标签（Legend）。

③ 单击符号按钮（Symbol）可以打开样式选择器窗口，为所有的类设置符号。如果需要单独修改某一类的符号，可以双击类列表中的符号列来更改。

④ 单击色彩映射表（Color Ramp）可选择合适的分类色彩填充至符号中。与第③步相同，如果需要单独修改某一类的颜色，可以双击类列表中的符号列。

其他符号选项，如透明度、颜色、大小和输出单元，可以通过右击类别行来实现。

除此以外，还可以通过单击高级按钮（Advanced）进行高级设置。

（3）分级符号法

分级符号法针对数值属性值的每个范围设置一个符号。当根据属性中值范围的不同产生不同的符号时，适合使用分级符号法。分级符号法最适合处理序数、区间和比例数字属性数据。

图 7.12 展示了将湖泊面状要素以面积的大小作为分级依据的参数设置界面，点状要素和线状要素的参数设置界面与之类似。

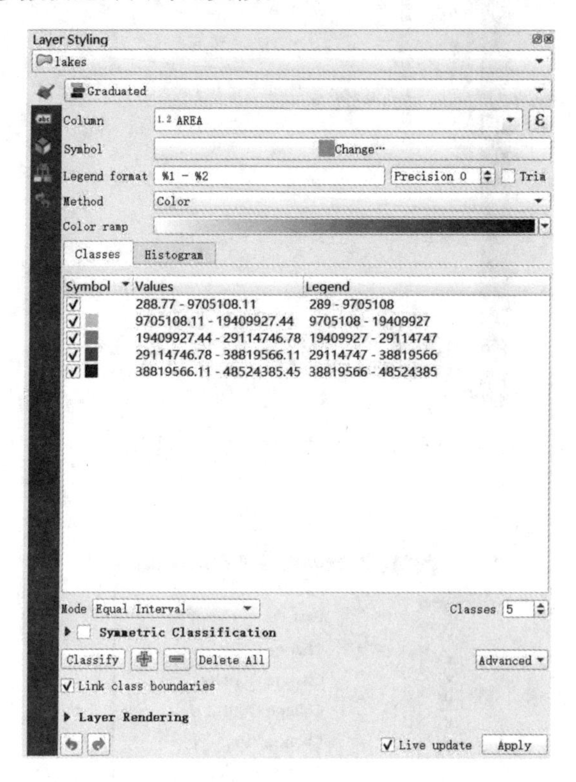

图 7.12　面状要素分级符号法参数设置

使用 QGIS 对矢量图像使用分级符号法，需要以下 5 个步骤：

① 为列字段（Column）选择适当的分级字段，使用其值进行分级；或单击ε（Expression）打开表达式对话框来创建用于分级的表达式。

② 选择分级数量和分级的方法。

a. 相等间隔法（Equal Interval）：在此方法中，每个级的宽度都是相同的。例如，如果值的范围在 1 到 100 之间，需要分为 4 级，那么这 4 个级的范围将自动生成为 1～25、26～50、51～75、76～100，每一级中就有 25 个值。

b. 分位数法（相等数量）（Quantile（Equal Count））：在此方法中，每一级中的记录数量尽可能保持一致。例如，如果一共有 14 条记录且需要分为 3 级，则两个较低的类包含 5 条记录，而最高的类包含 4 条记录。

c. 自然间断点法（Nature Breaks）：此方法基于数据的自然趋势，针对数据之间的相似值进行最恰当的分级。边界被设置在数据值的差异相对较大的位置，可以使类之间的差异最大化。

d. 标准差法（Standard Deviation）：此方法用于显示要素属性值与平均值之间的差异，在此方法中，根据每个值与平均值之间的标准差进行分级。

e. 最佳间断点法（Pretty Breaks）：此方法使用整数作为级与级之间的边界，便于描述。

③ 单击分级按钮（Classify）找到所选字段中的每一个唯一属性，根据选择的分级方法，这些记录将被自动添加至不同级中；或单击按钮添加新的级，双击其属性列可以设置其属性值域。创建的级可以单击或删除全部（Delete All）按钮删除，单击后可以上下拖拽级的顺序，双击则可以修改级的值域（Values）和标签（Legend）。

④ 单击符号按钮（Symbol）可以打开样式选择器窗口，为所有的类设置符号。如果需要单独修改某一级的符号，可以双击级列表中的符号列来更改。

⑤ 单击色彩映射表（Color Ramp）可选择合适的分级色彩填充至符号中。与第④步相同，如果需要单独修改某一级的颜色，可以双击级列表中的符号列。

标签格式（Legend format）可以设置所有标签的格式。在文本框中可以输入任何内容，默认值为%1～%2，其中%1 表示这一级的下边界，%2 表示这一级的上边界，除此以外输入的内容都将完整地显示在每一级的标签中。

如果选中连接级边界（Link class boundaries），则当手动更改任何边界值时，与之相邻的级的边界也将自动发生变化。

其他符号选项，如透明度、颜色、大小和输出单元，可以通过右击类别行来实现。除此以外，还可以通过单击高级按钮（Advanced）进行高级设置。

直方图选项卡（Histogram）可以直观地显示出所选列中值的分布，在直方图选项卡中单击加载数据（Load Values），就可以查看以直方图形式存储的数据。可以在决定选用的方法之前查看直方图，全面地了解数据的分布情况，识别出可能影响分类选择的任何异常值（图 7.13）。

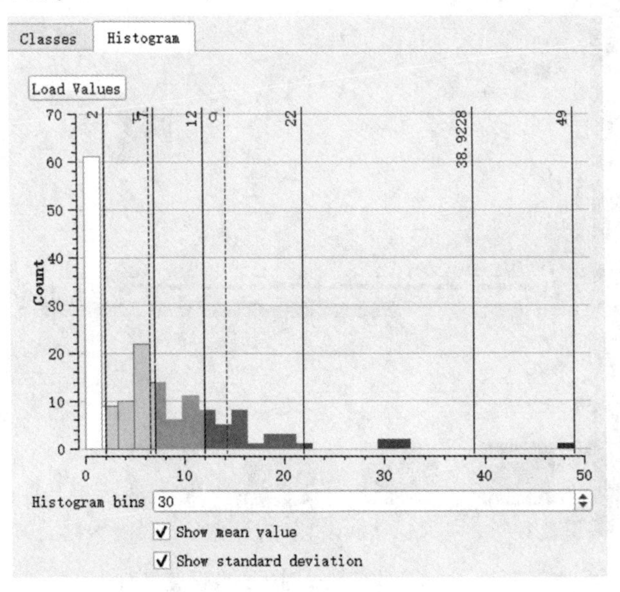

图 7.13　直方图选项卡界面

（4）自定义规则法

自定义规则法为每一个创建的规则设置一个符号，并且可以用最大比例尺（Max. scale）和最小比例尺（Min. scale）来调整符号的可见范围。如果想要基于不同表达式设置不同符号，或者想要使同一层的符号在地图比例尺发生变化时同时变化，适合选择自定义规则法。例如，你可以通过自定义规则法的设置，使道路符号在缩小时显示为细线，在放大时显示为粗线。

自定义规则法没有默认值，但是如果先使用其他矢量图像整饰方法设置过该图层，再选择自定义规则法时，自定义规则法的参数将自动匹配先前方法中设置的参数。如图 7.14 所示，对上节中使用分级符号法设置过的湖泊面状要素选择自定义规则法时，参数将自动匹配。

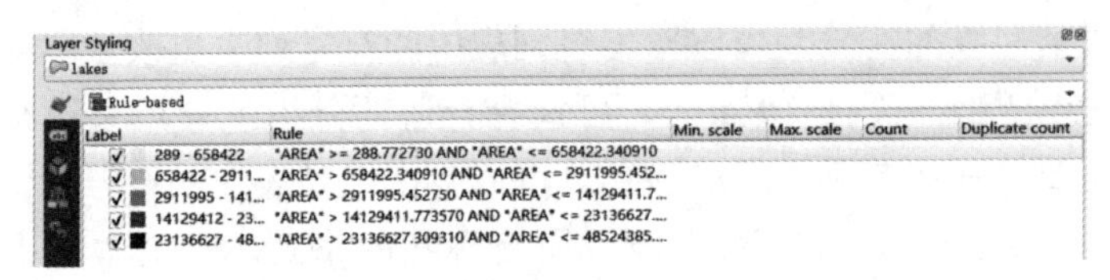

图 7.14　自定义规则法参数自动匹配

从自定义规则法的参数设置界面中可以看到以下可设置参数（图 7.15）。

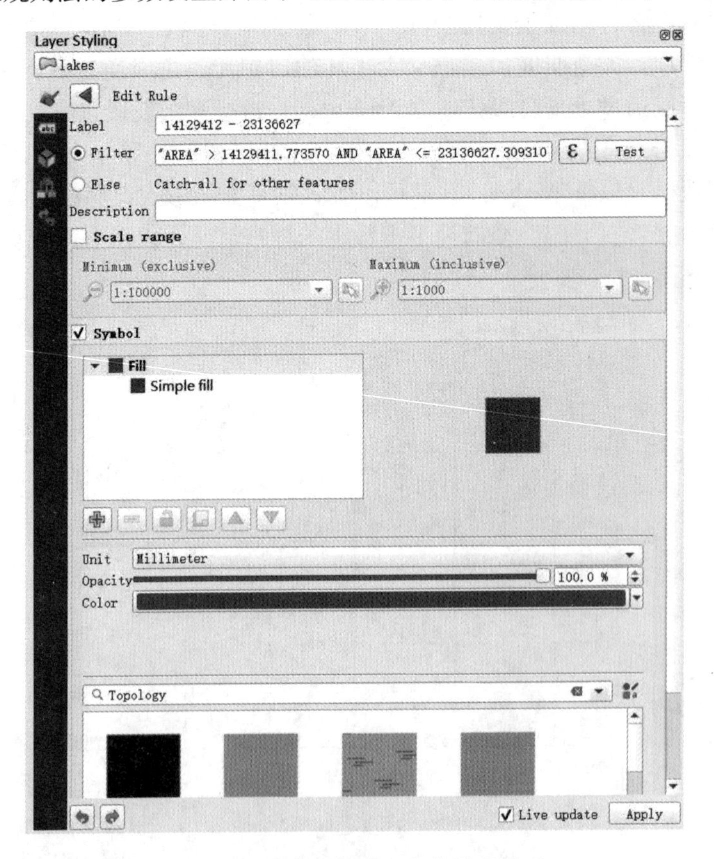

图 7.15　自定义规则法参数设置界面

①标签（Label）：在标签中设置的内容将会显示在图层面板（Layers）中，行首的复选框是否勾选决定了该类是否会显示。

②规则（Rule）：满足规则中表达式的矢量图形将会被归为该类。

③最小比例（Min. scale）：使这条规则可见的最小比例，将图像缩小到小于该值时，规则将不适用。

④最大比例（Max. scale）：使这条规则可见的最大比例，将图像放大到大于该值时，规则将不适用。

⑤数量（Count）：当单击Σ（Count features）后，满足每条规则的要素数量将显示在数量栏中。

⑥重复数量（Duplicate count）：显示在当前规则和其他规则中同时出现的要素的数量，同样是在单击Σ（Count features）后自动统计。当这一栏数字不为0时，需要检查不同规则之间的互斥性。

选择需要修改的规则并单击（Edit current rule），或者双击该规则所在行，即可打开规则编辑（Edit Rule）窗口，对该规则的相关参数进行修改；单击（Add rule）按钮可以添加一条规则，并自动打开规则编辑窗口；选择需要删除的规则并单击（Remove selected rule）可以删除该行规则。

①标签（Label）：同上一窗口一致，表示在图层面板中显示的内容。

②过滤器（Fileter）：即规则表达式。单击ε可以打开表达式生成器对话框（Expression String Builder），单击检验（Test）按钮可以检查表达式的有效性。

③描述（Description）：在此可以输入对表达式的描述，便于使用者理解表达式的含义。

④比例范围（Scale range）：在此复选框勾选后，可以设置规则课件的最大比例尺和最小比例尺范围。

⑤符号（Symbol）：在此复选框勾选后，可以设置该规则对应显示的符号样式。

（5）点位移法

点位移法让由于彼此间距过近而导致无法看清楚的点，以放射状的符号显示，使得所有的点都可以分别被看到。点位移法适用于点的分布相对密集，容易堆叠在一起的点状要素图层，且只能应用于点状要素图层，针对面状和线状要素中无法使用。

图7.16展示了点位移法的参数设置界面，如图7.17所示，在至少另一个点的容差距离（Distance）内的点，将会被修正到中心点的一个环形半径（Circle radius modification）上。

①中心符号（Center symbol）：在此设置点符号被替换时，新创建的中心符号的样式。

②渲染器（Renderer）：在此设置所有原本点符号的渲染设色方式，包括需要位移的点符号和其他点符号，渲染方式包括上述所有的所有方式。单击渲染器设置（Renderer Settings）按钮可以进入渲染器设置界面。

③容差距离（Distance）：对于每一个点，如果另一个点（或多个点）在这个容差距离内，则这些点都将发生位移。容差距离的单位可以指定为显示距离毫米（Millimeter）、点（Points）、像素（Pixel）、实际距离米（Meters at Scale）、映射单元（Map Units）、英寸（Inch）。当且仅当选择地图单元时，单击（Adjust scaling range）可以进行进一步的配置，允许其在特定的缩放范围或特定的大小范围内发生位移。

④位移方式（Placement method）：设置放置位移点的方式，可以设置为环形

(Rings)、同心圆(Concentric rings)、网格(Grids)。

⑤轮廓宽度(Stroke width):以毫米为单位设置位移环的宽度。

⑥轮廓颜色(Stroke color):设置位移环的颜色。

⑦尺寸调整(Size adjustment):以毫米(mm)为单位设置位移点至中心点的额外距离。

以上这些参数适用于该点状要素图层中的所有点(无论是否发生位移),修改符号(Center symbol)只能改变中心点的显示符号。在点位移法中,中心点原本不存在,在此方法中新创建,原本点的数量为处于中心点环形半径上的点的数量(图 7.18)。

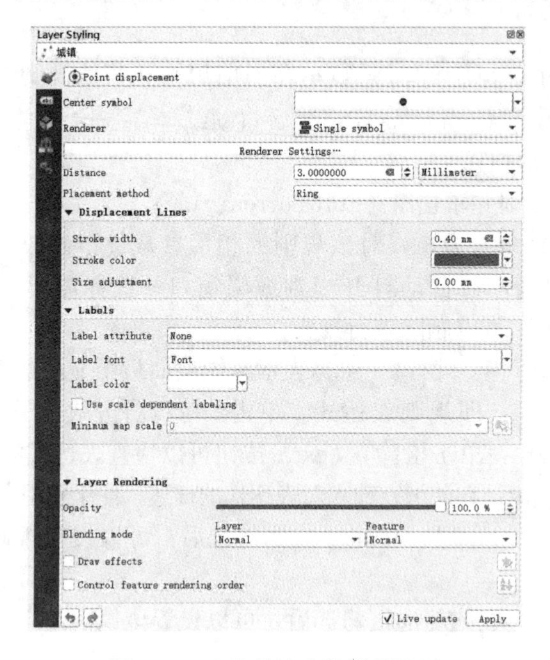

图 7.16 点位移法参数设置界面

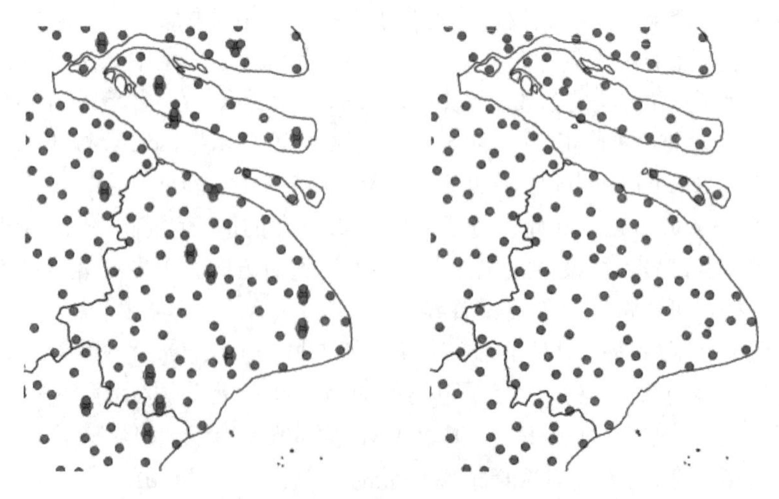

图 7.17 点位移法使用前后对比

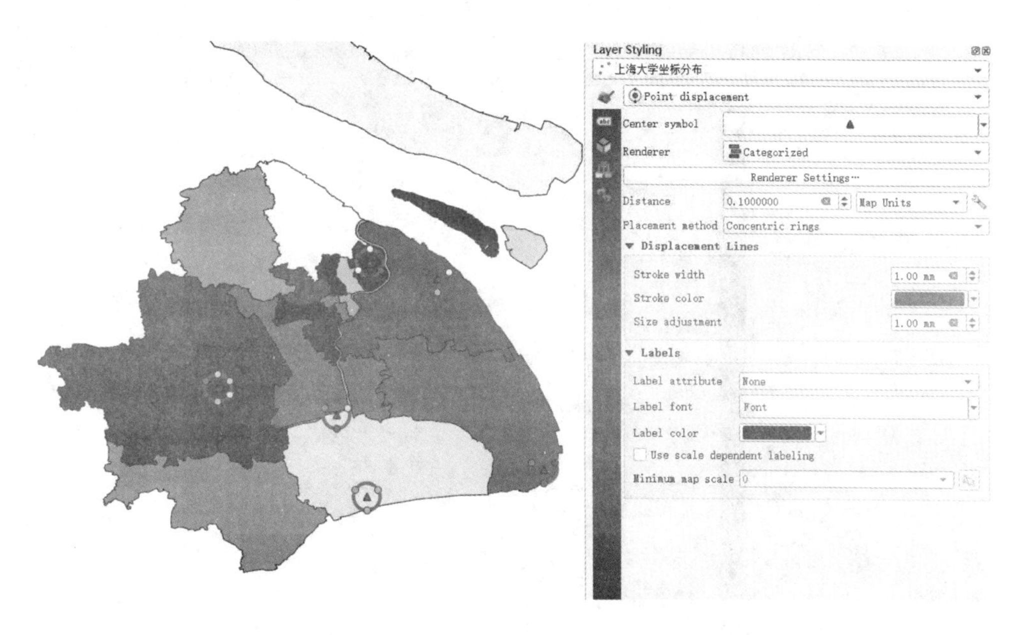

图 7.18　点位移法参数设置及结果

（6）倒多边形法

倒多边形法只显示图层中多边形不覆盖的区域，这种方法只能应用于面状要素图层。

图 7.19 是对上海行政区划矢量图层应用倒多边形法的示例。图中设色区域为上海市行政边界外部的区域。利用参数设置，可以达到将所选区域从画布中去除的效果。

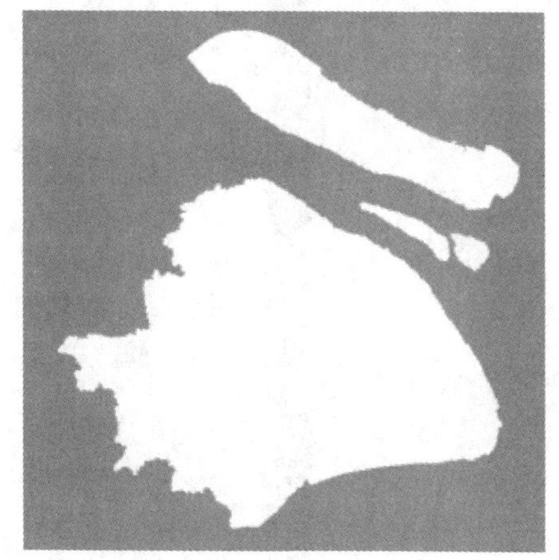

图 7.19　上海行政区划矢量图层应用倒多边形法

对于使用倒多边形法的地图设色符号依赖副渲染器（Sub renderer）的参数设置，通过对副渲染器的设置，反转后的多边形覆盖在整个画布范围上。图 7.20 展示了图 7.19中左右两张上海行政区划图的倒多边形样式参数。

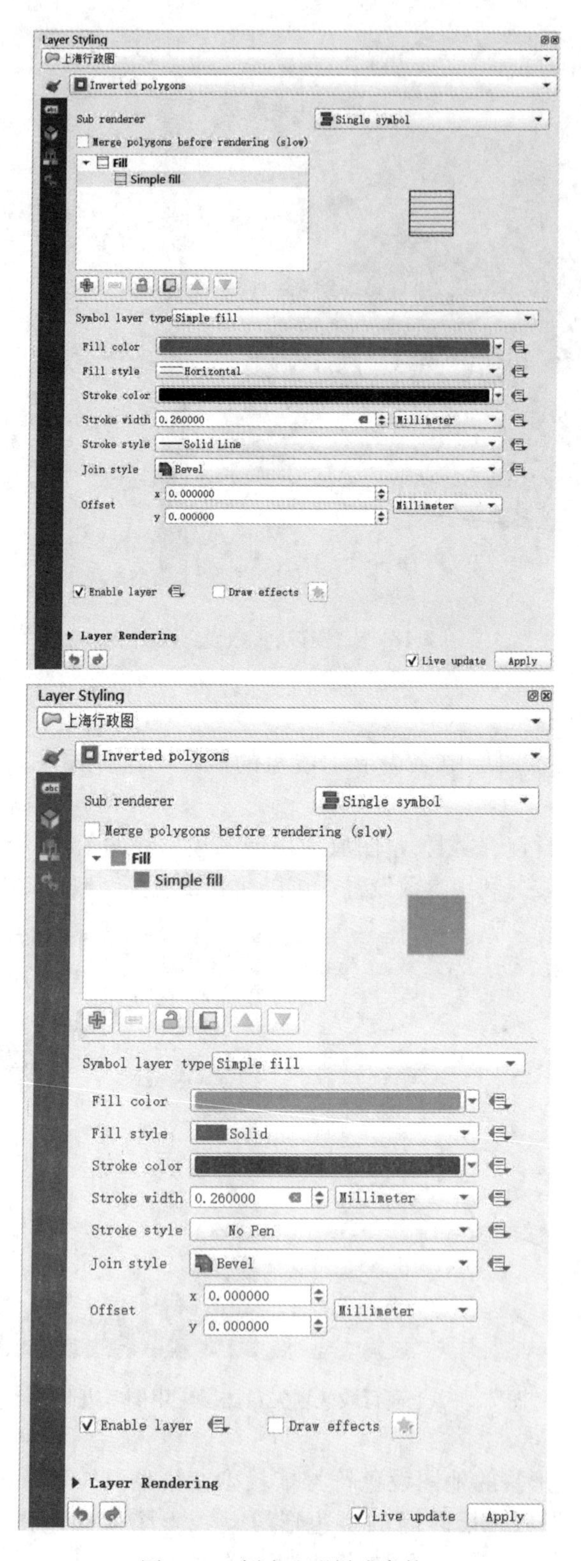

图 7.20　倒多边形样式参数

（7）热力图

热力图通过颜色的渐变将点的空间密度可视化表达，此方法只能应用于点状要素。例如，图 7.21 对江浙沪人口点图层使用热力图的方法可视化表达人口密度和分布情况。根据不同的参数设置，热力图呈现效果不同，默认的热力图很少达到令人满意的效果，所以建议尝试不用的半径值，以创建出更有效，更有意义的热力图。

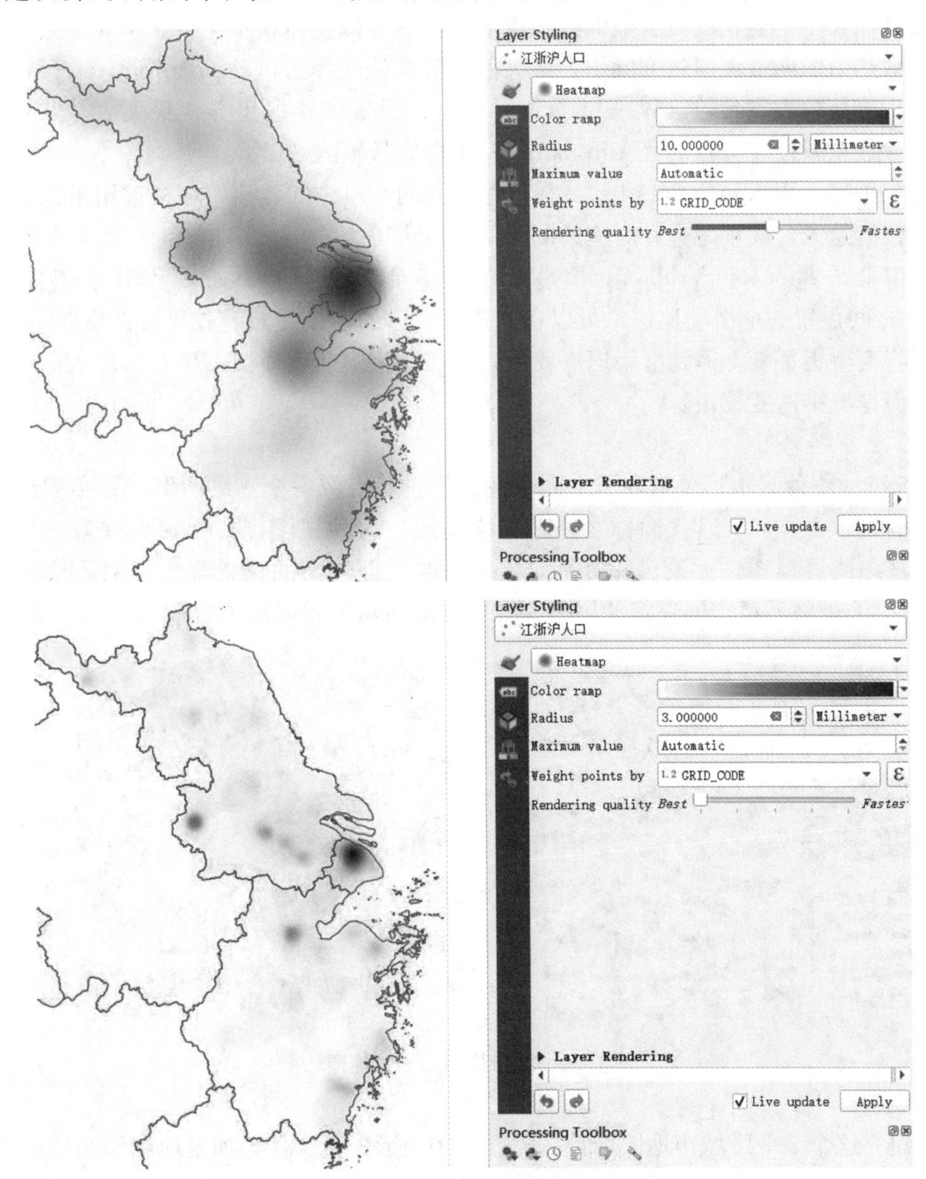

图 7.21　江浙沪人口热力图

如图 7.21 所示，要创建热力图，需要在热力图渲染器（heatmap renderer）对以下 5 个参数进行设置。

①颜色渐变（Color ramp）：在这里设置的渐变颜色将会被应用于整个图层。渐变坡道左侧的颜色表示低密度的区域，渐变坡道右侧的颜色表示高密度的区域。如果想要

翻转整条渐变颜色，可以直接单击翻转（Invert）。

②半径（Radius）：在这里可以更改在热力图上显示的圆圈的大小。如果选择的半径偏大，这个密度圆圈将会和相邻的密度圆圈合并。半径可以用毫米（Millimeter）、像素（Pixel）、点（Points）、地图单位（Map Units）、英寸（Inches）来表示。

③最大值（Maximum value）：满足或超过这个值的区域，将会被直接设置成最大的密度圆圈大小。当在此设置数值的最大值时，热力图整体就不会被一个异常大的值影响，导致热力图向最大值过度倾斜。最大值参数默认选择为自动（Automatic），在这种情况下，将从权重点参数（Weight points by）中设置的字段里寻找最大值。如果要将最大值参数重新设置为自动（Automatic），可以直接输入“0”。

④权重点（Weight points by）：在这里设置的字段中的数值，将会被用于权重密度计算。数值越大，权重越大，对应的圆圈的密度也更大。

⑤渲染质量（Rendering quality）：在渲染质量最佳（Best）和渲染速度最快（Fast）之间设置一个滑动比例，可以在此选择合适的渲染质量。越靠近渲染质量最佳，热力图将变得更平滑，但是渲染速度较慢；越靠近渲染速度最快，热力图将变得更加像素化，但是渲染速度较快。

（8）2.5 维地图

2.5 维地图使多边形要素在一个固定视角下看起来像一个三维图形，其实质还是平面图形的显示方式，所以我们称之为 2.5 维地图。这种视图样式通常也称为三分之二（2/3）视图或透视图。无论名称如何，2.5 维地图创建出的场景都十分引人注目。例如，图 7.22 就将城市中的建筑使用 2.5 维地图的显示方式展示了出来。

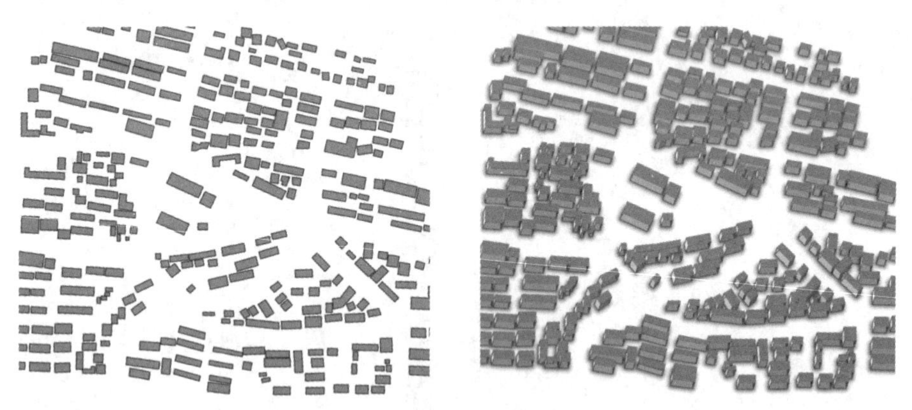

图 7.22　城市建筑 2.5 维地图

要建立这个 2.5 维城市地图，首先需要将多边形矢量文件添加至地图画布中。由于地图投影不同，所以建议先新建一个新的项目（project），再添加城市多边形矢量图层。图 7.23 为 2.5 维渲染器的截图。

①高度（Height）：设置多边形将被拉伸出的高度，单位为地图单位（map units）。这可以是输入的一个数字、属性表中的一个字段、也可以是一个计算公式：

a. 如果输入一个数字，则所有多边形都将被拉伸到这个高度。

b. 如果输入一个属性字段，则多边形将各自拉伸到该字段的值。

c. 如果单击ε（Expression），则可以创建一个表达式来计算多边形的拉伸高度。通常，属性字段中存储的高度值单位与地图单位不同，需要进行转换才能正确显示。例如，如果地图单位以米为单位，但是所选择的高度属性以英尺为单位，那么就需要将所选择的高度属性乘以 0.3048。

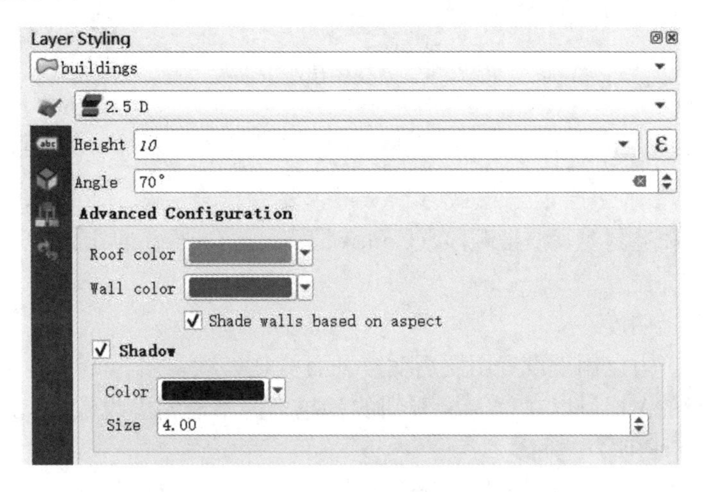

图 7.23　2.5 维渲染器参数

②角度（Angle）：多边形倾斜的角度，角度的值可以在 0°到 359°之间自由指定，QGIS 默认值为 70°。当设置为 0°时，多边形建筑完全朝向地图的右边，90°朝向地图的上方，随着角度的增大，多边形方向逆时针变化。

③高级配置（Advanced Configuration）：在此可以设置多边形屋顶颜色（Roof color）、墙壁颜色（Wall color），以及是否根据角度切换阴影墙（Shade walls based on aspect）。这里的阴影将改变墙壁的颜色来模拟光源所产生的效果，如果关闭这个阴影效果，多边形墙体将全部显示为所选择的统一颜色。

④阴影（Shadow）：此处的阴影与高级配置中的阴影不同，如果启用这里的阴影功能，满足所选阴影颜色和大小的阴影将出现在多边形的底部模拟光源被建筑物阻挡的效果。

使用 2.5 维渲染器非常简单和直观，而且它还可以与其他矢量图层设色方法同时使用，所以多边形模拟的建筑物还可以根据别的设色条件有不同的颜色。如果要组合多种设色方法，需要先使用 2.5 维渲染器对矢量图层进行设色，再更改为其他的设色方法再次应用。但是，同时使用 2.5 维的两种设色方法有一个缺点，屋顶和墙壁的颜色只能被设置为相同的颜色值。

7.1.5　矢量图层渲染方法

本节介绍的图层渲染方法将修改矢量图层的属性，以改变它自身显示的方式以及与其他图层交互的方式。

图层渲染（Layer Rendering）的位置默认位于上一节矢量图层设色方法（Layer Styling）界面的下方，是矢量图层样式属性的一部分，操作方式相同，但是不受所选择的矢量图层设色方法的影响。在本节中，将讨论矢量图层的图层渲染方法中可以更改的参数。

首次加载矢量图层时，图层渲染参数为默认值，如图 7.24 所示。

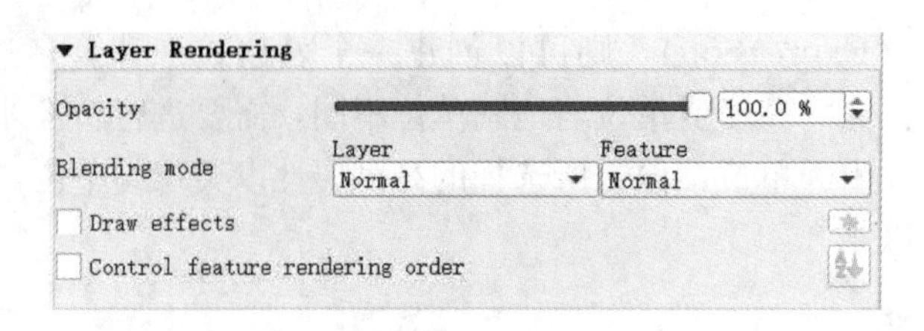

图 7.24　默认图层渲染参数

图层渲染器设置界面有 5 个可设置参数——图层不透明度（Opacity）、混合模式（Blending mode）（图层混合模式（Layer）/要素混合模式（Feature））、绘制效果（Draw effects）和控制要素渲染顺序（Control feature rendering order），以上 5 个参数将在本节中详细介绍。

（1）图层不透明度

图层不透明度可以用于设置图层透明度的百分比，默认值为 100%不透明。不透明度值越低，下面的图层可以在这一层看到的就越多。不透明度设置在 0%（完全透明）和 100%（完全不透明）之间。

设置该参数时，需要注意图层（Layers）面板中，各个图层之间的顺序。且在 2.x 版本的 QGIS 中，图层不透明度（Opacity）为图层透明度（Layer transparency），参数设置应为相反值，即 0%为完全不透明，100%为完全透明，且默认值为 0%（图 7.25）。

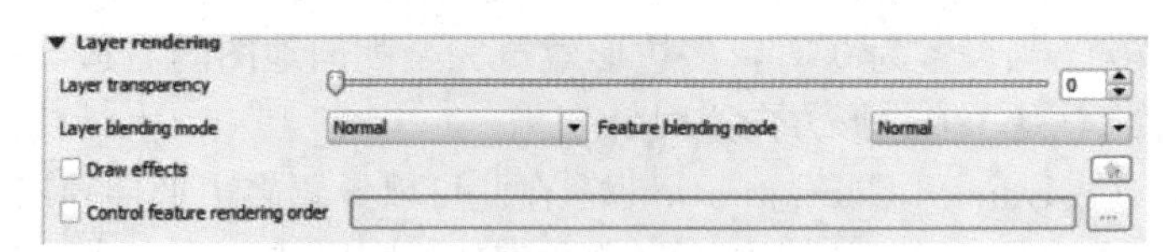

图 7.25　图层不透明度设置界面

（2）图层混合模式

在图层混合模式中可以选择该图层与其在图层面板（Layers）中所处位置下方的图层之间的混合方式。一共有 13 种图层混合模式可以选择，在本章中的栅格颜色渲染方法（Raster color rendering）部分，将详细介绍这些图层混合方法之间的异同。设置该参数时，与不透明度一样，也需要注意图层之间的顺序（图 7.26）。

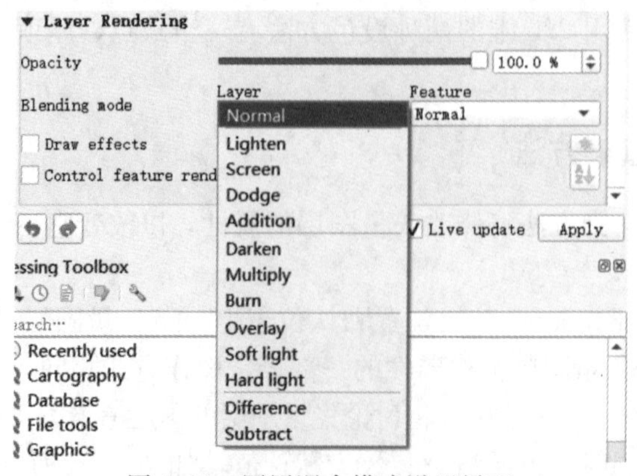

图 7.26　图层混合模式设置界面

（3）要素混合模式

在要素混合模式中可以选择同一矢量图层中的各个要素之间的混合方式。与图层混合模式相同，要素混合模式共有 13 种图层混合模式可以选择，在本章中的栅格颜色渲染方法（Raster color rendering）部分，将详细介绍这些图层混合方法之间的异同。

（4）控制要素渲染顺序

控制要素渲染顺序可以用来定义属性呈现的顺序。在此处可以定义属性的排列是正序还是倒序，空值在最初显示还是在最后显示（图 7.27）。

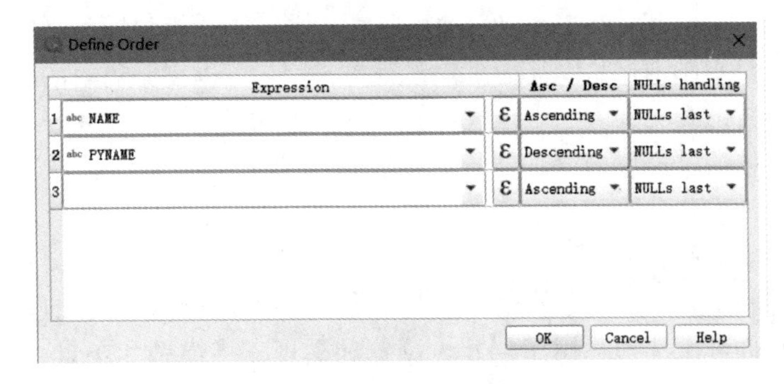

图 7.27　控制要素渲染顺序设置界面

例如，对于以不同大小表示的圆圈要素，如果要达到小圆圈显示在大圆圈上层的效果，可以设置圆圈大小的相关属性，将其设置为降序排列即可。

7.2　三维可视化

地理信息系统的三维可视化是一种将地理数据以三维形式呈现的技术，它允许用户以更直观的方式探索和分析地理空间信息。不同于二维 GIS 应用，三维 GIS 需要处理大量的三维空间数据，不仅要面对更加复杂的数据种类，也要建立高精度的立体模型，从数据采集到最终呈现，各个环节都需要采用全新的技术与方式。

三维可视化的数据源多种多样，例如，DEM 是地球表面高程数据的数字表示，它以网格形式存储地表高程信息。DEM 数据可以通过雷达、激光扫描或摄影测量获得，因此具有高程精度和分辨率。在三维可视化中，DEM 用于创建地形模型，使用户可以查看山脉、山谷、丘陵和平原等地形特征。三维建筑模型是城市和建筑物的数字表示。这些模型通常包括建筑物的形状、高度、纹理和其他细节信息。三维建筑模型可以通过激光扫描、航空摄影或建筑信息建模软件创建。在城市规划、不动产开发和可视化项目中，这些模型应用广泛。卫星图像可用于创建逼真的地表贴图，增强三维可视化的真实感。点云数据是大量离散点的集合，每个点都具有 X、Y、Z 坐标以及可能的其他属性。点云可以通过激光扫描或摄影测量获取，常用于建筑物和地形建模。在三维可视化中，点云数据可以用于创建真实感十足的地表和建筑物模型。地质数据包括地下结构、岩石类型、矿产资源等地球内部和地表下的信息。在地质勘探和矿产资源开发中，这些数据对三维可视化非常重要，以便更好地理解地质特征。卫星雷达数据可以穿透云层和覆盖物，捕捉地表以下的信息，如土壤湿度、地下水位等。航空摄影是通过航空飞机拍摄的地表图像。这些图像可以用于创建高分辨率的地图和地理场景。在创建三维场景之前，需要将这些数据整合到一个一致的环境中。这可能需要数据转换、坐标系统匹配和数据对齐等处理。

三维建模是将地理特征和对象转化为三维几何模型的过程，包括建筑物、山脉、河流、树木等的建模。在创建建筑物模型时，可以使用建筑信息模型（BIM）数据，以获取更精确的建筑物几何信息。光照模拟是创建逼真场景的重要组成部分。它可以模拟阳光、阴影、反射和折射效应，以增强场景的真实感。纹理映射用于将真实世界的纹理信息应用到建模表面，使其看起来更加逼真。视角设置包括相机位置和视野的设置，决定了用户在三维场景中的观察角度。通过调整视角，用户可以浏览场景的不同部分，以便更好地理解地理特征和关系。三维地理场景可以具有动态效果，如风、水流、交通流量等。这些效果可以通过模拟来增加场景的真实感。例如，水流可以模拟为流动的水体，交通流量可以模拟为移动的车辆。三维可视化允许用户创建漫游或飞行路径，让用户在三维模型中进行虚拟漫游。在一些应用中，用户需要与三维场景进行交互。这可以通过添加交互式控件和功能来实现，使用户能够浏览、查询和分析场景中的地理信息。有许多三维可视化软件可供选择，用于创建、浏览和呈现三维模型和场景，例如 Autodesk 3ds Max、Autodesk Maya、Trimble SketchUp、Blender、Unity 3D、Cinema 4D、Google Earth Pro，以及 ArcGIS 软件。

7.3 交互式地理信息系统

交互式地理信息系统（Interactive Geographic Information System，Interactive GIS 或 IGIS）是一种用于浏览、查询、分析和可视化地理信息的计算机应用程序。它允许用户与地理数据进行互动，以更好地理解和利用空间信息。交互性在三维地理场景中扮演着至关重要的角色，它提供了用户与地理数据和模型进行实时互动的机会。创建和定制 GIS 应用程序、工具和解决方案即为交互式地理系信息系统开发的过程，GIS 开发涉及使用各种编程语言、API（应用程序接口）、地理数据库和地图制图技术，GIS 系统开发可以包括软件开发、数据库设计、地图制作、数据集成和用户界面设计等多个方面。常见的交互式地理信息系统例如，谷歌地球（Google Earth）是一款由谷歌公司开发的免费地理信息工具，允许用户以三维视图方式浏览和探索全球范围内的地理信息和地理图像。这个系统运用了瓦片技术将大规模的地图或图像分成多个小块，通常是正方形或矩形区域。每个瓦片可以独立处理，减轻了数据处理和传输的负担。不同级别的瓦片包含不同分辨率的数据。这使得用户可以在不同的缩放级别下加载适合的瓦片，以提高地图或图像的性能和加载速度。地图或图像可以根据用户的请求在服务器上快速渲染，并返回所需的瓦片，从而实现实时交互性（图 7.28）。

交互性通常包括以下方面。

（1）视角控制：用户可以通过简单的手势或控制面板来控制场景的视角，包括旋转、缩放和平移场景，以便从不同角度查看地理特征。这种灵活性使用户能够深入研究场景，发现细节并理解地理关系。

（2）信息查询：三维地理场景通常包含大量的地理信息，例如地名、海拔高度、建

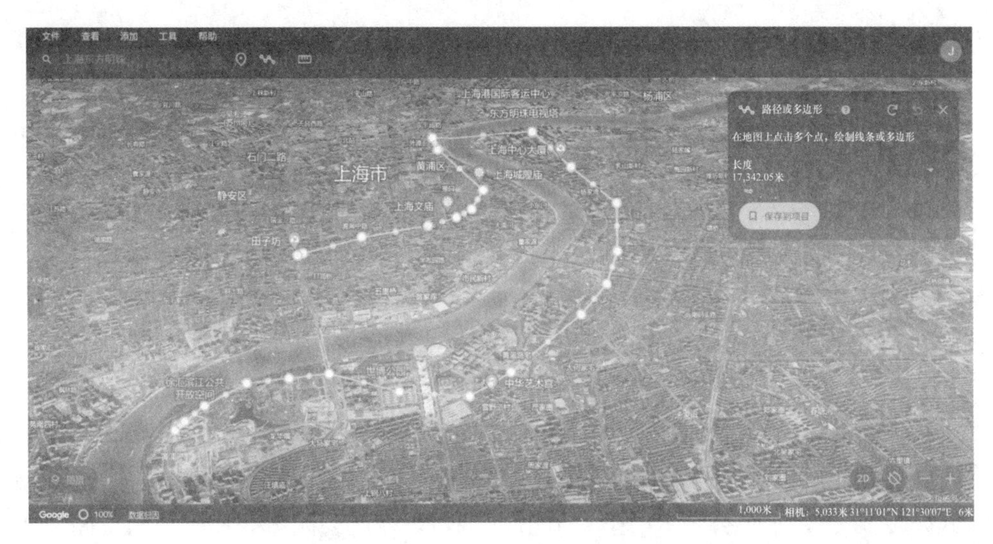

图 7.28 交互式地理信息系统应用

筑物信息等。用户可以选择地理对象，以获取相关的属性信息。这种信息查询功能对于地理分析和规划非常有帮助。

（3）测量工具：为了支持地理分析和规划，三维地理场景通常包含测量工具。用户可以测量距离、面积和体积等地理特征的尺寸。这对于城市规划、土地利用分析和工程设计等任务非常重要。

（4）时间轴：对于与时间相关的地理数据，如历史城市发展、气候变化或环境监测，场景中可以包含时间轴控制。用户可以在不同时间点之间切换，观察地理现象的演变。

（5）导航和路径规划：如果场景涉及导航或路径规划，用户可以使用交互性控制来规划最佳路线、查找特定位置或获得导航指引。这对于导航应用、旅游规划和紧急响应非常有用。

（6）3D 标注和标记：用户可以在场景中添加注释、标记和标签，以突出显示特定地理对象或信息。这对于协作、教育和数据共享非常有用。

（7）虚拟现实和增强现实：虚拟现实（VR）和增强现实（AR）技术可以与三维地理场景结合使用，提供更沉浸式的体验。用户可以穿戴 VR 头盔或使用 AR 应用来与地理数据互动，使其更具参与感。

（8）多用户协作：在某些应用中，多个用户可以同时在三维地理场景中协作。他们可以在同一场景中查看、编辑和讨论地理数据，这对于团队合作和决策支持非常重要。

8　地理空间数据分析
——点格局和面格局工具空间分析案例

8.1　数据来源

本研究通过空间分析工具分析上海市公园（除崇明岛）分布格局。上海市公园数据是通过高德获取的POI点状数据。上海市共计487座公园，其中综合公园13座，城市开发式公园17座，专类公园84座（功能性绿地），社区公园373座。公园空间分布如图8.1所示。此外，还获取了上海市住宅小区数据，经过数据预处理、空间校准，一共获取16241个有效居住小区数据（图8.2）。投影坐标均转换为WGS84 _ UTM zone 51N。

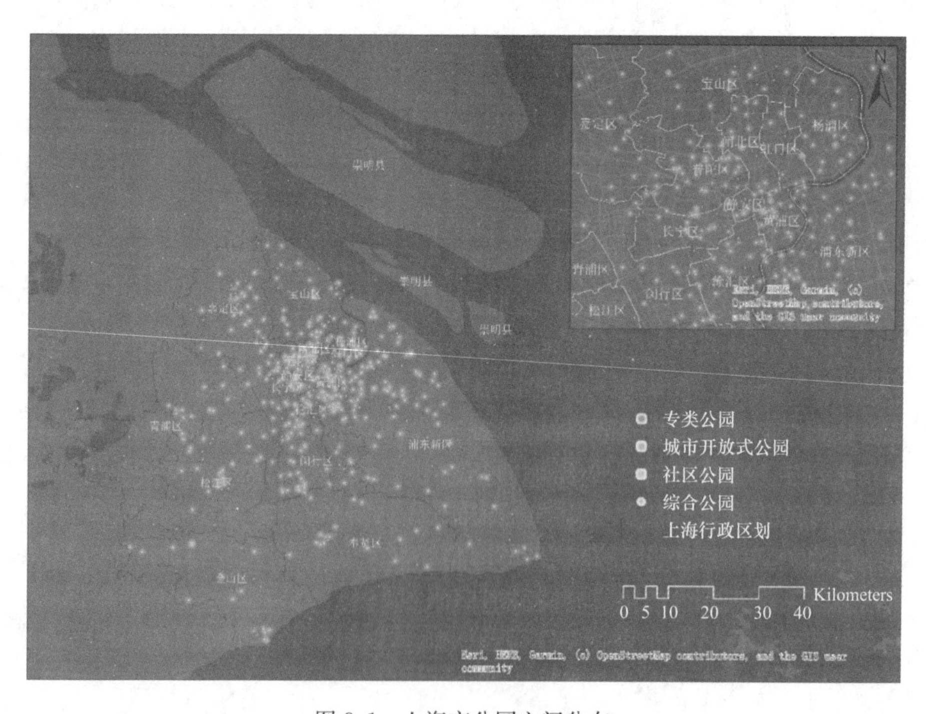

图8.1　上海市公园空间分布

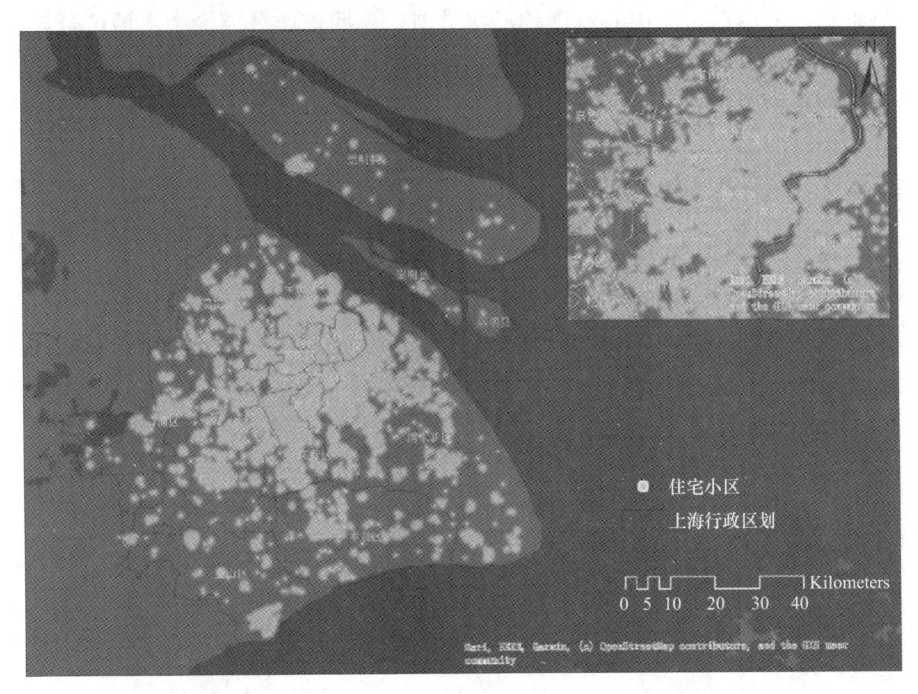

图 8.2　上海市住宅小区分布

8.2　点格局相关工具

1. 标准误差椭圆

对上海市公园绿地空间分布方向的研究，使用的是 GIS 软件空间统计工具中的方向分布，即标准误差椭圆工具，标准差椭圆能够汇总地理要素的空间特征。能够将公园绿地的平均中心汇总输出一个椭圆面要素，通过椭圆的长轴和短轴来判断公园分布的方向特征，标准误差椭圆创建出的新的椭圆其长轴方向就代表了公园绿地的分布方向；同时也是公园绿地的分布轴线。椭圆长轴和短轴的差值对比，能够反映出公园的分布趋势。差值越大表明公园沿轴线的分布趋势越强烈；反之，差值越小则表明公园没有明显的分布趋势，公园分布较为均衡。椭圆面要素涵盖了研究范围内大部分的公园绿地，因此可以通过椭圆的大小来判断公园的分布范围，椭圆面积越大则表明公园绿地由城市中心向外拓展的幅度越大；椭圆的中心也在一定程度上代表着公园绿地的分布中心。

如图 8.3 所示，上海市公园绿地标准差椭圆的长轴和短轴差异不大，表明总体上公园没有明显的分布趋势，椭圆位于城市中心区域，说明分布中心集中于城市中心区域。对比 4 种类型的公园，从椭圆面积上看，城市开放式公园的覆盖范围最小，主要集中于静安区、黄浦区、长宁区、徐汇区等中心城区，社区公园和专类公园的覆盖面积广，说明这类公园绿地在市区外围也分布密集。值得注意的是，从长轴和短轴上看，综合公园的分布轴线呈明显的南北方向，并且长短轴线的比值较大，这说明除市区如人民公园、静安公园这样的综合公园也在上海南郊有建设，这可能与人们郊区化生活有关。而开放式公园呈东北—西南向，与中心城区的形状类似，说明该类公园沿中心城区分布。社区公园占所有公园最大，说明人们休闲的方式偏好距离自家近的绿地服务，公园建设与居民点可达性息息相关。

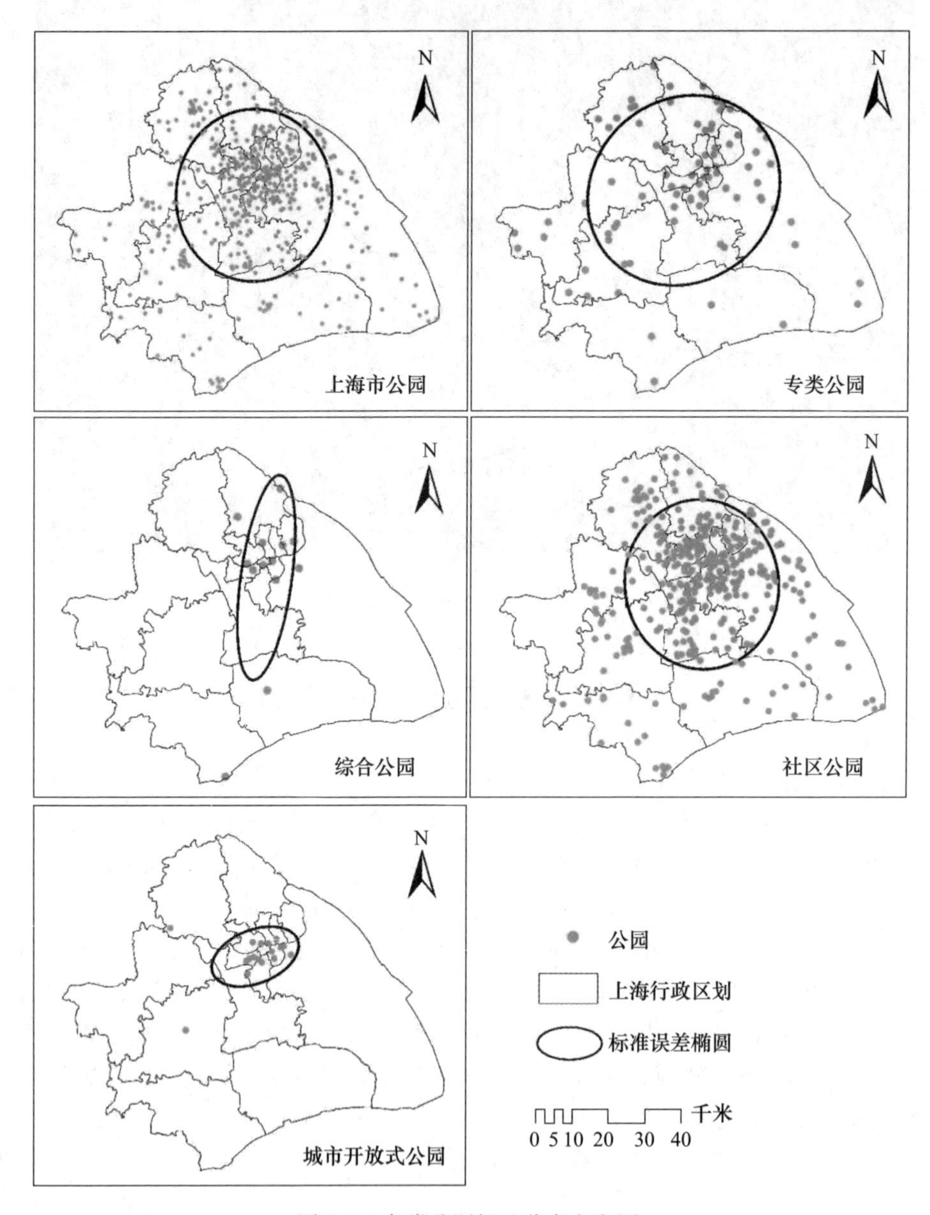

图 8.3 各类公园绿地分布方向图

2. 样方分析（QA）

样方分析（QA）是研究空间点模式最常用的直观方法，其基本思想是通过空间上点分布密度的变化探索空间分布模式，一般使用随机分布模式作为理论上的标准分布，将 QA 计算的点密度与理论分布做比较，判断点模式属于聚集分布、均匀分布还是随机分布。由于研究区面积为 5431.61km^2，共有 487 个点，根据 $2A/n$ 则渔网大小为 11km（图 8.4）。经过 identify 工具识别位于格网中的点，进行汇总后计算出的均值 X=3.35，

方差 $S=14.37$，变差-均值比 $VMR=S/X=4.28>1$，表明公园绿地呈聚集分布。这与标准差椭圆的结果一致，但该结果受网格精度影响较大，因此网格大小是需要注意的参数。

图 8.4 fishnet 划分与点分布

3. 核密度估计（KDE）

对各类上海市公园绿地空间分布密度的研究，使用的是 ArcGIS 软件密度分析工具中的核密度分析。通过核密度分析可以判断各类上海市公园绿地的分布重心。颜色越深则公园密度越高，是公园绿地分布的重心。在进行核密度估计时，需要对搜索半径（带宽）进行设置，半径参数值越大，则生成的密度栅格越平滑且概化程度越高。参数值越小，则生成的栅格所显示的信息越详细。通过多次的带宽设置，将带宽设置为自动搜索时效果最佳，输出栅格分辨率为 0.0047m。通过对比各类公园绿地的分布密度（图 8.5），发现总体上公园分布中心主要位于中心城区，在中心城区显著聚集，且呈现出圈层分布的趋势。其中，社区公园除中心城区外，公园分布向外围多中心扩展，形成城市中心和城市外围多次级重心的空间格局特征。综合公园、专类公园和城市开放公园则表现为单一中心。

4. 最邻近指数

对各类上海市公园绿地空间分布模式的研究，使用的是 ArcGIS 软件的平均最近邻工具，平均最近邻指数是根据每个要素与其最近邻要素之间的平均距离进行计算。“平均最近邻”工具的表示方式是“平均观测距离”与“预期平均距离”的比例。预期平均距离是假设随机分布中的邻域间的平均距离。如果指数小于 1，所表现的模式为聚类，数值越低则表示该类型的分布趋势越明显；如果指数大于 1，则所表现的模式趋向于离散，数值越高则表示离散程度越高。该指数计算的原假设是“要素是随机分布的”，以 Z 值和 p 值验证原假设是否成立。通过分析个时期公园绿地的平均最近邻指数来判断公园绿地的分布模式。

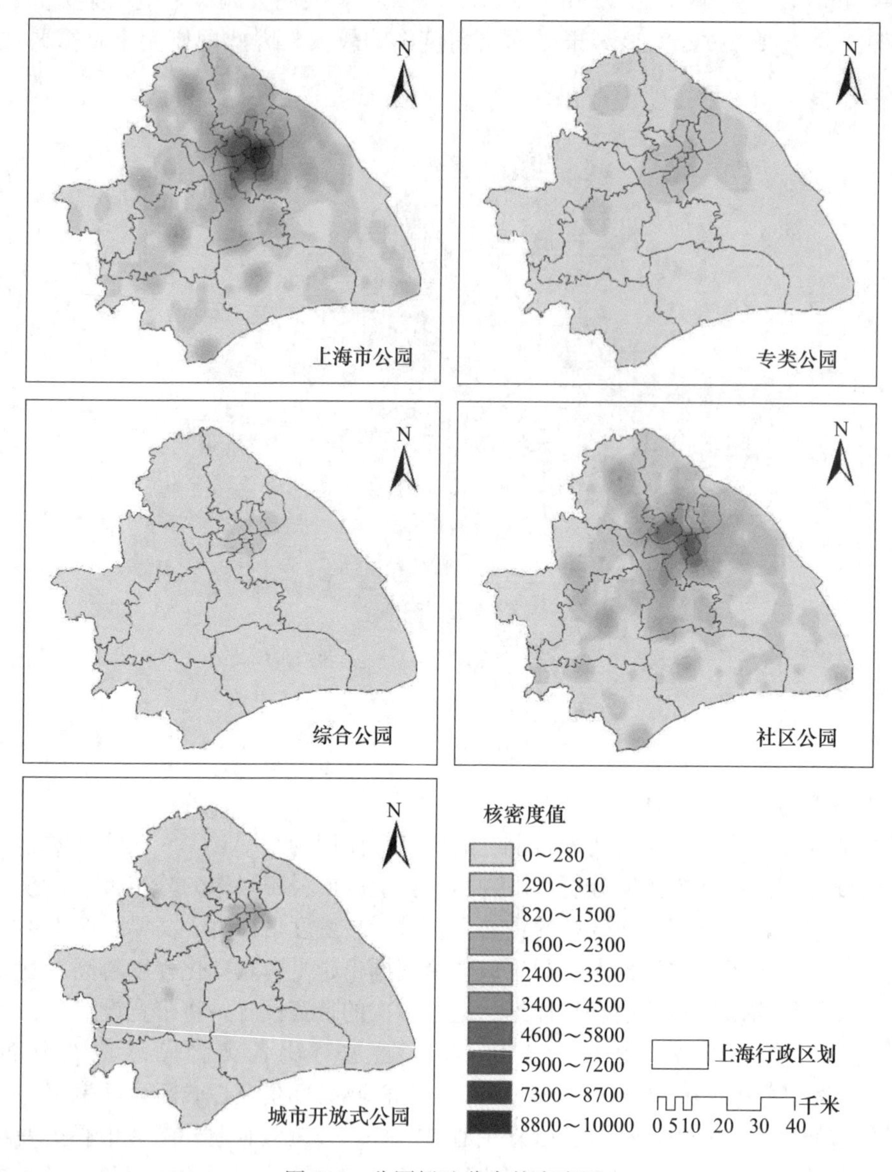

图 8.5　公园绿地分布核密度图

对各类分布模式结果进行比较可以发现，上海市公园最近邻指数为 0.73（图 8.6），表明整体呈聚集分布模式。其中，专类公园最近邻指数为 0.84，社区公园最邻近指数为 0.71，两类都为聚集分布模式。社区公园的显著聚集为整体公园的聚集提供了最大的贡献度，社区公园的聚集也反映了城市人口的聚集。城市开放公园为 1.18，呈随机分布模式。然而综合公园的最近邻指数为 1.64 呈离散模式。值得注意的是，由核密度分析中得出的综合公园和城市开放公园的核心在最近邻指数中并没体现出核心集聚区，因为有少数的公园远离核心区（例如，综合公园在远离市区的金山沿海也有分布，跨度较远，而前面的标准差椭圆的轴差也反映了分布的趋势。在反映总体情况时，最近邻就不会反馈出局部的信息）。

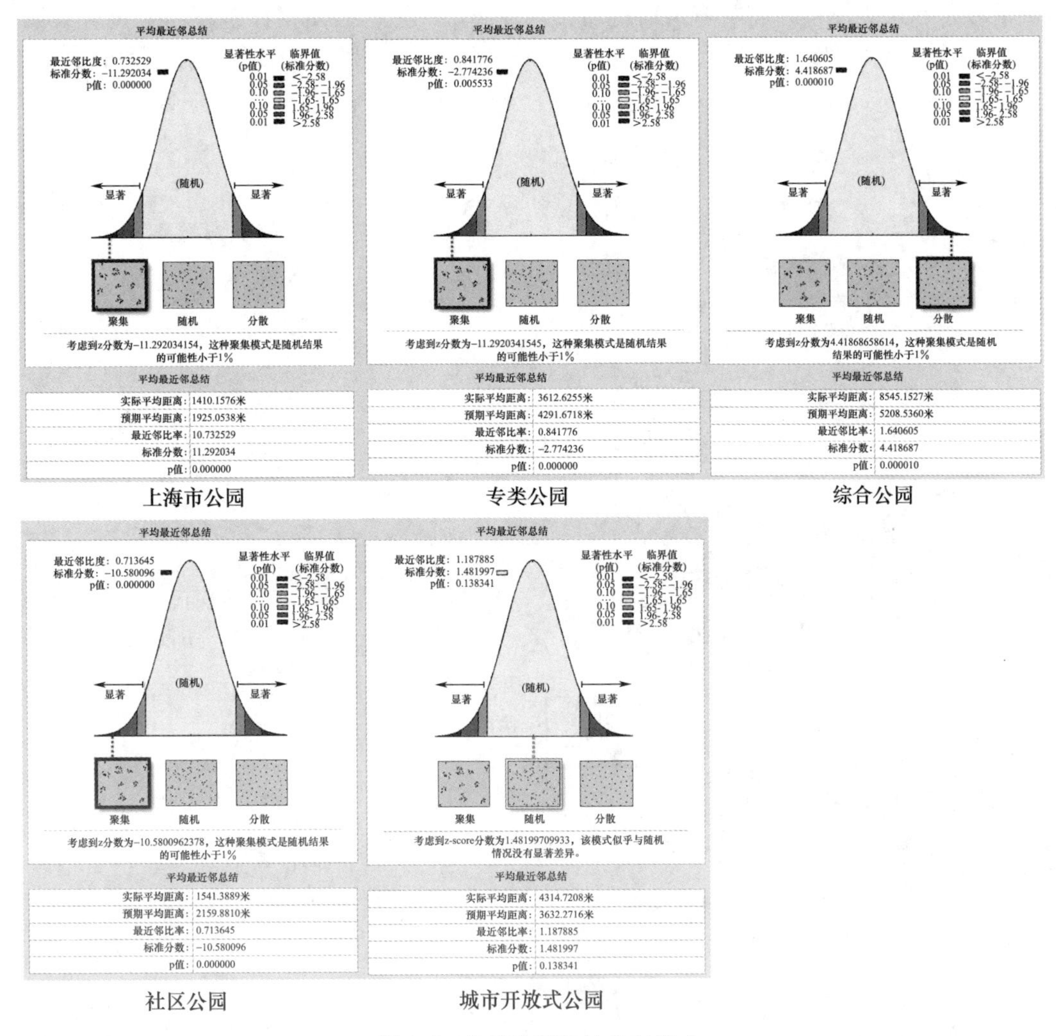

图 8.6　各类公园绿地分布模式

5. Ripley's K 函数

在前面的研究中，能够反映所有公园在整个范围内的聚集或离散程度。而通过最近邻分析可以发现，在聚类分析中要素之间的距离是个很重要的参数。基于距离的点空间分布模式可以使用 Ripley's K 函数。考虑到一定距离上的集聚或离散程度，可以更好地反映多尺度下的空间格局。K 函数是点密度距离的函数，其按照一定半径的搜索圆范围来统计点数量。在多个距离和空间比例下研究空间模式时，模式会发生变化，通常可反映对运行中的特定空间过程的控制。K 函数表明要素质心的空间聚集或空间扩散在邻域大小发生变化时是如何变化的。研究使用了 10 次距离测算，初始距离 5km，之后每隔 5km 测算一次结果，置信度为 99%。

由图 8.7 可知，上海市公园绿地分布 K 函数显示，K 观测值在所有考虑距离内都大于 K 预估值，且在 99%置信度的上方区域，表明总体上看上海市公园绿地呈显著聚集的分布模式。对于专类公园，从第一个 5km 开始至 35km，K 观测值在所有考虑距离内都大于 K 预估值，且在 99%置信度的上方区域，说明在这个范围内显著集聚，但从 35km 往外，K

预估值大于K观测值，表明随距离增加会逐渐离散。综合公园仅在短距离上显著集聚，15km以外都呈现离散的模式。社区公园在5km到42km K观测值都大于K预估值，表现为显著集聚。城市开放公园从15km后表现为显著离散，与前面的结果相一致。

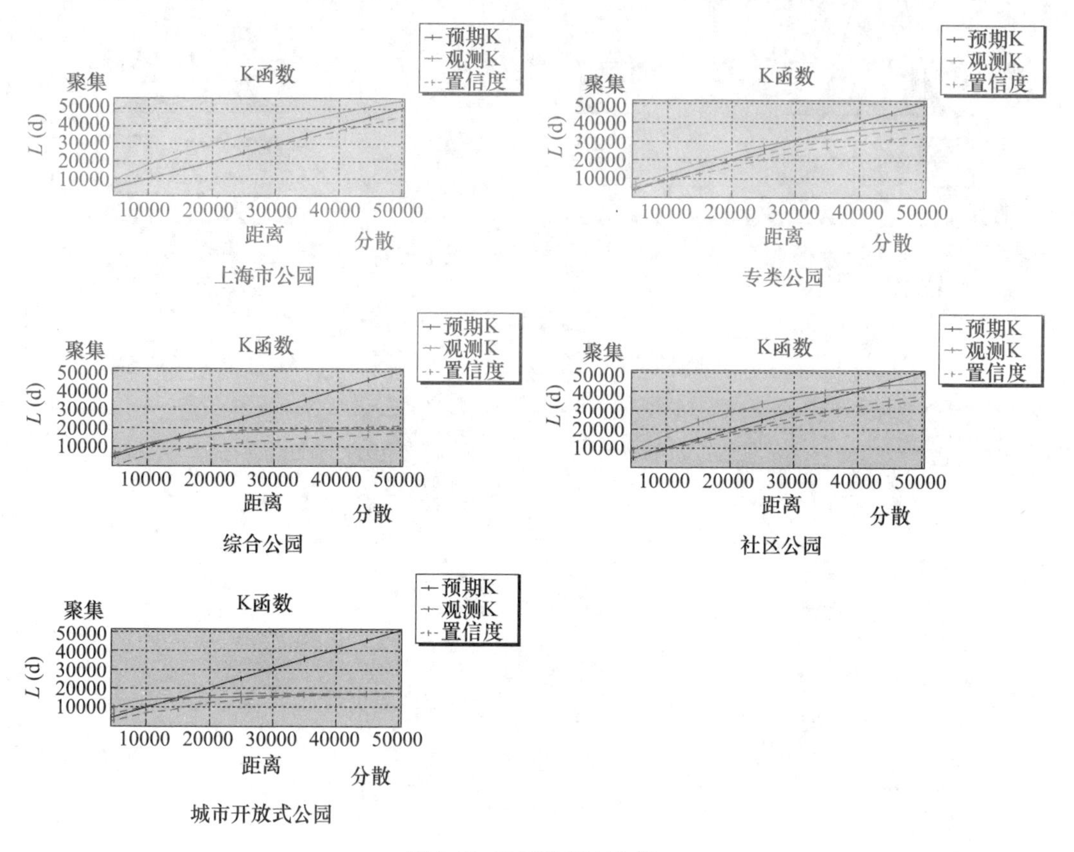

图8.7 K函数距离曲线

8.3 面格局相关工具

1. 洛伦兹曲线与基尼系数和集中度指数

洛伦兹曲线和基尼系数是在1907年被奥地利统计学家洛伦兹提出的，原本是经济学领域的概念，用来研究国民收入与国民人口分配之间的问题，是一种公平性的评价方法。基尼系数常常被用来衡量收入差距，取值范围在[0～1]，值越小，表示分配越公平。联合国对于其值域的划分及所对应的公平性水平，一般认为，基尼系数小于0.2则为高度平均，大于0.6则为高度不平均，而0.4为警戒线。运用洛伦兹曲线和基尼系数的方法，可以从总体上衡量公园绿地的社会公平性。统计了上海市各个区的小区数与公园数的占比，假定各区的公园为所在区的服务性最高，则统计累计百分比绘制洛伦兹曲线（图8.8），并计算基尼系数与集中度指数，基尼系数与集中度指数均为0.4，说明了分布相对合理。从洛伦兹曲线图的弯曲程度也可知，上海市公园在各区的分布相对合理。说明上海市公园的社会公平性较合理。

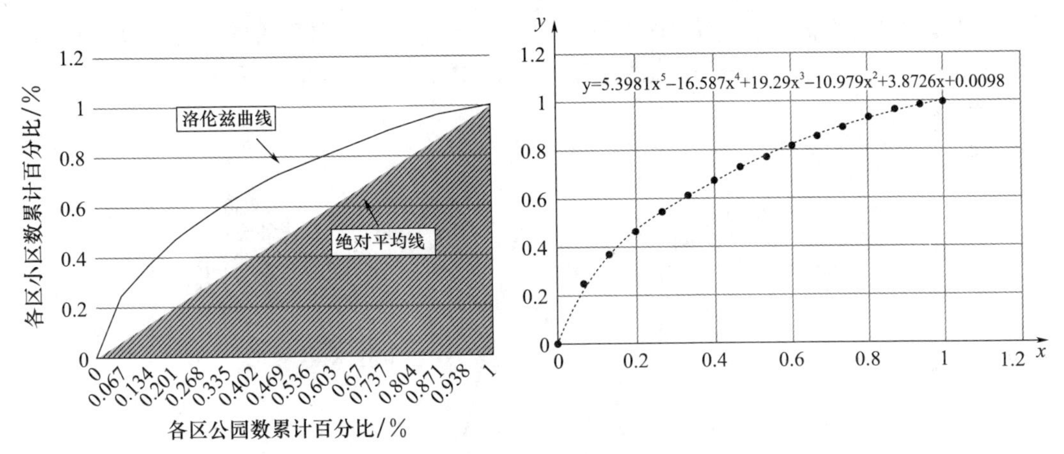

图 8.8 洛伦兹曲线

2. 空间滑动平均（IDW）

空间滑动平均是利用近邻面积单元的值计算均值的一种方法，称之为空间滑动平均。利用已生成的样方做 IDW，可以得到一个格网的热力图（图 8.9），反映了上海市公园的集中地在中心城区，在市郊也零星散布一些公园集中地。相较直接用区划统计，样方密度更能反映公园服务范围随距离的增加而减小。

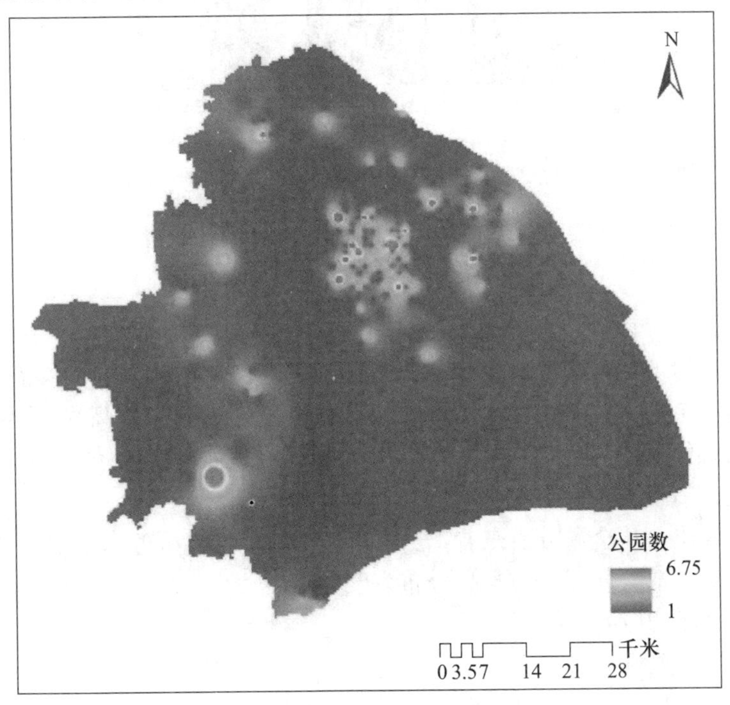

图 8.9 IDW 公园分布热点

3. 全局空间自相关

1）全局莫兰指数。

对公园绿地样方服务水平进行空间自相关分析，结果如图 8.10 所示，$P=0$ 小于 0.01，莫兰指数为 0.11，Z-score 得分为 9.57，大于 2.58，因此拒绝零假设，说明上海市公园绿地服务水平的聚类程度很高，公园绿地服务水平的空间分布具有比较显著的空间正相关，其可能出现高/高服务水平集聚或者低/低服务水平集聚的情况，在该阶段尚无法判断。

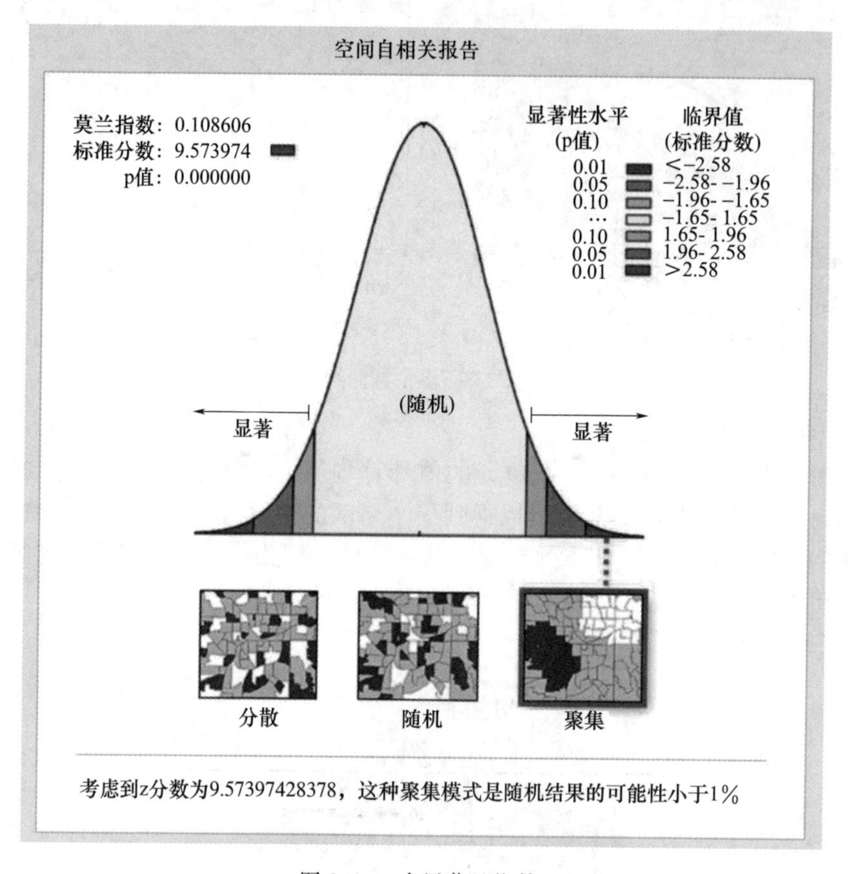

图 8.10　全局莫兰指数

2）高/低聚类统计量。

继续对公园绿地样方服务水平进行高/低聚类分析，其类似于莫兰指数，它也是用 z 值得分来检验空间自相关的统计显著性，其 z 得分为正意味着高/高集聚，其 z 得分为负意味着低/低集聚。总体 G 观测值为 0.000027＞总体 G 期望值 0.000022，因此上海市公园绿地为高聚类，如图 8.11 所示。

由此可以看出，从全局分析来看，上海市公园绿地样方服务水平空间分布具有比较显著的高值集聚特征，即高分布与高分布集聚。

4. 局部空间自相关

1）局域莫兰指数。

局域莫兰指数用来发现局域空间是否存在聚集现象。对上海市公园绿地样方服务水平进行空间自相关分析，得到上海市 LISA 图，见图 8.12，上海市的集聚模式可以分为五类，分别是“H-H”集聚、“H-L”集聚、“L-H”集聚、“L-L”集聚以及“Not Significant”。其中“H-H”集聚、“L-L”集聚占全部的 50.46%，说明公园绿地具有相对较高的聚集性和相似性，其中“H-H”集聚，即该样方以及周围样方获得的公园绿地服务的均值都大于全体样方获得的公园绿地的区域，集聚的特征相比“L-L”集聚更强烈，占 28.03%。主要分布在静安区、黄浦区、长宁区、徐汇区、普陀区等中心城区。该区人口密集，公园数量多，面积大，因此该片区整体公园绿地服务水平高，并且社区和商圈密布，公园绿地作为城市休闲区在此地集中分布。

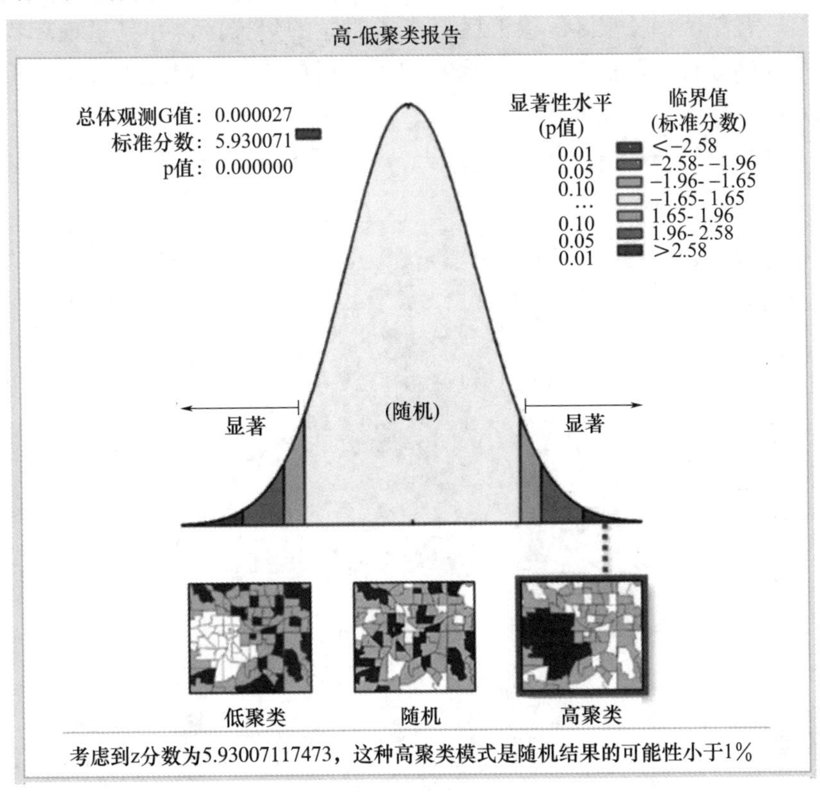

图 8.11　高/低聚类统计量

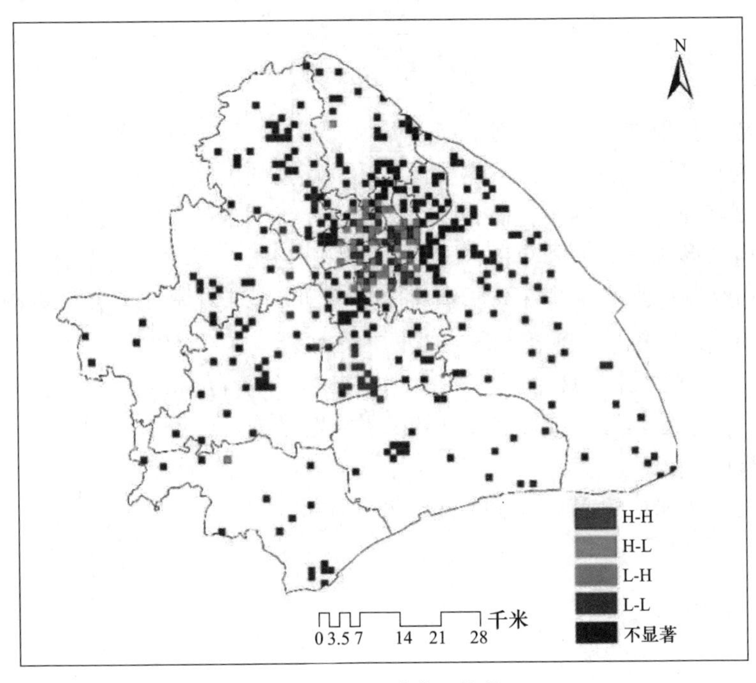

图 8.12　局域莫兰指数

2）局域高/低聚类。

通过计算局域高/低聚类指数，识别上海市公园绿地的冷热点区域，进一步了解上海市公园绿地的分布情况（图 8.13）。上海市绿地公园主要集聚于浦西中环以内，静安区、黄浦区、普陀区、长宁区、徐汇区形成了明显的集聚区，并且呈现环状的辐散分布。公园绿地的分布主要依靠社区公园对周围居民的吸引，因此大多集中于社区集聚地，也符合城市绿地空间分布规律。

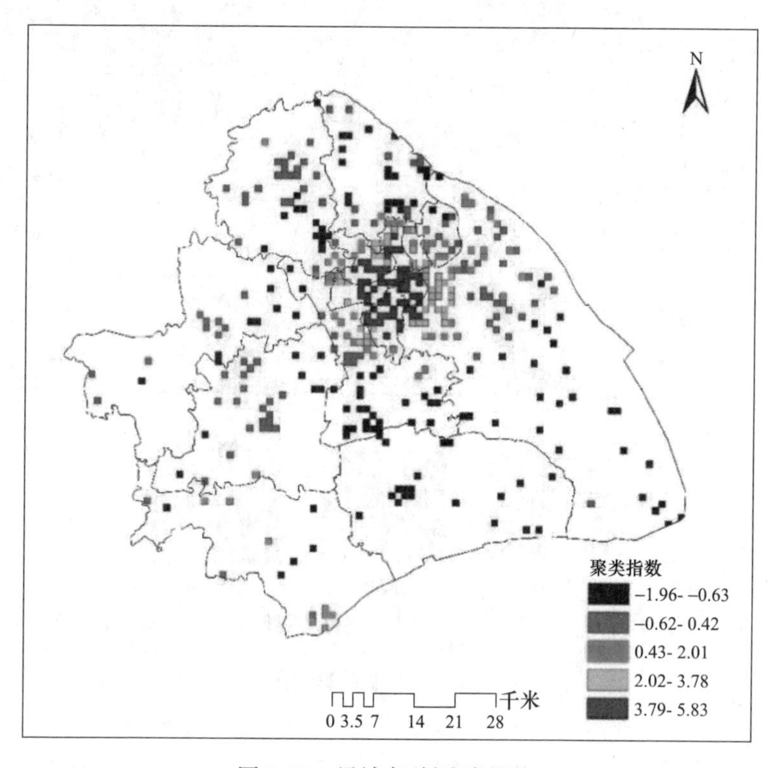

图 8.13　局域高/低聚类指数

公园绿地进行规划选址建设时，应遵循因地制宜原则，强调要充分结合公园选址区域的自然、地质以及交通等条件，建设具有开放性强的公园绿地。因此，在规划布局公园绿地时，要充分考虑到自然环境和周边交通条件等因素的影响，因地制宜布置适宜规模的公园绿地，形成以社区公园和游园为主，综合公园和专类公园为辅，层次分明、服务高效的城市公园绿地系统。在公园布局优化时，考虑人口分布，在人口密度高的地区配建更多数量的公园绿地，在人口密度小的地区配建少量公园绿地。此外，应避免建设的重复性，提升每个公园的独特性，结合地区自然环境特色和地区历史文化布置，保证公园绿地不是简单地模仿、重复建设。如果引入网络分析或引力模型，可以与交通路网结合分析与周围居民点分布的可达性，不同的交通方式包括步行、非机动车、公共交通，都会影响公园绿地的空间布局的公平性。

9　未来发展与挑战

9.1　新媒体和大数据时代带来的机遇

随着遥感技术、地理传感器和物联网的迅猛发展，地理数据的可用性和多样性将迎来显著提升。现代卫星技术持续演进，提供了比以往更高分辨率的卫星图像。这意味着我们能够更清晰地观察地球表面的微观细节，这对城市规划、农业监测、自然灾害管理和资源管理等应用有着巨大助力。此外，地理传感器已广泛应用于各类设备和应用中，包括智能手机、车辆、环境监测站等。这些传感器产生的数据可提供实时的地理信息，例如交通流量、气象状况和空气质量，有助于实现更智能化的城市和资源管理。社交媒体平台也生成大量地理相关数据，例如用户的位置标签、地点签到和照片分享。这类数据可用于社会科学研究、市场分析和事件监测，拓宽了数据来源的多样性。物联网（IoT）设备将继续广泛部署在城市、农业、工业和环境领域。这些设备能够实时收集和传输地理数据，用于智能城市管理、资源优化和环境监测。大数据技术赋予了GIS用户存储和管理大规模地理数据集的能力，包括卫星图像、传感器数据、遥感图层和地理数据库。云计算和大数据平台可以支持实时地理数据的处理和分析。在云计算环境中，GIS用户可以充分利用强大的云资源来进行高质量的地图和空间数据可视化，包括交互式地图制作、三维场景创建和实时地理数据仪表板。此外，云计算架构还允许GIS分析在大规模计算集群上并行运行，从而加速空间分析、模型运行和数据处理，特别适用于应对大范围地理问题求解和复杂模拟。政府和组织日益倾向于向公众和研究社区开放地理数据。开放数据平台和门户网站使人们能够自由访问和下载各种地理数据，无论是地形数据还是卫星图像，这为研究、创新和决策提供了更多机会。另外，地理信息标准的制定和广泛采纳有助于不同系统和工具之间的互操作性。例如，地理信息元数据标准（ISO 19115）用于描述地理数据，使用户能够更好地理解和使用这些数据。这些发展趋势将为GIS领域带来更广阔的前景，为解决复杂的地理问题和应用提供更多可能性。

9.2　人工智能发展带来的新机遇

机器学习算法在GIS领域具有广泛应用，它们能够自动识别和提取地理数据中的各种特征，如道路、建筑、植被等。这种能力对于大规模地物分类和地物识别非常有用。以卫星图像为例，机器学习算法如卷积神经网络（CNN）可以自动检测并标识图像中的目标，无须人工干预。这种自动化有助于加速数据处理流程，提高效率。此外，机器学习模型还可以在地理数据中发现隐藏的模式和关联，为各个领域的决策制定提供支持。例如，在环境科学领域，机器学习可以用于预测自然灾害的风险，帮助制定相应的预防措施。在社会经济研究中，机器学习可以分析大规模的社交数据，揭示人群行为和趋势，支持政策制定。在资源管理方面，机器学习可用于监测和优化资源利用，如水资源管理和森林资源保护。AI（人工智能）和机器学习还可以实现GIS数据处理和分析的自动化。例如，更新路网数据、检测地物变化和生成地图等任务可以通过自动化算法更加高效地完成，减少了手动操作的工作量。对于应急情况，GIS与AI的结合使得实时监测和分析大规模地理数据成为可能。在自然灾害事件中，GIS可以实时追踪和预测灾害的影响，支持救援和决策制定。这种实时性在危机管理和紧急响应方面至关重要。此外，AI还可用于检测和修复地理数据中的错误和不一致性。地理数据的准确性对于GIS应用至关重要，AI可以帮助提高数据质量，降低数据错误的风险。机器学习和AI技术改进了导航系统和位置服务的性能。智能导航应用程序可以根据历史交通数据预测最佳驾驶路径，优化导航体验。总之，机器学习和AI为GIS领域带来了更多的自动化、智能化和高效化解决方案，扩展了其在各种应用中的潜力。

9.3 面临的挑战

数据隐私和安全：随着地理数据的不断增加，保护数据隐私和确保数据的安全性成为一项紧迫的挑战。尤其是在涉及个人位置信息或敏感地理数据的情况下，需要制定严格的隐私政策和数据安全措施，以避免潜在的滥用或侵犯隐私的风险。这包括数据加密、访问控制和匿名化技术的应用。

数据质量和准确性：地理数据的质量和准确性对于GIS应用至关重要。不准确或低质量的数据可能导致错误的分析和决策。因此，数据采集、校正和验证的过程需要不断改进，以确保数据的可信度和准确性。此外，需要建立数据质量标准和评估方法，以帮助用户了解数据的可靠性。

数据集成和互操作性：地理数据通常来自多个来源和不同的GIS系统，这可能导致数据格式、坐标系统和数据模型的不一致性。实现数据集成和互操作性仍然是一个挑战，需要制定通用的数据标准和采用开放的数据格式。同时，开发工具和技术来实现数据转换和集成也是必要的。

人才短缺：GIS领域需要具备技术和领域知识的专业人才，包括地理信息系统工程师、数据科学家和地理分析师。然而，目前存在对这些专业人才的供需不平衡，特别是在新兴技术领域如人工智能和大数据分析方面。因此，培养和吸引更多的GIS专业人员是一项重要的任务，可能需要合作学术界、产业界和政府部门来满足需求。

可持续性和环境保护：在GIS应用中，考虑可持续性和环境保护因素越来越重要。例如，城市规划需要综合考虑交通流量、能源消耗和空气质量，以支持城市的可持续发展。同时，GIS技术也可以用于监测环境变化、野生动植物保护和自然资源管理，但需要平衡人类活动和生态系统的可持续性。

伦理和道德问题：GIS使用可能引发一系列伦理和道德问题。例如，地理信息的滥用可能导致侵犯隐私、歧视性应用或社会不公。因此，需要建立伦理准则和政策，指导GIS数据的道德使用和分享。同时，监管机构需要确保地理数据的合法和道德使用，以保护公众利益。

参考文献

［1］ GRASER A，MEARNS B，MANDEL A，et al. QGIS：Becoming a GIS Power User［M］. Birmingham：Packt Publishing，2017.

［2］ CHANG K T. Introduction to Geographic Information Systems［M］. ninth edition. Mc Graw HillEducation，2018.

［3］ 宋小冬，钮心毅. 地理信息系统实习教程［M］. 4 版. 北京：科学出版社，2023.

［4］ 马劲松，黄杏元. 地理信息系统概论［M］. 4 版. 北京：高等教育出版社，2023.